곤충의 진화와 생활사 전략

현재선 지음

아카데미서적

그간 모든 고난을 무릅쓰고 내가 곤충의 생태에 관심을 갖고 생활할 수 있도록 뒷바라지 해 주신 아버님과 어머님의 영전에 이 작은 책을 받칩니다.

머리말

Charles Darwin의 진화론은 생물학은 물론 인문, 사회, 경제 등 근대 사회, 문화 발전에 지대한 영향을 미쳐왔다. 그의 진화론은 자연선택론으로 대표되나 그 근간을 이루고 있는 것은 생물들의 변이 현상을 환경조건과의 관계 측면에서 파악하고 그의 생물학적 의의 즉 적응적 가치를 인식한 것이었고 자연선택이론은 다양한 변이의 작용기작에 대한 설명이었다고 할 수 있을 듯하다. 당시의 과학은 그리스 이래의 본질론의 절대적 지배하에 있어 생물학 역시 예외일 수 없어 유형(Type) 중심의 과학이었다. 그런데 Darwin은 Noise(잡음)으로 여겨 떨어버려야 할 것으로 생각하여 왔던 변이가 그들 생물의 생존에 깊은 관계가 있는 의미 있는 것 즉 Music(음악)으로 인식하고 변이야말로 생존양식의 진실한 실체로 그것을 자연선택이론으로 설명하였던 것이다. 이런 인식의 차이를 극명하게 보여주는 것이 Cuvier가 아닌가 생각된다. 즉 Cuvier는 Darwin보다 40년 앞서 출생하여 진화의 증거로 극히 중요시 되는 비교해부학과 고생물학의 시조로 불릴 만큼 훌륭하고 많은 생물학적 업적을 남겼으나 그의 본질론적 철학이 변이를 하찮은 것으로 보았기 때문에 생물이 변할 수 있다는 점을 인식하지 못하게 하였던 것이 아닌가 생각된다.

곤충류는 현존 생물의 거의 50%, 동물류의 약 80%를 차지하는 큰 생물군으로 그들은 깊은 해저를 제외하면 지구상 어디에서나 생활하고 있으며 년 중 언제나 그들을 발견할 수 있어 차라리 찾아 볼 수 없는 곳이나 시기를 찾는 것이 의미가 있다고 할 수 있겠다. 그뿐 아니라 곤충류는 같은 종일지라도 알, 유충, 번데기 그리고 성충 등의 생활사 단계에 따라 그들이 생활하는 장소나 먹이 그리고 행동 등에 차이가 있어 다양성의 챔피언이라 하겠다.

우리나라 농업은 1970년대 이후 세계에서도 유래를 볼 수 없는 눈부신 발전을 하였다. 벼의 10a당 수량은 1970년 이전 260kg정도 던 것이 약 20년 후인 1980년 중반에는 450kg대가 되었고 현재는 약 500kg이다. 그리고 채소류와 과실류의 생산량은 1970년 각각 약 26만 톤과 약 42만 톤이던 것이 2000년에는 각각 약 1128만 톤과 약 243만 톤으로 크게 증가하고 있다.

이와 같은 농업 생산 추세의 변천은 품종이나 시비를 비롯한 여러 가지 생산기술의 발달에 힘입은 것은 의심의 여지가 없는 일이다. 그런데 이와 같은 농업기술의 발달은 작물을 중심으로 한 농생태계내 해충과 작물간의 관계에 변화를 수반하게 되어 발생하는 해충의 종류나 발생시기 그리고 발생량 등에 큰 변화가 있었다. 예를 들면 벼 해충인 이화명나방의 유살상황을 수원 지방에서 보면 1966~1970간의 유살량을 100으로 하였을 때 1961~1965와 1981~1986간의 유살량은 각각 147.9와 6.1로 1980년 이후 놀라운 감소를 보이고 있으며 사과에서는 예전에는 거의 문제가 안 되던 응애류가 현재에는 극히 중요한 해충으로 변신하고 있다. 그리고 현재 60대 이후의 우리나라 국민들은 어린 시절 초여름이면 깡통과 집게를 갖고 산으로 송충이 잡이를 나섰던 기억을 모두가 갖고 있을 것이다. 그러나 이제는 송충이의 발생이 적어 실험에 이용하려고 하여도 구하기가 힘들다.

저자가 곤충생태학에 몸을 담게 된 것은 휴전이 성립되고 몇 년 되지 않은 1956년이었으며 당시 생태학이란 생소한 학문으로 반응생리학 정도로 인식되고 있던 때였다. 짧은 1년여의 미국 유학을 마치고 귀국하여서는 급속히 그리고 다양하게 변화하는 농업환경 속에서 야외해충개체군의 발생상황을 조사하여 생명표를 만들고 해충의 개체군 변동과 관련된 여러 가지 환경요인을 분석하여 변동관권요인을 구명하여 그것을 이용한 발생의 정량적 예찰과 그에 대응한 적절한 방제수단선택에 의한 효율적 방제수단의 탐색에 노력하였다. 그리고 한편으로는 작물과 해충과의 관계를 두 생물군의 생육단계 즉 시간적 일치성이라는 측면에 관심을 갖고 몇 가지 해충과 작물간의 관계를 대상으로 연구하기도 하였다.

이와 같은 저자의 연구생활 배경은 자연히 해충발생상의 변동에 관심을 갖게 하였으며 그런 변동의 역학에 주목하게 되어 개체군 나아가서는 생물군집의 발전(진화?)을 눈여겨보게 되어 우리나라 주요 해충의 발생양상에 대한 검토도 하게 되었다.

이 책은 저자의 이런 욕구를 바탕으로 생물군집 나아가서는 생태계내의 곤충류의 진화를 생활사의 특성을 통하여 살펴보려고 한 것이다.

제1편에서는 곤충류의 진화과정을 그들의 생물적 환경요인 중 가장 기본적이고 중요한 식물의 진화과정과의 대비를 주축으로 두 생물군의 진화적 연관성을 개관하고 극단적인 관계를 무화과와 무화과좀벌 그리고 육카와 육카곡나방을 예로 들고 식물과 곤충류간의 상호작용 중 종분화(따라서 진화)와 깊은 관계가 있는 화분매개에서의 식물과 곤충과의 관계를 살펴보았다.

제2편은 생활사란 여러 가지 서로 다른 특성을 가진 생활사 단계로 구성되어 있는데 그들의 총체적 적응은 결국 개체군의 자연증가율의 안정적 향상의 확보인데 그들 각 요소가 환경요인과 어떻게 연관되어 있는가를 검토하여 생활사의 진화방향과 생활사 각 구성요소와의 연관관계를 살펴보고 한 분류군에서 가장 다양한 생활사 특성을 가진 것으로 생각되는 진딧물류의 다양한 생활사를 생태학적 측면에서 설명하여 곤충류 생활사의 복잡한 실체를 제시하였다.

제3편과 제4편은 현존 곤충류의 환경에 대한 적응현상을 공간적 측면과 시간적 측면에서 살펴본 것이다. 환경조건이란 다양하나 한 종 곤충의 입장에서 보면 불리한 것과 유리한 것이 있겠는데 불리한 환경은 피하고 유리한 환경은 찾아가는 행동이 분산행동인데 이런 분산해동과 관련 그 내용과 생활사상의 특성을 서식처의 특성과 관련시켜 살펴본 것이 제 3편이다.

한편 환경조건은 장소에 따라 차이가 있을 뿐 아니라 한 장소에서도 해에 따라 그리고 같은 해에도 계절에 따라 변화한다. 이와 같은 변화하는 환경조건에서는 유리한 조건에 생장시기나 생식시기를 일치시키고 불리한 조건에 대하여는 내성을 증대시키거나 피하는 등 생활사의 진행을 환경변화에 일치시키는 것이 중요하겠다.

제4편은 유리한 환경과 불리한 환경조건에 대한 시간적 동시성과 깊은 관계가 있는 휴면현상을 설명한 것이다. 휴면이란 단순한 생리적 휴지에 의한 불리한 환경에 대한 저항성 증대만이 아니고 생활사 진행을 계절적 변화에 일치시키는 것으로 행동이나 형태의 변화까지가 포함된 적응현상이다. 여기서는 휴면증후군의 내용과 그에 미치는 환경요인의 다양한 영향을 설명하여 휴면성의 생물학적 의의를 설명하였다.

천박비재한 필자가 이와 같은 방대하고도 복잡한 문제를 다룬다는 것은 무모한 일임에 틀림없는 것임은 알고도 남음이 있다. 따라서 이 책의 내용은 필자가 "이룩하지 못한 것에 대한 한(恨)"을 토로한 것으로 경험에 비춰볼 때 곤충의 생활을 이해하는 데에는 이런 점들이 고려되어야 하지 않을까 하는 희망사항을 담은 것으로 독자들은 이해하여 주었으면 한다. 그러나 생물학자들은 "단순화를 추구하되 그것에 대한 회의는 버려서는 안 된다"는 것은 확실한 진리인 듯하다. 내용에서 누누이 기술한 바와 같이 곤충의 생활사는 종속의 유지를 향하여 오랜 시간에 걸쳐 진화해 온 구체적 현실인 것만은 틀림없다.

그러나 그것을 성취하는 길은 하나가 아니고 그들이 놓여 있는 처지(?)에 따라 선택한 것인 고로 생활사는 다양해 질 수밖에 없겠다. 즉 생활사 특성은 수렴적인 것도 있고 분지성 다양화한 것도 있다. 이런 다양한 길들이 그들의 생존이나 번영과 어떤 관계가 있는가를 이해하는데 이 책이 조금이라도 도움이 되었으면 한다.

이 책의 내용은 여러 학자들의 피나는 연구결과를 생활사의 이해라는데 초점을 맞춰 나름대로 정리하였다. 그들의 노력은 이 책에서와 같이 몇 줄의 기술로는 보상 받을 수 없음을 필자는 연구생활을 통하여 누구 못지않게 잘 알고 있다. 그러면서도 그들의 노고 어린 결과를 그들의 이름과 발표년도만을 기술하는 무례를 범하였다. 이 점 깊이 사과드리며 아울러 용서를 비는 바이다. 아울러 내용에 미비한 점이나 잘못된 것도 있을 것으로 생각되는데 이것은 전적으로 저자의 부족함에 기인한 것으로 독자 여러분의 양해를 구하며 질타를 바라는 바이다.

끝으로 이 책을 정리하는 동안 문헌 수집에 수고해 주신 농촌진흥청 농업기술연구소 해충과(현 곤충산업과) 엄기백, 조점래, 박창규, 김황용, 이관석 등 여러분, 서울대 농생대 대학원생 안정준 군 등의 노고에 깊은 감사를 드립니다. 그리고 어렵고 복잡하게 쓰여 진 초고를 타이프 하여 준 민희옥 양과 음으로 양으로 원고 작성에 많은 도움을 준 염문옥과 한경은씨 에게도 깊은 감사를 드립니다.

현 재 선

차 례

제1편

곤충의 진화

화학적 진화를 거쳐 생명체가 출현하게 된 것은 지구가 탄생한 약 10억년 후일 것으로 추정하고 있다. 지상식물과 곤충류의 화석이 알려지고 있는 것은 데번기(Devonian period) 지층으로 약 4억 년 전이다. 생물이 진화문제는 고생물학, 비교해부학, 비교발생학, 분류학, 생태학, 생물지리학, 유전학, 생화학, 기타 거의 모든 생물학 영역이 관련이 있으나 고생물의 인식을 위한 구체적 대상물은 화석(Fossil)이다. 즉 출토된 화석을 조사하여 그 지질시대에 존재하였던 생물의 종류나 그들의 형태적 특성을 짐작할 수 있으며 다른 사실들과의 관계를 통하여 그 지질시대의 환경조건을 추정할 수도 있다.

지질시대를 통한 생물의 진화과정은 지층에서의 화석을 이용하여 현존 생물들의 계통학적 지식을 활용하여 추정하는 것이 보통이다.

화석이란 과거의 생물의 유해나 유적(예 발자국) 중 지층에서 발견되는 것들을 말하는데 과거 생물의 딱딱한 골격이 그대로 남는 수도 있고 광물질로 일부 또는 전부가 대체된 것 또는 과거의 생물 실체는 남지 않고 그의 잔상(Image)만이 남은 것 그리고 툰드라 속에 냉장되거나 호박 속에 매몰된 것(꽃, 곤충 등) 등이 구체적 내용이다.

화석의 기록은 지질시대를 통한 생물의 진화과정을 이해하는데 큰 도움이 되는 것은 사실이나 그의 이용에는 고려해야 할 점이 많다.

일반적으로 지상의 동식물에 비하면 해양의 무척추동물의 화석은 이용가치가 크다고 한다. Valentine(1970)에 따르면 외골격을 가진 것 중 멸종한 동물 중 1~10% 정도가 화석으로 남아 있다고 한다. 그리고 이들은 대부분이 얕은 해변에 서식하던 딱딱하고 내구성이 강한 외골격을 가진 종들이라고 한다. 생물체는 소비자나 분해자의 영향을 받기 때문에 생물체가 지층 속에 매몰되어도 남기가 어려우며 매몰되어도 골격의 구조나 성분에 따라서 차이가 있기는 하나 여러 가지 화학적 영향을 받게 마련이다.

특히 지상에서 심하지만 토양의 퇴적은 여러 가지 물리적 요인의 영향을 받게 되며 퇴적 후에는 침식 작용을 받아 화석이 소실되거나 지각의 변동으로 지질시대의 판단을 어렵게 한다. 그리고 화석이 발견되는 지역들은 지질시대적으로나 생물상의 면에서 볼 때 극히 편중되어 있어 그들에서 보편적인 결론을 얻는 다는 것은 그리 쉬운 일은 아니다. 이와 같이 화석의 이용에는 여러 가지 문제점이 없는 것은 아니나 화석은 생태학적 시간(10~10^3)으로는 헤아릴 수 없는 사실들과 지질시대적 시간(10^4~10^6)에 걸친 생물의 변화를 반영하고 있는 것이어서 그런 변화를 추정 이해할 수 있게 하고 현재는 볼 수 없는 그 시대의 여러 가지 환경조건이 생물에 미친 영향을 현존의 유사종의 분포나 생활을 참고하여 추정할 수 있게 한다. 물론 과거의 생물군집의 구조가 현재의 그것과 부분적으로 비슷하다고 하여도 과거의 생물군집의 기능은 여러 가지 환경조건 때문에 상당히 다를 수도 있겠다. 이와 같은 문제점이 없는 것은 아니나 지질시대를 통한 생물상이나 생물자체의 변화를 화석을 통하여 짐작하고 이런 변화의 적응적 의미를 검토하는 데에는 화석은 대단히 중요한 자료이다.

여기서는 곤충의 진화과정을 그들의 진화과정에 지대한 영향(먹이, 은신처, 활동 공간, 기타 등)을 미쳤을 것으로 생각되는 지상식물의 진화와의 관련을 중심으로 살펴보려 한다.

제 1 장 곤충류의 진화 개황

곤충류의 기원에 관하여는 삼엽충류(Trilobita, 三葉蟲類), 갑각류(Crustacia, 甲殼類), 다족류(Myriapoda, 多足類) 등이 거론되고 있으나 이들과 곤충류간의 연계에 관한 확실한 증거가 없어 추론일 뿐이나 곤충류가 출현한 후의 진화과정을 생활사를 중심으로 보았을 때 4개의 단계로 구분할 수 있다는 것에 관하여는 거의 모든 학자들이 의견을 같이 하고 있는 듯하다.

그 첫째 단계는 날개가 없고 형태적으로나 생리적으로 가장 원시적인 무시아강(Apterygota, 無翅亞綱)의 출현으로 이들은 지상생활에서 몸 안의 수분탈취를 막는데 필요한 카이틴(chitin)성 외골격과 기관계를 갖고 다리는 마디로 되어 있어 다른 지상 절지동물군과 공통점을 갖고 있으나 몸이 머리, 가슴 그리고 배의 3개 부위로 구분된다는 점에서 다른 절지동물과는 구별된다. 현재 톡토기목과 좀목이 이에 속하며 현존 곤충류의 약 1% 정도를 차지하고 있다.

둘째 단계는 날개를 가진 유시아강(Pterygota, 有翅亞綱)의 출현으로 곤충류가 현재와 같이 번영하게 된 가장 중요한 원인이 된 큰 변화였다. 날을 수 있다는 것은 분산 활동을 자유롭게 하여 분산 영역을 공간적으로 확대하였을 뿐 아니라 이동 속도를 빠르게 하고 자유롭게 하여 먹이나 교미상대를 찾거나 적의 공격을 받았을 때 자신을 보호하는데도 큰 도움이 되었다. 현존 곤충류의 99%가 유시아강에 속한다.

원시적인 유시곤충류는 날개와 가슴 사이의 관절부가 간단하여 쉴 때 날개를 배의 등에 접을 수 없다. 이런 곤충류를 고시류(Paleoptera, 古翅類)라고 하는데 현존 곤충류로는 하루살이목과 잠자리목이 있다. 이들은 날개가 잘 발달하여 잘 날을 수는 있으나 날개와 가슴 사이의 관절부위가 간단하여 쉴 때 날개를 접을 수 없어 활동에 제한을 받는다. 이들은 불완전 변태(번데기시기를 거치지 않는 후배자 발생)를 하며 약충은 수서생활을 하는데 현존 종수는 유시곤충류의 약 1%이다.

셋째 단계는 날개가 가슴과 관절을 이루는 날개기부의 제3절편이 변형되면서 관절부가 복잡하게 되며 이에 따라 쉴 때 날개를 배의 등쪽에 접을 수 있게 된 단계이다. 이런 곤충류를 신시류(Neopterygota, 新翅類)라고 한다. 이들에는 벼룩이나 이와 같이 기생생활에 적응하여 날개가 없는 것, 바퀴나 메뚜기 그리고 노린재류와 같이 날개가 혁질로 변한 것 그리고 딱정벌레류에서와 같이 딱딱한 초질로 변하여 뒷날개를 보호하고 있는 것 등 여러 가지 변이가 있다.

신시류 중 알에서 부화한 것이 번데기시기를 거치지 않고 자라면서 점점 성충에 가까운 형태를 갖게 되는 변태를 하는 종류들을 외시류(Exopterygota, 外翅類)라고 하는데 이들의 애벌레를 약충(Nymph, 若虫)이라고 하며 그들은 후배자 발육 중 날개의 원기가 외부에 노출되어 있으며 발육이 진행되면서 날개의 원기가 뚜렷해진다. 현존 곤충류 중 이런 곤충류는 15개목에 걸쳐 약 12%가 이 분류군에 속한다.

네 번째 진화단계는 보다 복잡한 후배자 발육을 거치는 것으로 외시류와 달리 유충기에는 날개의 원기를 외부에서 볼 수가 없고 번데기가 되면서 날개 주머니가 뒤집히면서 밖에서 볼 수 있게 되는 고로 이들을 앞서의 외시류에 대하여 내시류(Endopterygota, 內翅類)라고 한다. 이들에서는 유충(Larva, 幼蟲)과 성충은 형태적으로 완전히 다르고 먹이나 생활 장소도 서로 다르다. 번데기 시기는 형태적으로는 아무런 변화가 없으나 내부적으로는 유충기의 기관이 분해되어 성충의 활동과 관련된 기관들이 발달하는 기관의 개혁이 일어나는 시기이다. 현존의 곤충류에는 9개목이 있으며 종수는 현존 종의 약 85%가 이에 속한다.

현재 가장 오래된 곤충화석은 스코틀랜드의 3.8억 년 전 데번기(Devonian period) 지층에서 발견된 톡토기류로 추정되는 *Rhyniella praecursor*인데 (Whalley와 Jarzembowski, 1981) Kavan 등(1975)에 따르면 이 톡토기는 현존의 톡토기류가 대부분 부식성인 것과 달리 화식 양치식물인 *Rhynia*(원시솔잎란류)와 같은 것에 상처를 내고 흘러나오는 즙액을 먹고 살았을 것이라고 한다.

Carpenter와 Burnham(1985)은 지질시대를 통한 곤충류의 진화과정을 정리한 바 있다. 그들에 따르면 석탄기 상층 지층에서 유시곤충류의 화석이 발견되는 것으로 보아 이때까지 곤충류는 앞서의 4개 진화단계를 완료하였던 것으로 보인다고 한다.

신시류 중 내시류의 화석이 발견되는 것은 이첩기(Permian)이나 현존의 이들 곤충의 분화 상태를 생각할 때 이들의 기원은 그 이전인 석탄기였을 것이라고 하고 이로 보아 석탄기말까지에 곤충류는 네 개 진화단계 중 세 개 단계를 끝냈을 것으로 보이나 불행하게도 이를 뒷받침할 화석은 없다고 그들은 말하고 있다.

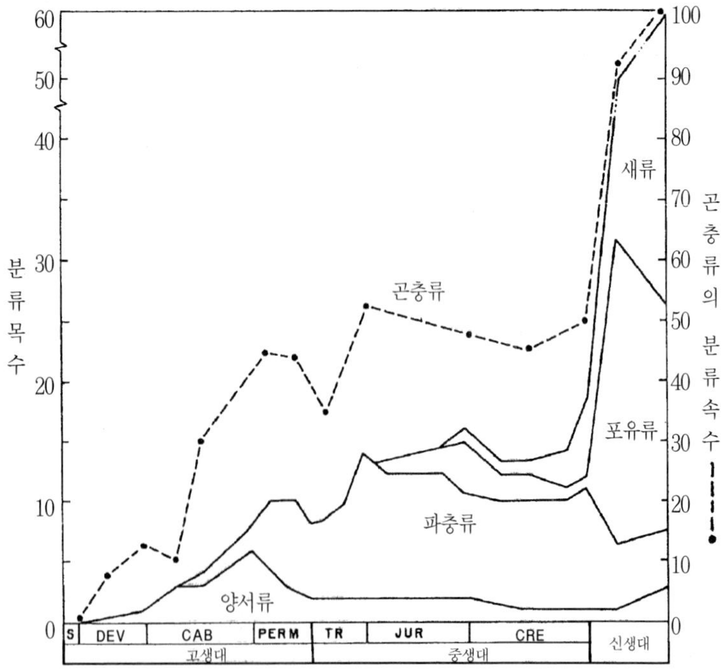

그림 1-1. 주요 지상 동물군의 지질시대를 통한 분류군 다양성 변화개황.
직선은 척추동물 의 목수, 점선은 곤충류의 분류속수 (S:실루리아기, DEV:데번기, CAB:석탄기, PERM:2첩기, TR:3첩기, JUR:쥐라기, CRE:백악기, (Niklas 1986)

지금까지 멸종한 곤충류를 분류한 것은 50개의 목이 넘으나 자료가 불충분하여 여러 가지 분류학적 정리과정을 거쳐 왔다 (Carpenter와 Burnham 1985). 그림 1-1은 주요 지상동물군의 지질시대를 통한 분류군 다양성의 변화개황이다.

지상동물의 분류군 다양성의 역사는 대부분이 곤충류와 거미류의 역사이다. 그러나 앞서 설명한 바와 같이 화석 출현의 지역이나 시대적 편중성 때문에 그의 해석에는 어려움이 많다.

그림에서 보는 바와 같이 지상동물의 분류학적 다양성은 고생대의 석탄기 이후 꾸준히 증가하고 있으나 그 양상은 분류군에 따라 상당한 차이가 있다. 즉 양서류는 석탄기 말의 정점 이후 감소하여 3첩기 이후 거의 변동이 없으며 파충류는 3첩기의 일시적 감소가 있었으나 쥐라기에 크게 번성하였고 그 후 약간 감소한 때도 있었으나 상당히 안정되어 있었다. 그러나 백악기 이후에 큰 후퇴를 보이고 있다. 새와 포유류의 다양성은 신생대에 들어서면서 크게 증가하고 있는 점이 특이한데 이것은 비교 기준이 달라 문제가 있기는 하나 그의 변화양상은 곤충류도 같다.

이와 같은 분류학적 다양도의 변화는 새로 출현하는 분류군과 멸망하는 분류군의 수에 의한 것이다. Carpenter와 Burnham (1985)은 곤충류 37개 분류목(멸종한 목을 포함)의 지질시대를 거치는 동안의 출현과 멸망을 정리하여 새로 출현한 목수가 석탄기 11, 이첩기 11, 삼첩기 3, 쥐라기 1, 백악기 1, 제3기 5, 그리고 제4기 4 등이라고 하였는데 새로운 분류목 출현은 고생대 후기인 2첩기 까지가 그 후의 지질시대에 비하여 현저히 많다. 그리고 멸종한 분류목의 수는 2첩기 8, 쥐라기 1 등 이였으며 석탄기와 이첩기에 출현한 것 중 현재 남아있는 분류목은 각각 4개와 9개로 이 시기에 출현한 분류목 중에는 멸망한 것이 상당히 많으나 그 후의 지질시대에 출현한 것들은 현재까지 이어지고 있어 적어도 상위단위 분류군에서의 교체는 고생대에는 심하였으나 그 후 시대에서는 거의 없었던 것으로 짐작된다. 물론 하위 분류단위(예; 속이나 종)에서는 교체가 있었다.

1. 지상식물과 곤충의 진화

현재 지상 유관속식물의 종류는 약 40만종으로 이들은 연간 약 115×10^9MT의 유기물을 광합성으로 생산한다. 곤충류를 비롯한 동물들은 이런 식물의 1차 생산물을 이용하여 생장하고 생식을 할 뿐 아니라 이들 식물을 서식처로 활용하고 있다. 곤충류가 이용하는 식물들의 가치는 식물의 종에 따라 차이가 있을 뿐 아니라 계절적으로도 차이가 있어 식물의 분포와 곤충의 분포는 밀접한 관계가 있다. Brown(1990)은 서식처의 천이기간에 따르는 세대수, 분산성(장시형율), 월동생육단계, 생식력 그리고 숙주 특이성의 특성을 조사하고 이들 각각의 특이성은 식생의 변천과 밀접한 관계가 있다고 하였다. 그리고 온대지방의 식물들은 겨울이 되면 잎이 떨어지며 봄에 새순이 나오며 열매를 맺는 것은 거의가 늦은 여름이나 가을철이다. 따라서 이들을 이용하는 곤충류는 이런 식물들의 분포나 계절성에 일치하는 분포와 생활사 진행과정을 가지는 것이 생존에 극히 중요한 일이겠다. 지상생활을 주로 하고 있는 곤충류에 있어서 식물류의 진화 양상은 곤충류의 진화에 중요한 의의가 있겠다. 그림 1-2는 식식성 곤충류 주요목과 지상식물군의 지질시대를 통한 출현 상황이다.

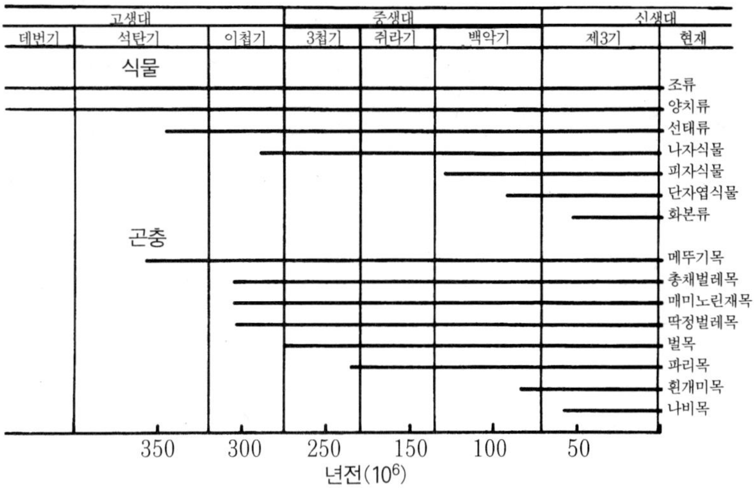

그림 1-2. 식식성 곤충류의 주요 분류목과 현존 식물군의 출현 지질시대
(Hodkinson과 Hughes 1982)

그림 1-2에서 보는 바와 같이 최초의 유시곤충류 출현은 석탄기이나 많은 유시곤충류가 출현하는 것은 나자식물의 출현과 때를

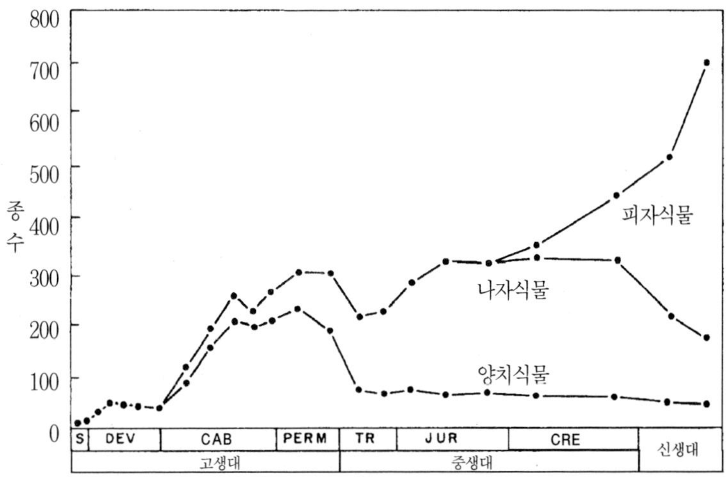

그림 1-3. 지질시대를 통한 유관속식물 종 다양도의 변화
(S:실루리아기, DEV:데번기, CAB:석탄기, PERM:2첩기, TR:3첩기, JUR:쥐라기, CRE:백악기) (Niklas 1986)

같이하고 있다.

그림 1-3에서 보는 바와 같이 지상식물은 고생대의 실루리아기에 출현하여 데번기에 상당한 분화를 하고 있으나 석탄기에 들어 폭발적인 번영을 하고 있다. 그리고 이때의 종수 증가는 내용면에서도 크게 달라 그들 대부분이 석송류와 같은 목본성 양치식물이여서 유시곤충류의 출현과 관계가 있을 듯하다. 석탄기에 번성하였던 양치식물은 2첩기부터 다양성이 감소하여 3첩기 이후에는 현재와 같은 상태를 유지하고 있다.

한편 나자식물은 데번기 말 또는 석탄기 초에 출현하는데 이들은 그 이전의 양치식물과는 달리 종자를 생산하는 군으로 2첩기 말에 약간 다양성이 감소하기는 하나 곧 회복된다. 그리고 이때의 종 다양성 회복은 내용면에서는 많은 양치식물류가 사라지고 소철류나 은행류 그리고 구과를 생산하는 침엽수류가 대체하는데 이런 상태는 신생대 초까지 지속되다 그 후 감소한다.

피자식물은 쥐라기에 출현하여 석탄기에는 서서히 다양성이 증가하나 신생대에 들어 폭발적인 증가를 하고 있다. 피자식물이 그 이전에 번영하였던 양치식물이나 나자식물을 대신하여 크게 번영하게 된 이유는 확실치 않다. 일반적으로 피자식물은 동화기관인 잎이 상대적으로 크고 물질이동기관이 잘 발달하며 가해자에 대한 방어물질인 알카로이드류를 갖고 있는 등 생존에 유리한 점을 갖고 있다. 그러나 나자식물 중에도 은행나무나 나한송류의 잎은 광엽이고 일부 원시피자식물은 도관계가 없거나 잘 발달하지 않은 반면 나자식물 중에는 도관계가 잘 발달한 것이 있다. 알카로이드류에 대하여도 나자식물류의 수지류, 페놀류 그리고 탄닌류가 식식성 곤충류에 대한 방어능력이 피자식물의 알카로이드류보다 떨어진다는 확실한 증거는 없다.

피자식물의 배주는 심피에 싸여 있으며 꽃의 화주와 주두는 수분의 유지와 수정에 유리한 여러 가지 측면을 갖고 있으며 꽃은 화분매개 곤충류를 유인하는데 도움이 되는 등 여러 가지 특성을 갖고 있다. 그리고 피자식물은 중복수정(Double fertilization, 重複受精)(배낭에 화분관이 도달하면 2개의 정핵이 각각 난핵과 극핵과 결합하는 현상)을 하는데 3배성인 배유는 배아 생장에 양분이 되어 발육을 빠르게 하고 심피는 꽃을 찾는 곤충류로부터 배아를 보호하는 구실을 한다.

그림 1-1과 1-3을 보면 현화식물과 곤충류의 진화는 신생대에 들어 종 다양성이 유례없이 증대하였으며 그것은 두 생물군에서 병행하고 있다. 현화식물은 박쥐나 벌새와 같은 척추동물에 의하여 화분이 매개되기도 하나 대부분은 곤충류가 화분을 매개한다. 곤충류는 찾는 꽃의 종류가 한정되어 있는데 이것은 화분의 매개를 정확하게 같은 종의 다른 꽃으로 옮겨주는 것을 뜻하여 수정의 효율을 높이고 화분의 낭비도 줄일 수 있는 효과가 있다. 그리고 새나 짐승은 이동성이 없는 식물의 종자를 먼 거리까지 운반하여 그들의 분산을 돕는데 분산한 종자는 새로 정착한 곳의 환경조건의 선택작용으로 변이 폭이 커지는데 이들은 화분매개 곤충에 의하여 교잡될 수 있어 변이폭은 더욱 커질 수 있겠다. 이와 같은 관계를 생각할 때 식물과 곤충의 평행적 진화를 짐작할 수 있을 듯하다.

2. 방화곤충류와 식물

초기 화분매개생물로는 지상 파충류나 새도 있었으나 가장 중요하였던 것은 곤충류다. 현재 원시적 피자식물들 중에는 딱정벌레류에 의하여 화분매개가 이루어지는 것이 있는 것으로 보아 종자나 부식물을 먹던 딱정벌레류가 화분매개로 발전한 것으로 추측된다. 그리고 화분매개가 딱정벌레류에 의하여 이루어지는 원시적 식물에는 밀선(꿀을 분비하는 기관)이 없는 것으로 보아 밀선의 발달은 그 이후의 일인 듯하다. 현존의 나자식물에는 밀선이 없고 양치식물인 층층고사리(*Pteridium*)류의 새잎에는 화외밀선이 있다.

최초의 밀선은 화외밀선(Extrafloral nectary, 花外蜜腺):(탁엽이나 엽병 또는 자엽에 생기는 밀선)이었을 가능성이 크며, 그 역할도 화기밀선(Floral nectary, 花器蜜腺)과는 달랐을 수 있다. 현존의 진딧물류는 체관부에 주둥이를 꽂고 흡즙하면서 감로를 배출하는데 식식성 곤충류의 포식자나 포식기생자(곤충류에 기생하는 다른 곤충류), 그 밖에 벌이나 나방류가 이런 감로에 유인되는 것을 보면 화외밀선의 기능을 짐작할 수 있을 듯하다.

개미류 화석은 백악기에서부터 발견되는데 개미와 진딧물류의 상호공생관계는 진딧물류가 배설하는 감로를 개미류가 이용하고 대신 이들을 천적으로부터 보호하면서 확립된 것으로 보인다. 따라서 밀선의 기원은 식물이 가해하는 해충류로부터 자신을 보호해 주는 개미류나 그 밖의 곤충류를 유인하기 위한 것이었다고 생각된다.

화기밀선의 발달은 나비목이나 파리목 그리고 벌목 곤충류와 같이 탄수화물을 필요로 하면서 공중생활을 하는 곤충류에 유리한 조건을 제공하였다. 회기밀선이 분비하는 꿀은 감로나 화외밀선이 분비하는 꿀과는 성분에 상당한 차이가 있다. 고등식물의 꿀은 원시식물의 그것에 비하면 아미노산 농도가 높으며 화분이 나비류에 의하여 매개되는 식물의 꿀은 벌류가 화분을 매개하는 식물의 꿀에 비하면 아미노산 농도가 높다. 이것은 벌류는 화분을 먹이로 이용하나 나비목 곤충류는 대부분이 화분을 이용하지 못하는 것과 관계가 있는 듯하다.

신열대지역의 네발나비과의 *Heliconius* 나비류는 화분을 먹어 소화 할 수 있는데 화분을 먹은 성충은 수명이 길어 수꽃보다 훨씬 수가 적은 암꽃을 찾는데 유리한 점을 갖고 있다고 한다(Gilbert 1972).

단백질이 많이 포함되어 있는 동물의 배설물을 먹는 파리목 곤충류도 화밀에 유인되는데 이들 파리가 찾는 식물의 꿀은 단백질 함량이 높다. 이와 같은 사실들은 생산하는 꿀의 내용이 화분매개 곤충류와 깊은 관계가 있음을 말해주고 있다. 따라서 화기밀선은 화외밀선과 달리 화분매개곤충을 유인하기 위하여 발달한 것이라고 하겠다.

화분매개곤충류는 대부분 딱정벌레목, 나비목, 파리목, 그리고 벌목 등 완전변태곤충류로 이들의 공통된 특징은 나는 능력이 강하고 고도로 발달된 감각기관을 갖고 있어 찾는 꽃이 선별적이어서 효율적으로 화분매개를 하며, 어떤 것들은 학습능력을 갖고 있는 것도 있다.

곤충류가 찾는 식물의 종류는 단일 종일 수도 있고, 유연관계가 있는 두 종 이상일 수도 있다. 찾는 식물의 종이 한정되어 있다는 것은 식물의 입장에서는 그들이 효과적으로 교잡을 할 수 있어 유리하다하겠다. 그리고 곤충의 입장에서는 먹이에 대한 경쟁을 줄이고 보다 효율적인 먹이 획득이 가능하며 목적으로 하는 식물을 찾는 학습이 가능하다고 하겠다.

꽃의 크기나 형태 그리고 색상이나 위치, 향기, 화밀의 성분 그리고 개화 시기나 기간 등은 화분매개곤충류의 크기, 형태, 먹이, 감각 생리, 활동주기 그리고 섭식행동 등과 깊은 관계가 있다. 식물은 보다 효율적인 매개곤충류를 유인하여 비매개곤충류로 인한 화분이나 화밀의 손실을 줄이는 방향으로 적응하여, 같은 종의 다른 꽃들과의 화분교환을 극대화 시키고 있다. 밀선은 꽃의 깊숙한 곳에 위치하여 아무 곤충이나 접하지 못하게 하고 있다. 화분매개곤충류의 구기는 이런 점과 관련하여 긴 관상으로 되어 있다. 그림 1-4에 극도로 발달한 곤충류의 구기를 예시하였다.

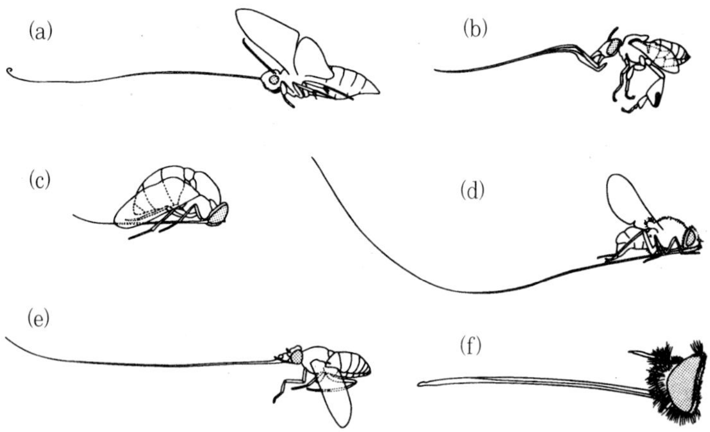

그림 1-4. 극도로 발달한 곤충류의 구기 (Daly 등 1978)

(a) *Manduca quinquemaculata* 박쥐나방 : 보통 때는 주둥이(12cm)를 머리 밑에 말아서 간직한다. (b) *Euglossa asarophora* 꿀벌의 수컷 : 보통 때는 주둥이(3cm)를 다리 사이에 간직한다. (c) *Lasia kletti* 꼽추등에 : 주둥이(2.4cm)를 앞으로 뻗어 이용한다. (d) *Megistrorrhynchus longirostris* 어리재니등에 : 주둥이(8.4cm)를 앞으로 뻗어 이용한다. (e) *Philoliche longirostris* 등에 : 날 때 주둥이(5.8cm)를 그림과 같이 한다. (f) *Bombylius lancifer* 재니등에 : 그림과 같이 주둥이(9.7mm)를 간직한다. 괄호안 수치는 길이

유력한 화분매개 곤충류의 하나가 꿀벌상과에 속하는 벌들이다. 이 벌들은 가끔 꽃을 찾는 포식성 벌류에서 진화한 것으로 추정되

며 암수 모두가 필요한 에너지를 화밀에서 얻는데, 암컷은 알 생산에 필요한 단백질을 화분을 먹어 얻고 여왕벌 이외의 암컷들은 유충양육을 위하여 화분과 화밀을 수집한다.

어리꽃벌아과의 *Hylaeus*속 벌과 같이 원시적인 벌의 구기는 땅벌류와 같이 씹고 핥아먹기에 알맞게 되어 있고 말벌류와 같이 몸에는 털이 비교적 적다. 이들은 화분을 먹이로 하나 이것을 꿀과 같이 토하여 집을 짓는다. 대부분의 꿀벌상과 벌들은 구기가 주둥이 모양을 하고 중설(Glossa, 中舌):(관상으로 된 아랫입술)은 꿀을 흡입하기에 알맞게 되어 있으며 몸에는 털이 많아 꽃에서 화분을 수집할 수 있게 되어 있고, 때때로 이것들을 훑어 꽃가루솔(대부분의 벌에서는 뒷다리에 있는 긴 강모군, 가위벌류에서는 배 밑에 있다.)이나 화분바구니(꿀벌, 뒤영벌 들의 뒷다리 종아리마디 바깥쪽에 있는 강모에 둘러싸인 우묵한 곳)에 모은다.

애꽃벌과, 어리꿀벌과, 꼬마꽃벌과 등의 벌들은 화외밀선에서 꿀을 얻거나 또는 몸이 작아 통째 꽃 속으로 들어가 꿀을 따므로 혀는 짧다. 그러나 가위벌과나 청줄벌과 그리고 꿀벌과의 벌들은 작은 턱과 아랫입술이 모여 긴 관상으로 된 혀(중설)를 갖고 있어 꽃의 깊은 곳에 있는 꿀을 딸 수 있도록 되어 있다.

벌류에 의하여 화분이 매개되는 식물들의 꽃은 모두가 낮에 피며 감미롭고 향기로운 냄새를 낸다. 꽃잎은 밝은 청색, 진한 홍색, 황색 등 벌이 감지할 수 있는 색을 갖고 있으며, 적색은 볼 수 없는 것이 공통점이다. 벌 매개 꽃에는 적색은 극히 드물다(사람의 가시파장범위는 약 400~780nm이나 꿀벌의 그것은 300~600nm이다).

벌류 이외의 주요 방화곤충류로는 파리목과 나비목의 일부곤충류가 있는데, 이들 곤충류는 꽃 깊숙한 곳에 있는 꿀을 따기 위하여 구기가 긴 주둥이 모양으로 발달하고 있다. 나비목곤충류의 구기는 종류에 따라서는(특히 나방류) 퇴화하여 성충기에는 먹지 않는 것도 있으나 대부분은 꿀을 먹이로 하고 있으므로 긴 대롱 모양의 구기를 갖고 있는데 마다가스카르의 박각시나방의 일종인 *Xanthopan morgani praedicta*는 주둥이의 길이기 22.5cm나 된다고 하며, 이것들은 밀선이 꽃 속 깊은 곳에 있는 *Angraecum sesquipedale* 난초에 대한 유일한 화분매개곤충으로 알려져 있다.

파리목 곤충류의 구기는 집파리류에서와 같이 핥아먹기에 알맞은 것, 등에류와 같이 찔러서 흐르는 피를 핥아먹는 것, 모기류와 같이 찔러서 흡혈하는 것 등 여러 가지가 있는데, 재니등에과, 어리재니등에과, 꼽추등에과, 그리고 등에과의 일부 곤충류에서는 구기가 아주 길어서 꽃 속 깊은 곳의 꿀을 먹을 수 있다.

구기가 긴 파리류가 찾은 꽃은 벌류가 찾은 꽃과 같은 종류이다. 그러나 파리류가 찾는 꽃들은 특이성이 적은 것이 보통이다. 이런 파리류들은 구기가 짧고 보통은 동물의 사체나 배설물 또는 식물의 즙액을 먹었던 것으로 보인다. 식물의 꽃은 꽃의 모양보다도 향기를 이용하여 파리류를 유인한다. 이런 꽃은 깊이가 없으며 색은 백색이나 회색이다. 밀선은 밖으로 나와 있고 고약한 냄새를 내는 것도 있다.

나비류가 찾는 꽃들은 낮에 피며 감미로운 향기를 내며 꿀은 꽃 깊숙한 곳에 있다. 꽃은 직립성이고 꽃잎은 나비가 앉기에 알맞도록 수평적 위치에 있다. 나비류는 벌류와 달리 적색을 볼 수 있어 나비류 방화식물의 꽃은 적색이 보통이다. 나방류가 찾은 식물의 꽃은 저녁 무렵이나 밤에 피며 그들 대부분은 짙은 감미향을 내며 색은 흰색이나 회백색이 보통이다.

꽃을 찾는 딱정벌레류는 잘 나는 것들로 밝은 곳에서 활동한다. 이들은 오래 꽃에 머물며 화분뿐 아니라 꽃의 일부분을 먹으며 꿀을 따먹기도 한다. 구기가 특별히 길어진 종류는 별로 많지 않으며 깔따구하늘소속 곤충의 구기는 머리가 몸과 한 축으로 된 전구식 구기로 되어 있다.

이와 같이 꽃의 구조나 색 그리고 개화 현상은 매개곤충류의 구기 형태나 그들의 활동 특성과 깊은 관계가 있다.

3. 무화과좀벌류와 육카곡나방류

방화곤충류 중 식물과 곤충류의 관계가 거의 절대적인 극단적 상호의존 관계를 갖고 있는 것이 있는데 무화과류와 무화과좀벌류

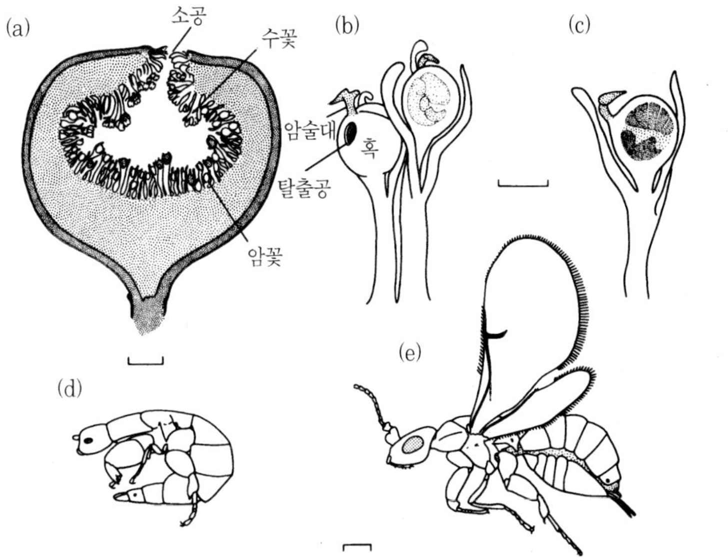

그림 1-5. *Blastophaga* 좀벌에 의한 무화과의 수정과정

(a) 무화과의 꽃(크기 5mm 기준), (b) 수컷이 들어있는 꽃과 탈출공, (c) 암컷이 들어있는 꽃(크기 b, c는 1mm 기준), (d) 수컷 *Blastophaga*, (e) 암컷 *Blastophaga*(크기 d와 e는 0.25mm 기준)

그리고 육카속(백합과) 식물과 곡나방과의 육카곡나방류의 관계가 그것이다. 이들에서는 화분과 꿀이 1차적으로 중요한 유인원이 아니라 성충은 숙주식물의 자방에 산란하고 여기서 부화한 유충이 자방에서 종자를 먹고 자라는 특이한 생활을 한다. 따라서 식물은 종사생산을 위하여 화분을 매개하는 곤충류가 필요하고 곤충들은 세대의 유지에 이들 식물의 종자가 필요하여 서로의 관계는 완전한 공생관계이다. 무화과좀벌과의 *Blastophaga psenes* 좀벌에 의한 무화과 수정과정은 그림 1-5와 같다.

무화과속은 뽕나무과에 속하는 열대성 식물로 무화과나무속(*Ficus*)에는 약 900종이 알려져 있다. 그리고 좀벌 종류 하나하나는 거의 모두가 한 종의 무화과와 관련되어 있는 것이 보통이다. 우리가 먹는 무화과 열매는 화탁(꽃받침)이 자란 것으로 꽃 속에는 다수의 작은 꽃들이 들어 있다

무화과 꽃 속에는 화주가 긴 화분을 생산하는 수꽃과 화주가 짧은 암꽃이 같이 들어 있다. 암컷 벌은 알맞게 자란 무화과 꽃을 찾아 개구부 소공을 통하여 꽃 속으로 들어간다. 꽃의 개구부에는 인편이 있어 소공을 통과할 수 있는 벌의 크기를 제한한다. 따라서 화분매개를 할 수 없는 곤충류는 여기서 걸러진다. 암컷은 꽃 속으로 들어가면 날개와 촉각의 편절(촉각의 끝마디)을 잃고 꽃 속 깊숙한 곳에 있는 암꽃까지 간다. 암꽃에 달한 암컷 벌은 산란관을 화주에 꽂고 자방부근에 산란한다. 이 때 벌은 앞다리로 몸에 있는 특별한 주머니에서 화분을 묻혀 부근에 있는 암꽃의 화주에 묻혀주어 수분이 일어난다. 암꽃 화주의 길이는 모두가 같지 않아 산란관의 길이에 알맞은 것에만 산란이 이루어진다. 따라서 유충이 소비하는 종자는 수정된 것들 중 일부이다.

산란 후 암컷은 꽃 속에서 죽으며 알에서 부화한 유충은 꽃 속에서 자라면서 충영(벌레혹)을 만든다. 성숙한 수컷은 날지 못하며(그림 1-5, d), 눈과 촉각 그리고 다리는 퇴화하여 작아진다. 이들은 충영을 뚫고 밖으로 나와(그림 1-5, b) 암컷 성충이 있는 꽃을 찾는다. 수컷은 암컷 성충이 있는 충영에 구멍을 뚫고 들어가 배를 뻗어 암컷과 교미하고 죽는다. 교미한 암컷(그림 1-5, e)은 충영에서 탈출하여 꽃의 개구부 근처에 있는 수꽃에서 화분을 찾아다닌다. 암컷은 수꽃에서 얻은 화분을 몸에 있는 화분주머니에 챙긴 다음 꽃을 떠나 또 다른 알맞게 자란 무화과를 찾아 들어가 산란한다. 상세한 과정은 벌과 무화과의 종류에 따라 차이가 있다.

숙주특이성 화분매개곤충의 또 하나의 예는 육가곡나방류의 경우이다. 육카류는 모두가 미주원산인데 현재에는 세계 각국에 도입되어 있다. 로키산맥 동쪽이나 모하브 사막에 분포하는 여러 가지 육카류는 곡나방과의 *Tegeticula yuccasella* 가 유일한 화분매개곤충이며, 서부의 *Yucca brevifolia*는 *T. paradoxa*에 의하며 *Y. whipplei*는 *T. maculata* 그리고 *Y. schottii* 는 *Parategeticula polleniferae* 와 *T. yuccasella*에 의하여 화분이 매개되는 등 육카의 종류와 화분매개 나방의 종류간에는 특이성이 있다(Davis 1967).

T. yuccasella 나방은 꽃향기가 가장 강하게 발산되는 밤 동안 활발하게 활동한다. 암컷은 흰 꽃 속으로 들어가 수술을 타고 화분주머니에 올라가 화분을 수집한다. 1~4개의 꽃밥을 모아 만든 꽃가루덩어리를 머리 밑에 뻗을 수 있는 작은 턱수염으로 앞다리 기부에 끼고 있게 된다. 이렇게 하여 꽃가루덩어리를 갖게 된 나방 암컷은 알맞게 성숙한 다른 꽃을 찾아 날아간다. 자방의 상태를 살

핀 후 잘 발달한 산란관으로 자방 속에 산란한다(그림 1-6, b). 그리고 화주를 타고 올라가 주두에 화분을 붙여준다. 이와 같은 산란 행동은 되풀이되는 경우가 많다. 대체적으로 자방의 3개 실 중 1실에 1개의 알을 낳는다. 수분으로 생긴 여러 개 종자 중 몇 개만이 유충의 먹이로 이용된다. 수분되지 않은 꽃에서는 종자가 생기지 않는다. 다 자란 유충은 꼬투리에서 빠져나와 땅 속에서 번데기가 되어 육카류의 개화시기에 맞춰 성충이 우화한다.

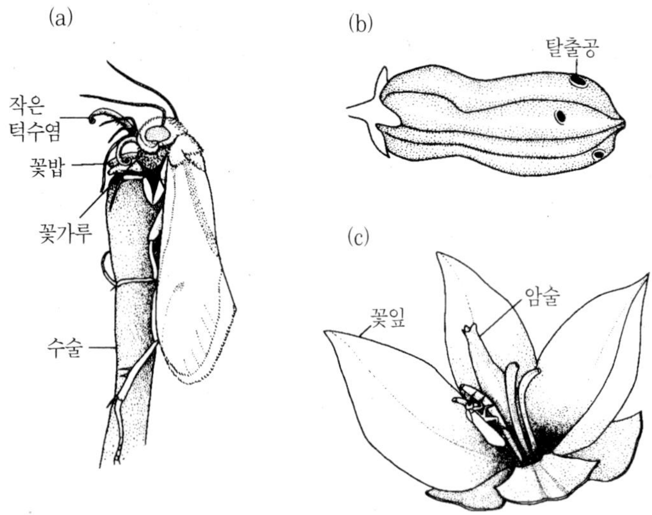

그림 1-6. *Tegeticula* 육카곡나방에 의한 육카의 수분 (Riley 1892)
(a) 암컷 *T. yuccasella*의 화분채취, (b) 탈출공이 있는 육카꼬투리, (c) 산란시 의 암컷

Davis(1967)는 육카나방류의 계통학적 연구를 통하여 이 나방류의 조상은 유충이 열매의 과육이나 화주에 기생하던 것이었다고 하였다. *T. maculata* 나방은 현재에도 수정이 되지 않은 자방 대신 자라고 있는 과육에 산란하는 경우가 있다. 이들 나방류의 기생

특성을 통하여 육카류와 이들 나방류 간의 관계가 적대적 관계에서 상리공생적 관계로 진화한 경우를 짐작할 수 있다.

Addicott 등(1990)은 무화과-무화과좀벌간 관계와 육카-육카곡나방간 상리공생관계에 있어서 그의 기원과 유지 그리고 공생관계의 붕괴를 그들의 생활사 특성을 중심으로 논한바 있다. 즉 이들 공생자 또는 공생자간의 생활사 일치성이 양자의 협력관계와는 어떤관계가 있으며 원래가 협력적 관계이던 것이 기생자 숙주관계로 되는 경우는 어떤 경우인가를 논하였다.

이들의 상리공생적 관계를 유치하는 데에는 첫째로 곤충들은 알맞은 숙주를 찾아야 하는데 이것은 주로 시각과 냄새 감각을 통하여 이루어진다. 다음으로 중요한 것은 식물과 곤충의 생활사상의 일치가 중요하겠다. 즉 이들 곤충류의 활동 시기는 식물들의 꽃이 수정할 수 있는 시기와 일치해야 하겠다. 이런 곤충류와 식물들의 생활사가 일치하지 않을 때는 그들의 협력적 관계는 붕괴될 것이다.

무화과와 무화과좀벌 그리고 육카와 육카곡나방의 상리공생적 관계는 수분을 통한 결실과 자손의 생존에 필요한 먹이를 얻는다는 점에서 공통점을 갖고 있으나 그들이 이런 관계를 유지하는 기작 또는 생활사 전략은 차이가 있어 공생관계 유지를 위한 선택작용이 다른 면도 있다.

무화과는 뽕나무류로 열대 내지 아열대 지방에 분포하며 그들의 생장과 생식은 거의 계절에 관계없이 연중 이루어진다. 육카는 용설란류로 대부분이 북미와 중미의 주로 비교적 건조한 지대에 분포하며 그의 생식기는 계절성이 강한 것이 특징이다. 즉 육카곡나방의 활동시기와 육카의 개화기의 일치성은 환경조건의 제약, 절대적인 상리공생관계, 낮은 육카개체군 밀도하에서의 교미상대 탐색 그리고 육카에서의 결실 실패를 피하기 위해서는 수분과 산란이 일찍이 이루어져야 할 필요성 등을 통하여 강력한 선택작용을 받고 있다. 반면 육카 지방내에서 부화한 유충은 종자를 먹고 자라 늦은 여름이면 과실에서 탈출하여 땅속에서 전용상태로 휴면에 들어가 성충은 다음해 늦은 봄에 우화하는데 이와 같은 장기간의 숙주와의 분리와 변화가 심한 환경조건은 육카와 육카곡나방간의 생활사적 일치성을 어렵게 하고 있다. 그런데 무화과좀벌의 경우에는 한 나무에 있어서는 생식시기가 동시에 일어나는 방향의 선택작용이 일어나야 하나 꽃의 자성선숙과 벌에 대한 경쟁과 벌들 간의 경쟁때문에 무화과 간의 생식은 시기를 달리하는 방향으로 선택작용이 일어나야 하겠다.

그들은 이와 같은 무화과-무화과좀벌 관계와 육카-육카곡나방 관계에서의 생활사 특성 때문에 육카-육카곡나방관계에서는 기생관계(협잡군)(Cheater 또는 Aprovechados)를 흔히 볼 수 있으나 무화과-무화과좀벌관계에서는 절대적인 것은 아니나 기생관계로 발전할 가능성이 극히 희박하다고 하였다.

끝으로 남미의 열대지방에 분포하는 벌의 수컷은 난류의 꽃을 찾는데, 이 벌의 수컷은 여러 가지 꽃에서 꿀을 딴다. 그러나 이 벌이 난을 찾는 것은 난으로부터 향기가 나는 물질을 얻기 위한 것이다.

제 2 장 화분매개의 진화론

현화식물과 화분매개동물과의 관계는 현화식물은 화분매개를 통하여 종 유지를 위한 종자를 맺고 화분매개동물은 화분매개를 해주는 대신 생존과 생식에 필요한 생산물을 얻는 상호작용관계이다. 이런 상호작용의 효율을 증대시키기 위하여 식물과 화분매개동물은 여러 가지 생물학적 특징이 발전하여왔다. Fenster등(2004)은 매개동물들을 유인하고 그들이 이용할 수 있는 보상물을 포함 신물들의 여러 가지 특성들을 수분징후군(Pollination Syndrome, 授粉症候群) 이라고 하고 화분매개동물의 화분매개와 관련된 특성을 기능군으로 분류하고 그들 간의 관계를 논한 바 있다.

분류학적 특성과는 관계없이 화분매개와 관련 같은 기능을 가진 화분매개 동물군은 꽃의 특성발달에 같은 방향의 선택작용을 하였을 것이기 때문에 한 기능군이 찾는 꽃의 특성은 비슷할 것이다. 실제로 자연계에서는 독립된 식물 분류군 간에 수렴적인 진화를 흔히 볼 수 있다. 예를 들면 긴 구기를 가진 파리류나 몸이 작은 꿀을 따는 벌류가 찾는 꽃들은 화관이 길고 가늘며 화분의 위치나 화밀의 량이나 농도 등에서 비슷한 특징을 갖고 있다. 이런 생각은 화분매개현상을 진화적 측면에서 이해하여 그들의 생물학적 의의의 이해에 도움이 된다. 예를 들면 Armbruster 등 (2002)은 현삼과의 *Collinsia heterophylla*를 대상으로 화분매개 동물을 조사한바 약 14종이나 되어 종수로 보면 매개동물이 많으나 이들은 군집내에서 대형으로 긴 구기를 가진 제한된 벌들이 화분을 매개하고 있어 한 개의 기능군이 중요한 의미가 있다고 하였다. 또 Waser(1996)등은 Robertson(1928)이 Illinois주 Carlinville 지방에서 441종 식물을 찾은 방화곤충 15,172예를 검토 한 바 대부분의 식물을 여러 가지 다른 곤충류가 찾아 375종 중 91%가 한 종 이상의 곤충류의 방문을 받고 있어 이 점에서는 비선택적이라고 하였다. 그런데 Fenster 등(2004)은 같은 자료를 9개의 기능군(긴 구기를 가진 벌류, 짧은 구기를 가진 벌류, 기타 벌류, 파리류, 딱정벌레류, 나비류, 노린재류, 풀잠자리류 그리고 새류)으로 나눠 그들의 방화빈도를 바탕으로 재검토하여 동물에 의한 화분매개가 확실한 278종의 식물 중 150종(약 54%)이 한 기능군에 의하여 화분이 매개되었다고 하고 2개의 기능군에 의하여 화분이 매개되는 85종중에는 69%인 59종이 꽃에 대하여 아주 유사한 선택작용을 가진 두개 소군이 찾고 있어 이것은 또 다른 기능군에 의한 화분매개로 보아야 할 듯 하다고 하고 이런 식물들은 ① 화분수집성으로 구기가 길거나 짧은 벌들, ② 꿀을 따는 긴 구기를 가진 벌류와 재니등에류, ③ 몸의 크기가 작으면서 화분을 수집하거나 또는 꿀을 따는 짧은 구기를 가진 벌류와 파리류에 의하여 화분이 매개되는 군이라고 하고 찾는 곤충류에 기능적인 특성이 있다고 하였다. 물론 구기가 긴 벌들은 활동성이 큰 것이 보통이어서 화분매개의 관여도가 크기 때문에 같은 방화빈도라 할지라도 수분에 미치는 영향이 크므로 방화빈도만으로 중요도를 평가하는 데에는 문제가 있을 수 있다. Fenster 등은 약 75%(209/278)의 식물이 방화곤충 기능군에 특이성을 보이고 있다고 하여 이것은 Waser 등의 결론과는 큰 차를 보이고 있다. 이런 기능군의 개념은 여러 가지 문제점이 있기는 하나 단순한 종수에 의한 것에 비하면 특성화의 문제를 이해하는데 도움이 되겠다. 즉 이 개념은 화분매개동물의 종 풍부도 보다는 적응성의 진화라는 측면에서 꽃의 특성을 아울러 이해하는데 도움이 된다. 화분매개의 생태학에서는 하루 중 꽃이 피어있는 시간, 화분의 위치 또는 꽃이 갖는 특성의 성인적 상동(Homoplasy: 서로 다른 생물에서 같은 형태가 평행 또는 방산적으로 생긴 경우)과 같은 특성이 중요한 의미를 갖고 있는데 하나의 기능군에 속하는 동물들은 이런 점에서 공통점이 많다.

화분매개동물의 기능군 분류에 있어서 동물의 특성 뿐 아니라 꽃의 구조도 중요한 요소가 된다. 예를 들면 어떤 종류의 *Bombus* 벌은 꿀샘이 꽃의 깊숙한 곳에 있고 화관이 가는 좌우상칭꽃(예 *Collinsia*, 현삼)에 대하여는 화분매개범위가 좁은 선택적 기능군이지만 여러 종의 방문을 받는 방사상칭꽃(예 장미류)도 가리지 않고 찾는 고로 이때에는 방화범위가 넓은 비선택적 기능군에 포함되겠다. 이런 두 식물분류군이 갖는 꽃 구조의 차이는 꽃을 찾는 동물들을 걸러내서 꽃의 특성진화의 정도나 방향에 영향을 미칠 것으로 생각된다. 전기 Robertson의 자료를 살펴보면 방사상칭꽃 192종 중 52%가 한 기능군에 의하여 화분이 매개되는데 좌우상칭꽃 82종 중 61%가 한 기능군에 의하여 화분이 매개되는 것에 비하면 명백히 적은 비율이여서 이런 추측을 짐작케 하고 있다.

화분매개동물의 기능군에는 한 군에 여러 종이 포함될 수도 있고 한 종만으로 된 것도 있고 어떤 화분매개동물은 몇 개의 기능군에 속할 수도 있다. 그리고 어떤 식물에 특이성을 갖는 기능군은 분류학적군과는 관련이 있는 경우가 많기는 하나 꼭 그런 것은 아니다. 예를 들면 *Herminium monorchis* 난은 1mm 이하의 작은 곤충류에 의하여 수분되는데 그들은 분류학적으로는 다른 종들이다(Darwin 1877). 이런 곤충들은 꽃의 구조적 특성 때문에 종은 다르나 앞다리의 넓적다리 마디가 화분매개에 알맞게 되였으며 행동도 비슷하게 된 것으로 생각된다.

Fenster(2004) 등은 화분매개와 깊은 관계가 있는 보상, 형태, 색, 향기 등과 같은 꽃의 특성과 여러 가지 화분매개동물간의 관계를 검토하고 다음과 같은 경향이 있다고 하였다. 보상의 진화는 밤에 활동하는 나방류의 화분매개와 깊은 관계가 있고 꽃의 색은 나방류(옅은 색), 파리류(짙은 색), 새와 벌새류(붉은 색 또는 밝은 색)의 화분매개와 보다 깊은 관계가 있었으며 향기는 밤에 활동하는 나방류나 박쥐 그리고 벌류의 그것과 깊은 관계가 있다고 하였다. 그리고 형태적 특성은 모든 기능군에서 중요한 의미가 있어 꽃의 크기는 기능군의 몸의 크기와 관계가 있고 보상물을 제공하는 기관(예 밀선관이나 유두)의 크기는 화분매개동물의 주둥이의 크기를 반영하고 있다고 하였다. 그리고 수지를 제공하는 종이 약 45종 있었는데 이들 식물은 거의가 수지를 수집하는 수컷벌이 화분을 매개하였고 10종의 화분보상성 식물은 모두가 화분수집성 벌류, 딱정벌레류 그리고 파리류가 화분을 매개하였다고 하였다.

이런 사실들로 보아 계통분류학적 사실과 생태학적 연구결과를 비교하면 어떤 특성이 화분매개에 보다 중요한 의미가 있고 수분증후군 진화가 어떤 특정 형질의 진화적 변화를 반영하고 있는지를 가늠할 수 있으며 이것은 특히 같은 군을 대상으로 하였을 때 보다 큰 의미가 있겠다. 이런 사실들은 모든 꽃의 특성은 화분매개동물의 기능군에 의한 선택작용을 반영하고 있는 것을 뜻하나 수분증후군의 여러 가지 요소 즉 꽃의 형태, 색, 향기 그리고 보상물 등은 이들 꽃을 찾아 화분을 매개하는 동물에 있어서의 차이를 설명하는 데에 같은 의미가 있는 것은 아닌 듯하다. 예를 들면 꽃의 색은 벌류, 파리류, 딱정벌레류, 나방류, 새류, 박쥐류 등과 같은 분류학적 상위군에 대하여는 중요한 의미가 있으나 향기나 꿀 또는 화분을 수집하는 벌들을 유인하는 식물들의 꽃들 간의 차이는 보다 미세한 꽃의 특성이 관련되어 있다. 또 보상물은 서로 다른 기능군에 속하는 벌들 간의 차이와 깊은 관계가 있으나 벌류와 나비류 간의 차이와 관련하여서는 보상물 보다는 다른 특성이 중요한 경우도 있다. 따라서 식물들 간의 화분매개곤충의 차이를 이해하려면 보상물이나 향기의 화학적 성분, 꽃의 색이나 형태 그 밖의 꽃의 특성들을 이해하는 것이 중요하다고 하겠다.

한편 열대나 아열대의 식물 중에는 특이한 보상물을 생산하여 유인동물이 한정된 것이 있는데 이들은 서로 독립적인 진화 과정을 거친 것으로 생각된다. 예를 들면 청줄벌류와 털보애꽃벌류 중에는 기름을 수집하는 것이 있는데 이들은 열대나 아열대의 여러 가지 식물들의 화분을 매개한다. 화분매개 숫벌류 중에는 향을 수집하는 것도 있다. 또 어떤 종류의 벌들은 집을 짓기 위하여 꽃의 수지류를 수집하는데 열대지방의 저지대에는 수지보상성 식물류가 수백 종이나 된다. 그리고 특이한 경우이나 자손의 발육장소가 대단히 중요한 보상이 되기도 하는데 열대 저지대 숲에는 900종 이상의 무화과류가 분포하며 이들은 종자를 벌류의 먹이로 제공하며 *Yucca*류나 선인장류에서도 그 예를 볼 수 있다.

이상으로 보아 꽃의 여러 가지 특성은 화분매개곤충의 기능군의 영향을 받아 분화를 일으켰음을 알 수 있다. 꽃의 분화에 관한 연구는 화분매개동물들의 종 뿐 아니라 그들이 기능적 군이나 그들 군의 꽃의 특성분화에 미치는 여러 가지 영향에 깊은 관심을 갖고 진행되어야 하겠다. 꽃의 적응적 특성이나 수분증후군은 비슷한 화분매개동물들의 기능군의 선택작용을 받아 새로 생기기도 하고 유지되기도 하는데 이런 동물들은 분류학적으로 유연성이 있을 수도 있고 없을 수도 있다.

Pellmyr(1997)는 무화과좀벌류나 육가곡나방류와 같이 화분을 수집하고 운반하여 암술머리에 화분을 붙여 줄 수 있게 하기 위하여 특별히 발달한 형태나 행동습성을 가진 것을 일반 화분매개곤류와 구별하여 능동적 화분매개자라고 하였다. 개화기간 중에 산란을 할 때에는 산란된 꽃이 수정되지 않으면 종자가 생기지 않아 부화한 유충은 먹이가 부족하여 죽을 수도 있다. 따라서 이런 경우에는 확실한 수정은 중요한 적응적 의의가 있으며 이런 이유로 능동적 화분매개가 발달할 수 있다. Pellmyr(1997)는 이와 같은 능동적 화분매개작용의 진화를 *Tegeticula yuccasella* 육가곡나방 복합종을 대상으로 화분의 수집과 수분에 쓰이는 사간, 화분운반을 위한 작은 털 구조 변화, 화분의 하중 등 화분매개가 이 나방에 주는 부담을 평가한 결과 그 부담은 매우 적어 이것이 이런 특성 발달에 관여하지는 않았을 것이라고 하였다. 또 그는 육카낭류의 생태학이나 계통분류학적 연구를 검토하고 이들의 화분매개와 유관한 특성들은 대부분이 처음부터 있었던 전적응(Preadaptation, 前適應)으로 별로 진화한 흔적을 찾아볼 수 없다고 하고 이와 같은 전적응을 바탕으로 능동적으로 화분매개현상이 발달한 것이며 이런 특성이 이런 현상의 희소성을 말해주는 것이라고 추측하였다.

한편 절지동물 중에는 곰팡이나 효모류 또는 그들이 변형한 식물체 조직(예 충영)을 자손이 이용할 수 있도록 마련하는 종류가 상당히 만하다. 예를 들면 긴나무좀류, 혹파리류, 송곳벌류 그리고 응애류 등은 미생물을 운반하기 위한 특별한 기관을 체내에 갖고 있어 차세대 유충이 이용할 수 있게 하여 무화과좀벌류나 육각곡나방류의 화분수집이나 운반에 쓰이는 기관의 역할과 비슷한 기능을 한다. 이런 점을 감안하여 Pellmyr(1997)는 화분매개곤충과 식물의 관계와 절지동물, 곰팡이 그리고 식물 등의 관계에 관한 연구는 능동적인 화분매개작용의 기원과 상호작용관계의 결과와 관련된 문제의 이해에 도움이 될 것이라고 하였다.

한편 진화의 측면에서 생각하면 수분현상의 전반적 효율증대를 위하여 꽃은 특성화가 중요하겠다. 그러나 실제로는 한 꽃을 찾는 매개동물은 여러 가지가 있다. 즉 선택작용은 양적인 것인 고로 꽃의 특성들은 이런 방화곤충류의 영향을 받을 것이며 구체적으로는 방화빈도와 매개충의 매개효율이 문제가 되겠다. 따라서 개화기간 중의 매개충의 방화빈도와 방화시 암술주두에 묻혀주는 화분이 문제가 되겠다.

방화빈도가 높은 방화곤충이 중요한 것은 사실이나 꼭 그런 것은 아니어서 때로는 방화빈도가 낮은 것이 수분면에서 오히려 중요한 수도 있다. 물론 서로 다른 기능군의 수분 효율을 보면 매개곤충과 꽃의 특성은 밀접한 관계가 있다. 예를 들면 벌들과 벌새의 수정효율은 *Penstemon* 현삼의 종에 따라 차가 있으며(Castellanos 등 2003), 박쥐와 벌새의 화분매개 효율은 *Burmeistera* 초롱류의 종에 따라 차가 있고 벌류의 몸의 크기는 꽃의 크기가 다른 *Dalehampia* 대극류에 대하여 수정효율에 관계가 있다고 한다(Armbruster 1985).

화분매개 곤충이 갖는 선택작용의 중요성은 군집내의 다른 동식물의 영향을 받는다. 이와 관련 Thomson(2003)은 화분매개 곤충이 흔할 때는 한 화분매개 곤충에 할애되는 화분량이 적은 식물이 유리할 것이며 화분매개 곤충이 희소할 때는 보다 쉽게 화분을 얻을 수 있는 경우가 유리할 것이라고 Pollen presentation theory를 제기하였는데 이것은 흔하나 화분매개 효율이 낮은 매개곤충류는 보다 효율적인 화분매개충의 이용을 방해하기 때문에 일종의 기생자 구실을 하게 되는 것으로 보는 것이다.

결론적으로 현화식물과 화분매개 동물과의 관계는 상호 의존적인 상호관계이나 각자의 입장에서 보면 주고받는 거래관계(Trade off)로 그들의 진화는 투자에 대한 이익의 증대라는 효율의 추구라고 생각할 수 있을 듯하다. 즉 식물은 꽃의 구조나 생산물을 통하여 효율적인 화분매개 동물을 선택적으로 유인하고 화분을 비롯한 보상물을 될 수 있는 대로 절약하는 방향으로 진화하였고 화분매개 동물들은 보다 적은 활동으로 보다 많은 보상물을 얻는 방향으로 진화하였을 것이다.

지금까지는 이들의 문제를 공리주의적 측면 특히 동물의 입장이 강조되어 온 듯하나 앞으로 두 생물군의 입장에서 화분매개 문제를 이해하는데 힘을 기울어야 할 듯하다. 그리함으로써 자연계에서의 현상들에 대한 보다 깊은 의의를 파악할 수 있을 듯하다. 그런 의미에서 현화식물에 대한 수분증후군의 개념이나 화분매개 동물에 대한 기능군의 개념은 두 생물군의 진화문제를 포괄적으로 이해하는데 도움이 되는 중요한 개념으로 생각된다.

제2편

곤충의 생활사

생활사(Life history, 生活史)란 곤충이 태어나서 자라 자손을 남기고 죽을 때까지 경과하는 형태나 습성의 변화를 말하며 그 내용은 그간의 형태나 생리적 특성의 변화와 각 발육 단계의 기간 등이 포함되어 있다.

한편 생활환(Life cycle, 生活環)이란 세대마다 되풀이 되는 발생이나 성장의 경과를 말하며 변태양식, 숙주의 전환, 핵상 교대 등에서 차이가 있는 여러 발육기의 계열로 되어 있다. 생활사는 개체군내의 여러 개체들에 관한 정보를 종합한 것으로 다른 개체군의 그것과 비교하여 얻어진 공통적 특징으로 생활사는 개체의 일생이라는 의미에서 쓰이기 때문에 종에 따라 특유의 몇 가지 생활사가 있을 때는 종의 생활사로 해석해야 하겠다.

여기서는 곤충류의 일생이라는 일반적 의미로 양자를 엄밀하게 구별하지 않고 종의 특성이라는 의미에서 생활사를 개체군 동태학적 측면에서 살펴보고 곤충군에서 가장 복잡한 생활사(환)을 가진 진딧물류의 생활사(환)을 설명하여 생활사의 생물학적 의의를 살펴보려고 한다.

제 1 장 곤충의 생활사 전략

곤충의 생활사는 다양하다. 예를 들면 동시에 낳은 알에서 깨어난 개체들이 성충으로 우화하는 시기를 보면 어떤 시기에 거의 동시에 우화하는 종이 있는가 하면 우화기간이 상당히 분산되어 긴 종이 있으며 산란방법을 보아도 수일간에 집중되어 있어 산란이 끝나면 곧 죽어버리는 것(예 많은 종류의 나방류), 산란을 장기간에 걸쳐하는 종(거자리류의 산란기간은 100일이 넘는다) 등 여러 가지 차이가 있다. 이런 곤충들은 종에 따라 해에 따라 발생량에 차이가 있기는 하나 각각의 종은 모두가 자손을 남겨 종을 유지하고 있다. 따라서 각각의 종이 갖는 생활사에는 나름대로의 적응적 측면이 있는 것으로 이런 생활사의 적응도를 양적으로 파악 평가하는 것은 그들의 생활사 이해에 대단히 중요한 것이라 하겠다.

생활사 특성은 우연히 성취된 것이 아니고 그 종이 살고 있는 곳의 환경조건의 영향을 받으면서 장기간에 걸쳐 다듬어진 진화의 결과이다. 한 종개체군내의 개체들 간에는 환경에 대한 반응에 차이가 있어 결과적으로 생존율에 차이가 생겨 남길 수 있는 자손에 차이를 낳게 된다. 즉 환경조건에 보다 적응하여 보다 많은 자손을 위한 생존전략이 생기게 되어 그 종에 고유한 생활사 전략(Life history strategy, 生活史 戰略)이 생긴다.

생활사 전략은 환경과의 관계를 통하여 이해된다. 이런 문제에 관하여 1967년 MacArther와 Wilson이 해양 외딴섬에 정착하는 생물의 생활사 문제와 관련된 이론을 제기한 이래 지금까지 많은 연구가 있었다. 생물의 생활사가 다양한 만큼 생활사를 설명하는 이론에도 여러 가지가 있다(Stearns 1980 ; Southwood 1977). 여기서는 먼저 생활사 전략에 관하여 적응도를 기준으로 생활사 구성내용간의 관계를 개체군의 증가와 관련시켜 설명하려 한다. 적응도나 환경은 이론 전개를 위하여 될 수 있는 대로 명백한 기준에 의거 분류하려 하였다. 물론 이런 입장이 전부는 아닌 고로 의견을 달리 할 수 있겠다.

1. 곤충생활사의 적응도

한 생물의 생활사를 내용면에서 보면 산란수나 산란횟수, 수명 기타 여러 가지 구성요소로 되어 있으며 이런 내용들은 서로가 독립되어 있는 것이 아니고 그 종의 종유지(유전자 계승)와 번영과 깊은 관계가 있다. 그리고 이런 여러 가지 생활사적 특성은 그 생물이 살아가는 서식처 환경조건의 영향을 받는다. 그런데 한 가지 환경조건이 생활사 구성요소에 미치는 영향은 각각 다르다. 온도를 예를 들면 온도가 알에 미치는 영향과 유충에 미치는 영향은 같다고는 할 수 없다. 따라서 곤충의 생활사는 그 곤충의 생활사 구성 내용과 환경조건을 묶은 총체적 최적이론을 바탕으로 평가되어야 하겠다.

집단 유전학에서는 자연선택작용으로 개체군내의 유전자 빈도가 어떻게 변화하는가를 생각할 때 적응도(Fitness, 適應度)의 개념을 이용한다. 이것은 자연선택에 대한 개체군내 개체들의 생존에 유리한 정도를 나타내는 것으로 생활사를 끝낸 개체들은 생식을 통하여 자손을 남기는데 이런 자손들 중 어떤 것은 자손을 남기지 못하고 죽으나 살아남은 것은 자손을 낳아 다음 대를 이을 수 있다. 다음 세대 자손을 남길 수 있는 수 즉 한 개체가 다음 대의 유전자 급원(Gene pool, 遺傳子 給源)에 기여할 수 있는 수를 얼마나 남길 수 있는가가 적합도의 척도인 셈이다. 따라서 이 개념은 개체군내 유전자형의 역동적인 행동을 통하여 생활사 전략을 이해하는데 도움이 되겠다.

생활사 전략이론은 생활사 구성내용 즉 생활사 특성(Life history characteristics, 生活史 特性)과 적응도와의 관계를 이용한 수식을 바탕으로 하고 있으며 이것은 번식노력(Reproductive effort, 繁殖努力)(어떤 특정 기간 내에 한 개체가 갖고 있는 자원 즉 시간이나 에너지 중 번식에 쓰이는 자원의 비율)을 바탕으로 한 것인데 여기서 부담(Cost)이란 생리학적으로는 영양물질의 생존

표 2-1. 생활사가 다른 3종 곤충의 생활사 모델

생활사 내용	A	B	C
유충의 생존율	0.8	0.8	0.8
발육일수(일)(T)	30	30	50
초산연령(일)	30	30	60
1회의 산란수	30	20	50
산란횟수	1	2	1
총 산란수(개)	30	40	50
순증식율(Ro)	24	32	40
내적자연증가율(r)	0.106	0.094	0.061

$$r = \frac{\text{InRo}}{T}$$

과 생식에의 배분과 관계가 있겠고 생태학적으로는 포식자를 포함한 외부환경조건이 문제가 되겠다. 이런 문제들에 관하여는 지금까지 많은 연구가 이루어졌으며 Roff(1992)와 Stearns(1992) 등이 검토한 종설이 있다. 여기서는 생활사 특성간의 관계를 개체군의 증식동태와 관련시켜 이해하기 쉽게 표 2-1과 같은 모델을 이용하여 설명하려 한다.

표에서 순증식율(Net reproductive rate, 純增殖率)이란 암컷 한 마리당의 증식율이고 내적자연증가율(Intrinsic rate of natural increase, 內的自然增加率)이란 변화가 없는 환경 즉 일정한 환경하에서 안정연령군(Stable age distribution, 安定年齡群)(제한이 없는 환경조건하에서 일정한 순간 출생율과 사망률을 갖고 지수함수적으로 증가하는 개체군이 갖는 연령분포)을 가진 개체군의 최대증가율로 순증식율(Ro)의 자연대수와 평균세대기간과의 관계에서 산출된다.

개체군이 아무런 제약을 받지 않고 무제한으로 증가할 수 있는 경우 표에서 종 A는 유충기 사망률이 20%, 살아남은 유충은 30일 후에 성충이 되어 30개의 알을 낳고 죽는다. 종 B는 종 A와 마찬가지로 유충기 사망률이 20%이고 살아남은 유충은 30일 후 성충이 되어 20개를 산란하고 죽지 않고 살아남아 60일 후에 다시 20개를 산란하고 죽는다. 종 C는 발육기간이 50일이나 성충이 된 10일 후에 50개의 알을 낳고 죽는다. 이것은 사망이 일시에 일어나는 것은 아니고 산란도 일시에 일어나는 것이 아닌 고로 실제와는 다르나 이해를 돕기 위하여 문제를 단순화 시킨 것이다.

표에서 종 A와 종 B를 비교할 때 1회 산란수는 종 B가 적으나 종 B는 2회 산란하여 총 산란수는 종 B가 40개로 종 A보다 많다.

표에서 종 A와 종 C과 같이 일생동안에 1회만 산란하는 것은 1회 번식성(Semelparity, 1回 繁殖性) 종이라고 하고 종 B와 같이 일생동안에 2회 이상 산란하는 것을 반복 번식성(Iteroparity, 反復繁殖性) 종이라고 한다. 1회 번식종은 번식연령까지 축적한 체내 에너지를 한 번에 모두 번식에 이용하나 반복 번식종은 축적한 에너지를 일부만 첫 번째 생식에 이용하고 다음 번식까지의 생존을 위하여 남겨두어야 한다. 종 A와 종 B는 초산 연령이 30일로 같아 번식전까지 축적하는 에너지는 모두가 같은 것으로 생각할 수 있겠는데 종 B는 축적한 에너지를 첫 번째 번식에 이용할 때 두 번째 번식까지 살아남아야 하기 때문에 그에 필요한 에너지를 남겨두어야 하겠다. 이 때문에 종 B의 첫 번째 산란수는 종 A보다 적은 20개이다. 다시 말하면 종 B는 10개 알을 낳는데 필요한 에너지를 첫 번째 산란 후에 생존을 위하여 남겨둔 것이다. 물론 반복번식의 경우 첫 번째 번식 후의 생존을 위하여 얼마나 많은 에너지를 남겨두어야 하나 즉 생존을 위하여 필요한 에너지가 얼마나 되느냐 하는 것은 첫 번째 산란과 두 번째 산란 사이의 영양섭취를 비롯한 여러 가지 요인이 관련되어 있어 이것은 종이 가진 여러 가지 생물학적 특성의 제약을 받겠다. 이것을 Cody(1966)는 '에너지 배분의 원리' 라고 하였는데 그 후 이런 문제는 많은 학자들의 연구대상이 되어왔다(Williams 1966, Pianka와 Parker 1975, Calow 1979).

종 C는 1회 번식종이나 종 A나 종 B와 달리 발육기간이 50일로 길다. 이와 같이 발육기간이 길면 체내에 보다 많은 에너지를 축적할 수 있겠다. 이 때문에 1회 산란수가 50개로 많다. 곤충류에서 발육기간이 길면 체내에 축적하는 에너지량이 많아 같은 종의 경우에는 산란수가 많아지는 것이 보통이나 종이 달라지면 사정은 달라진다. 따라서 이 문제는 곤충의 발육이나 난자형성과 관련된 생리학적 문제가 관련되어 있어 앞으로 많은 관심을 갖고 해결해야 할 문제의 하나로 이런 문제는 생물적 제약과 관련된 문제들이라고 하겠다.

개체군의 한 개체가 한 세대에 출산하는 평균 개체수 즉 순증식율은 다음 세대의 유전자 급원에 기여할 수 있는 자손의 수이다. A, B, C 3종의 순증식율은 각각 24, 32, 40으로 종 C의 생활사가 가장 유리하다고 생각할 수도 있겠다. 그러나 종 C는 초산 연령이 60일로 종 A의 2배인 고로 종 A는 종 C가 한 번 번식하는 동안에 두 번 번식할 수 있어 60일 후의 자손 수는 종 A가 576(24×24)로 종 C의 50개보다 훨씬 많다. 따라서 개체군의 증가라는 측면에서는 세대기간을 포함시킨 단위시간당의 증식율을 기준으로 생활사의 적합도가 평가되어야 하겠다.

Fisher(1958)는 집단유전학적 측면에서 개체군의 증가에 관한 수학적 이론의 기초를 확립하였는데 표의 내적자연증가율(r)은 최적조건에서 제한을 받지 않을 때의 개체군 증가율이다. 표에서 A, B, C 3종의 r의 값을 보면 각각 0.106, 0.094 그리고 0.061 등으로 종 A의 생활사가 가장 유리하다. 따라서 이런 조건 하에서는 종의 진화는 C→B→A의 방향으로 일어날 것이며 개체군 증가에 이런 방향으로 작용하는 선택작용을 r-선택(r-selection)이라고 한다.

내적자연증가율은 여러 가지 생활사 구성 형질의 함수로 흔히 이용된다. 발육기간이나 연령별 출산수, 암컷의 비율이 변하면 그 값은 변할 것인 고로 여러 가지 종류의 생활사를 가진 곤충에서 내적자연증가율을 구하여 그것을 비교하면 생활사 특성의 변화와 내적자연증가율과의 관계를 이해할 수 있겠다. Stearns(1976)와 Pianka(1980)는 r-선택적 생활사의 특성으로 ① 발육이 빨라 생육기간이 짧고 ② 초출산이 빠르며 ③ 몸은 작고 ④ 번식은 1회성이며 ⑤ 작은 알을 많이 낳는다는 것을 들고 있다. 이 이론은 환경조건의 변동이 없고 밀도 조절이 일어나지 않는 환경에서는 r-선택이 일어나 그런 곳에서 생활하는 곤충류의 생활사는 이런 특성을 갖는다고 하겠다. 그러나 이와 같은 생활사 특성이 다른 선택작용을 받아 생길 수도 있고 이런 결론이 생활사 특성과 r-선택간의 관계를 포괄적으로 논한 것도 아니어서 충분한 것이라고 할 수는 없겠다.

표 2-2는 표 2-1의 다른 조건은 같으나 유충의 생존율이 극히 낮아 0.025인 경우 그에 따르는 순증식율과 내적자연증가율의 변동이다.

표 2-2. 표 2-1에서의 유충기 생존율이 0.025일 때의 순증식율과 내적자연증가율

생활사 내용	A	B	C
유충기 생존율	0.025	0.025	0.025
순증식율	0.75	1.0	1.25
내적자연증가율	-0.0095	0.0	0.0037

표 2-2는 환경조건이 유충에 불리하여 유충기의 생존율이 극히 낮은 경우의 순증식율과 내적자연증가율이다.

표 2-1이나 표 2-2 모두의 경우 적응도가 각 유전자형이 갖는 내적자연증가율에 의하여 결정되는 것에는 차이가 없으며 r-선택을 받게 된다. 그런데 r-선택의 결과 내적자연증가율의 값은 종 A, B, C에서 각각 -0.0095, 0.0 그리고 0.0037로 표 2-1의 그

것과는 완전히 반대이다. 이것은 표 2-2와 같은 환경에서 r-선택작용이 일어나면 표 2-1와는 정반대의 결과를 낳는다는 것을 뜻한다. 이런 차이는 종 A, B, C의 생활사는 큰 자연증가율을 갖기 위한 생활사에서의 번식전술의 차이 때문이라고 할 수 있다. 즉 표 2-1의 경우 종 A는 빠른 발육, 종 C는 다산(총 산란수) 그리고 종 B는 빠른 발육과 중정도의 산란수로 내적자연증가율을 크게 하는 생활사 전략을 갖고 있다. 이런 점을 고려하였을 때 유충기의 생존율이 극히 낮은 환경에서는 낮은 생존율을 충분히 벌충하는 다산성(많은 산란수)이 유리한 특성임을 짐작할 수 있는데 실제로 종 C는 종 A에 비하면 다산성이다. 이와 같은 관계는 기생봉류나 식물의 조직 내에 산란하는 해충류는 유충생존율이 다른 곤충류에 비하면 높은데 이들의 산란수는 다른 해충류에 비하면 상대적으로 적은 것도 이런 생활사 전략의 일면을 나타내고 있는 것으로 볼 수 있을 듯하다.

이와 같이 같은 r-선택일지라도 상황에 따라 그 결과는 다른 생활사가 성립될 수 있으며 Charnov와 Schaffer(1973)은 유충기 생존율이 성충기의 그것에 비하여 낮으면 종 A나 C와 같은 1회 번식보다는 B와 같이 되풀이 반복번식을 하는 것이 유리함을 밝히고 있다.

2. 생활사와 환경

곤충의 생활사는 여러 가지 환경조건의 영향을 받는다. 환경조건에는 무생물적 조건과 생물적 조건으로 크게 나눌 수 있으며 그들의 변화는 장소에 따르는 공간적 차이와 시간에 따르는 변동이 있겠다. 따라서 생활사와 관련하여서 환경문제를 생각할 때 다음과 같은 조합을 생각할 수 있겠다.

공간적 환경의 문제는 주로 먹이나 교미상대의 탐색을 효율적으로 하기 위한 최적 행동과 관련이 있겠고 시간적 환경문제는 주로 번식횟수나 생식이나 휴면시기와 관련된 시간적 조절문제가 관련이 있겠다.

표 2-3. 공간적 환경과 시간적 환경

		시간적 환경	
		일정	변동
공간적	일정	I	II
환경	변동	III	IV

환경문제와 관련 평균세대기간을 기준으로 한 Stearns(1976)이나 Southwood(1977)의 연구, 불규칙한 변동에 관하여는 증식력과 관련 환경의 불리한 정도의 평가에 관한 연구(Tsuda 1982) 그리고 환경변동의 예측성, 우연성, 안정성을 평가한 연구(Stearns 1981) 등 여러 가지가 있다.

앞에서 설명한 이론은 공간적으로나 시간적으로 변동이 없는 환경 즉 I의 환경을 전제로 하고 있는데 이것은 이론적으로는 가능하나 실제적으로는 있을 수 없는 조건이다. 생물이 어떤 환경하에서 살아가고 있으며 그들은 환경조건에 의하여 어떤 것이 어떻게 영향을 받으면서 생활하고 있는지를 알지 못하고는 환경과 생활사간의 관계를 명백히 이해할 수 없겠다. 그러나 그 관계는 극히 다양하고 복잡한 것이어서 여기서는 환경적 측면에서는 주기적 변동을 하는 환경에서의 문제와 생물학적 측면에서는 개체수가 조절되는 환경에서의 생활사를 살펴보려 한다.

(1) 주기적으로 변동하는 환경에서의 생활사

주기적으로 변동하는 환경조건에는 주야간의 변동, 조수의 간만주기 그리고 계절적 주기 등을 생각할 수 있겠으나 이 문제를 이해하기 쉽게 어떤 환경이 일정한 시간 간격을 두고 되풀이 되는 경우를 상정하여 설명하려 한다. 예를 들면 연간 계절적 변화는 봄, 여름, 가을 그리고 겨울의 4개 계절환경으로 구분할 수 있겠으며 각 계절은 3개월로 등분되어 있는 것으로 가정한다. 그리고 유충생존율이 가장 높은 여름철이 그것은 0.8, 가장 낮은 겨울철의 그것은 0.2로 하고 각 계절의 생존율을 봄 0.6, 여름 0.8, 가을 0.4 그리고 겨울 0.2 등으로 가정할 때 실제로는 연속적인 변화가 있으나 주기적으로 변화하는 환경에 대한 평균적인 특성을 파악할 수 있겠다. 문제를 좀 더 간단하게 하기 위하여 번식기와 비번식기 또는 우기와 건기와 같은 생식과 관련하여 환경을 유리한 시기와 불리한 시기로 나누고 그것이 n세대 동안은 유리한 조건이 그리고 m세대 동안은 불리한 조건이 계속되는 주기적 변동을 가정한다. 그리하여 유충의 생존율이 n세대 간은 0.8 그리고 m세대 간은 0.01과 같은 조건이 반복된다고 하였을 때의 최적의 생활사를 생각해 보기로 한다.

주기적 변동 환경에서 생활하는 생물의 적응도는 1주기 단위로 얻어진 값들의 평균치로 평균증식율은 각각의 환경에서의 증식율

표 2-4. 유충기 생존율이 0.8과 0.01인 환경조건이 반복될 때 그의 비율에 따르는 평균증가율

	생활사		
n : m	A	B	C
3 : 1	0.070	0.064	0.043
2 : 1	0.057	0.055	0.037
1 : 1	0.033	0.036	0.025
1 : 2	0.009	0.016	0.012
1 : 3	-0.004	0.006	0.006
1 : 4	-0.011	0.0004	0.003
1 : 5	-0.016	-0.004	0.002

n : 0.8의 생존율이 이어지는 세대수 m : 0.01의 생존율이 이어지는 세대수

의 상승평균치를 이용하게 된다. 표 2-4는 표 2-1의 조건에서 유충기 생존율이 0.8과 0.01일 때 3종의 평균증식율이다.

표 2-4는 유리한 환경과 불리한 환경의 기간을 세대수 비율(n:m)로 표시한 것으로 n/m의 값이 클수록 증식에 유리한 환경이 되겠다. n:m이 3:1과 2:1의 경우과 같이 증식에 유리할 때는 평균증식율은 A, B, C의 순으로 커서 앞서 Stearns와 Pianka가 지적한 r-선택에서의 생활사 특성을 가진 것들이 적응적이다. 그런데 n:m이 1:4나 1:5와 같이 증식에 불리한 환경에서는 평균증식율 크기의 순서는 이와 정반대가 되고 있어 표 2-2의 유충기 생존율이 극히 낮은 경우와 같은 경향을 보이고 있어 불리한 환경조건하에서 일어나는 공통점을 갖고 있다.

이와 같은 환경조건의 변동을 감안한 생활사 전략에 관하여는 특히 1회 번식과 반복번식의 진화문제와 관련 양다리 걸치기 전략(Bet-hedging)이라고도 한다. 이 이론은 환경의 변동이 불확실하면 적응도가 그에 따라 변동하겠는데 그의 분산을 될 수 있는 대로 적게 함으로써 적응도의 기대치를 높이는 방법이 생활사 전략 진화방향이라는 것으로 후술하는 분산다형성이나 휴면문제와 관련하여 많은 논의가 있어 왔다. 진딧물류에는 단위생식성 암컷이 유시형과 무시형 모두를 생산할 수 있다. 따라서 이 두 형은 형태적인 차이는 있으나 유전적으로는 같다. 어느 형을 생산하느냐는 그 때의 조건에 따라 결정된다. 이런 분산다형성은 양다리 걸치기 전략의 좋은 예이다.

r-선택과 양다리 걸치기 전략은 모두가 평균 증식율을 높이는 방향의 진화를 꾀하고 있으나 r-선택과 양다리 걸치기 전략이 가정하는 환경은 달라 그 환경하에서의 평균 증식율의 증대를 위한

전술은 달라져야 함을 말해주고 있다.

(2) 개체수가 조절을 받는 환경에서의 생활사

곤충의 개체군 밀도는 무한히 증가하거나 반대로 감소하여 멸종하지 않고 어떤 밀도를 중심으로 상하로 진동한다. 즉 개체군의 밀도는 어떤 원인에 의하여 장기적으로는 조절되고 있는 것이다. 여기서는 환경은 변동하지 않으나 개체수가 조절되는 환경에서의 생활사 전략에 관하여 설명하려 한다.

개체군의 개체수의 시간적 변화는 출생율과 사망률에 의하여 결정된다. 서식장소내의 자원량은 한계가 있어 그 서식처가 유지할 수 있는 최대밀도에는 한계가 있다. 이때의 개체군밀도를 환경수용력(Carrying capacity, K, 環境受容力)이라고 한다. 개체군밀도의 증가는 환경수용력까지 직선적으로 증가하지 않고 환경수용력에 대하여 남은 자원량에 상당하는 개체수(K−N)비율 만큼 달라질 것이다. 즉 개체군밀도는 처음에는 서서히 증가하나 어느 밀도에 달하면 증가 속도가 거의 직선에 가까이 빨라지고 K값에 가까워지면 밀도 증가는 감소하고 결국 K값을 중심으로 한정되어 그의 생장곡선은 S자 모양을 갖게 되며 이것을 로지스틱 증식(Logistic growth)이라고 한다(그림 2−1).

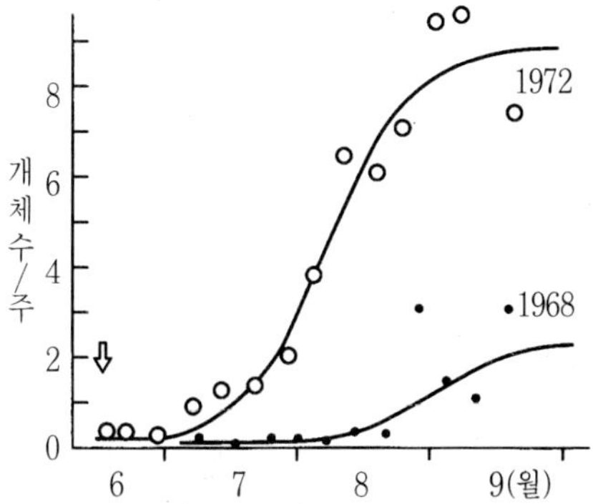

그림 2−1. 논에서의 *Lycosa* 거미류 개체군의 변동 (Sasaba 등 1973)

MacArthur(1962)는 로지스틱 증식을 하는 개체군들에서 유전자형의 적응도는 내적자연증가율(r)과는 관계없이 각 유전자형이 같은 환경수용력(K)의 값에 의하여 결정되어 K값이 클수록 적응도가 높다고 하였다. 그 후 MacArthur와 Wilson(1967)은 r-선택과 K-선택을 묶어 r-K 선택설을 제기하여 생활사의 적응도 문제를 체계적으로 논하였다.

지금까지 r-선택적 생활사에 관하여는 많은 연구와 논의가 있어왔으나 K-선택에 대하여는 King과 Anderson(1971), Roughgarden(1971) 등 몇몇 연구가 있으나 특별히 생활사 특성과 관련된 깊이 있는 논의는 별로 없다. 이것은 K라는 지수가 생존율이나 산란수 등과 같은 생활사의 특성과 관련시키기가 어렵기 때문이다(Stearns 1977).

K-선택적 조건하에서의 생활사의 특성에 관하여 Parry(1981)는 ① K-선택은 고밀도 개체군내에서의 경쟁력에 대한 선택이다 ② K-선택은 밀도의존적 선택이다 ③ K-선택은 안정된 환경에서 일어나는 현상이다 ④ K-선택에서는 번식에 대한 자원의 투자가 감소한다고 하였다. K-선택과 관련된 연구는 K의 값은 자원량과 개체군 밀도가 평형상태를 이루었을 때의 내적자연증가율 즉 0인 때의 개체군 밀도를 생각하고 이와 관련된 여러 가지 특성이 K-선택에 의하여 변하는 것으로 생각한다. 따라서 이 경우에는 r-선택은 밀도에 의존하지 않는 선택으로 생각한다.

제 2 장 개체군 밀도변동요인

곤충개체군의 밀도는 종, 계절, 년도 그리고 장소에 따라 변동하며 그 변동의 실체와 그에 관련된 요인을 밝히는 것이 개체군 동태학의 주요 과제의 하나이다.

곤충개체군의 밀도변동에 관여하는 요인에는 기상요인과 같은 무생물적 요인과 먹이나 천적류, 종내경쟁이나 종간경쟁과 같은 생물적 요인이 있겠으며 그들의 작용양식과 개체군 밀도와의 관계를 기준으로 하여서는 밀도 의존적요인(Density dependant factor, 密度依存的要因)과 밀도 독립적요인(Density independant factor, 密度獨立的要因)으로 나누는데 생물적요인은 밀도 의존적으로 작용하고 무생물적요인은 밀도 독립적으로 작용하는 경우가 많다.

우리나라에서 솔나방은 일년에 한 세대를 거치며 성충은 8월에 출현하여 산란하고 부화한 유충은 5령충으로 겨울을 지나 다음해 7월에 번데기가 되고 8월에 성충으로 우화하는 생활사를 갖고 있다.

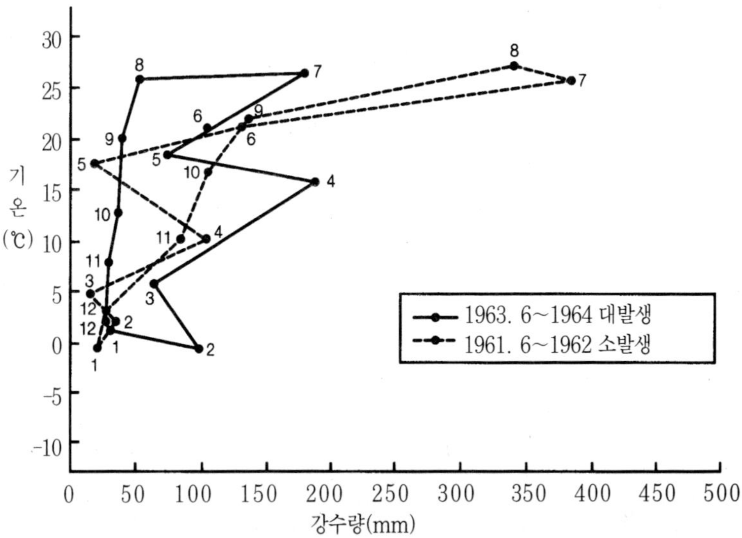

그림 2-2. 광주지방에서의 솔나방 발생량이 다른 두 년도의 온도-강수량 기상도 (현 1966) 그림의 숫자는 월

그림 2-2는 광주지방에서 솔나방 발생이 많았던 1963년 세대와 적었던 1961년 세대의 발육기간 중의 온도 강수량 기상도이다.

그림 2-2에서 특이한 점은 1961년 7월과 8월의 강수량이 1963년의 그것에 비하여 대단히 많다는 것이다. 이 그림으로 보아 7월과 8월의 강수량이 솔나방의 발생과 깊은 관계가 있을 것임을 짐작할 수 있다. 이것은 후에 설명하는 바와 같이 야외조사나 실내실험으로 강수량이 유충치사율과 깊은 관계가 있음이 밝혀졌다. 이와 같은 온도-강수량 기상도는 야외 개체군 변동에 미치는 요인의 분석에 흔히 이용된다.

한편 개체군의 밀도는 출생율과 사망률에 의하여 결정되며 출생율과 사망률은 연령과 밀접한 관계가 있다. 개체군을 구성하고 있는 개체들이 시간의 경과에 따라 출산하고 사망하는 관계를 나타낸 것이 생명표(Life table, 生命表)인데 이것은 인구학에서 처음 도입되었으나 그 후 동물개체군에 도입되어 현재 개체군 동태학에서 그의 동태분석에 이용되고 있다.

생명표에는 시간별 생명표(Time specific life table, 時間別 生命表)와 연령별 생명표(Age specific life table, 年令別 生命表)가 있는데 전자는 어떤 시점의 개체군의 연령분포를 바탕으로 하고 있으며 개체군 밀도가 일정(출생률과 사망률이 거의 비슷하여 밀도 증가율이 1에 가깝다)하고 연령분포가 안정연령분포(Stable age distribution, 安定年齡分布)(개체군의 연령분포가 안정)를 가진다는 것을 전제로 하고 있어 주로 인구나 포유류에서 이용된다.

곤충의 야외 개체군은 겨울철 휴면과 같은 특정 연령군에서의 발육정지 그리고 봄이 되면 발육이 일제히 일어나는 등으로 발육과 증식이 세대별로 분리되어 있는 경우가 보통이다. 이런 개체군의 생명표는 연령군을 기준으로 하는 경우도 있으나 생태학적으로 중요한 발육단계를 기준으로 하는 수가 많다. 예를 들면 솔나방의 경우에는 알, 월동전 유충, 월동후 유충, 번데기, 성충 등과 같은 연령군을 기준으로 생명표를 작성하는데 이것은 이들 연령군에 영향을 미치는 치사요인에 차이가 있어 이들의 개체군 밀도에 미치는 영향을 평가하여 개체군 밀도의 변동을 추정하는데 도움이 되기 때문이다.

야외 곤충개체군의 생명표 구성 내용은 연령군(x), 각 연령군의 초기 밀도(lx), 각 연령군 에서의 사망요인(dxF), 사망수(dx), 사망률(gx) 그리고 누적사망률 등으로 되어 있다. 이때 lx는 산란수를 1000으로 하고 각 연령군 초기의 개체수를 1000분율로 표현하거나 산란수를 1로 하고 소수로 표현하거나 개체수, 절대밀도, 상대밀도 등 실수로 표현하기도 한다. 사망수(dx)는 그 연령기간 중의 사망수로 즉 $lx-l_{(x+1)}$이 되며 사망요인별로 표시된다. 사망률(gx)은 연령군 x에서의 사망률이며 사망요인(dxF)은 한령기에서의 사망요인이다.

한 세대의 총치사율은 각 충태(연령)의 사망률의 총계이다. 사망률은 충태에 따라 다르며 그 때의 치사요인도 차이가 있겠다. 이런 관계는 생명표 수법을 이용하여 이해할 수 있겠다.

곤충류의 치사에 관여하는 요인은 여러 가지가 있으나 그들이 밀도 변동에 미치는 영향력에는 차이가 있으며 여러 가지 치사요인 중 밀도변동과 관련 가장 중요한 요인을 변동주요인(Key factor, 變動主要因)이라고 하며 그것을 추구하는 과정을 변동주요인 분석(Key factor analysis, 變動主要因 分析)이라고 한다. 변동주요인은 값이 커야하나 그것이 일정하다면 그 요인에 의한 치사율은 분석에서 제외하고 잔여분에 대해서만 분석하여도 되겠다. 따라서 변동주요인은 값이 클 뿐 아니라 변이가 커야 하겠다. 그리고 해충학에서는 작물에 대한 피해가 문제이며 피해 충태는 해충에 따라 차이가 있는 고로 해충학에서는 이점이 고려되어야 하겠다. 예를 들면 솔나방 유충의 7~8령충 섭식량은 총 섭식량의 약 90%인 고로 이 시기의 생존량과의 관계에서 변동주요인 분석은 이루어져야 하겠다.

표 2-5는 수원 근교 3개 지역에서 1964년과 1965년 세대 솔나방의 연령군별 치사율과 그의 전체 분산에서 차지하는 비율이다.

표 2-5. 솔나방의 연령군별 치사율 분산의 전체분산에 대한 비율 (현 1968)

	평균치사율	분산	전분산에 대한 %
알	26.94	7.80	18.82
부화유충	68.30	40.24	97.13
월동유충	2.65	4.02	9.71
월동 후 유충	1.92	0.85	2.04
번데기	0.88	0.81	1.96
총치사율	99.35	4.29	

표에서 보는 바와 같이 부화유충의 치사율은 다른 생육단계의 그것에 비하면 특별히 높으며 그의 변이도 40.24로 해에 따라 또는 지역에 따라 다른 시기의 그것보다 커서 전체 분산에서 차지하는 비율이 97.13%로 이 곤충의 밀도 변동은 이 시기의 치사율에 의하여 결정된다는 것을 짐작할 수 있을 듯하다.

한편 부화유충의 치사율(8월의 난 밀도에 대한 9월의 유충밀도)는 8월중의 강우량 특히 강우강도(일당 강우량)와 밀접한 관계가 있어 그간의 관계는 y=28.6398-1.0128(r=-0.91)이며 이것은 부화유충의 분상행동과 깊은 관계가 있음이 실험조건(인공적으로 관수할 때의 관수량과 관수시 관수기의 구멍 크기의 차이)에서 증명되어 그림 2-2의 자연 조건하에서의 추론을 뒷받침하고 있다. 이런 관계는 7월 하순의 번데기 밀도와 각 생육단계와의 산관관계를 보면 난밀도와는 +0.038, 부화유충 +0.28, 월동유충(10월) +0.44 그리고 월동 후 유충(5월) +0.81 등으로 난 밀도나 부화유충밀도(난 밀도와 난기치사율로 추정한 값)와 번데기 밀도간의 상관관계는 낮으나 그 후의 밀도와의 상관관계는 높아 이 해충의 발생량은 월동 전의 생존율이 중요함을 짐작할 수 있겠다.

Stiling(1988)은 1968년부터 1987년까지의 야외 곤충 개체군 동태학전 연구결과를 다음과 같이 정리한 바 있다.

표 2-6. 야외 곤충 개체군의 밀도변동주요인 (Stiling 1988)

	치사요인						작용충태			
	천적	먹이	이동	산란수	기후	계	알 번데기	유충	성충	계
예	13	5	8	6	23	55	3	14	16	33
%	23.6	9.0	14.5	10.9	41.8		0.91	42.4	48.5	
변동주요인	20	5	12	12	6	55	10	30	22	62
%	36.4	9.1	21.8	21.8	10.9		16.1	48.4	35.5	

곤충류의 밀도변동에 관련된 요인에는 여러 가지가 있어 성충의 분산, 월동 중의 알이나 유충의 사망, 기생곤충이나 미생물과 같은 천적류, 먹이식물의 종류나 영양상태, 같은 종내의 개체간 경쟁, 같은 자원을 이용하는 다른 종과의 경쟁, 성비의 변화, 기타가 있겠다. 그리고 이런 치사요인은 조건에 따라 같은 종이라도 기능이 달라질 수 있다. 예를 들면 콜로라도 감자잎벌레(*Leptinotarsa decemlineata*)의 경우 토마토 밭에서는 유충기생이 밀도의존적으로 일어나나 감자밭에서는 고밀도로 일어나는 이동이 중요한 밀

도 감소요인이다. 그리고 겨울물결자나방(*Operophtera brumata*)의 경우 영국에서는 기생성인 *Cyzenis albicans* 기생파리가 중요치사요인이 못되나 새로 침입한 캐나다에서는 이 기생파리는 밀도변동의 주요인으로 작용하고 있다.

표 2-6에서 연구 55예 중에서 기후적 조건이 23예로 가장 많고 다음이 천적류 13예로 23.6%로 뒤를 잇고 있다. 그러나 변동주요인으로는 천적류가 36.4%로 가장 중요하며 이동이나 산란수 감소가 21.8%로 그 뒤를 잇고 있다. 그리고 작용하는 충태를 보면 대부분이 성충과 유충이나 번데기 시기이다. 먹이의 질이나 양은 산란수와 밀접한 관계가 있으며 이동분산과도 관계가 있다. 예를 들면 솔나방의 경우 용중(蛹重)과 포란수(抱卵數)간에는 y=87.951x+357.49(y:포란수, x:용중)의 관계가 있어 용중이 작으면 포란수가 적어진다. 그리고 용중은 피해가 심한 곳에서는 작아지며 대신 분산력은 커서 새로운 곳으로의 분산이 심하다(현 1968).

개체군 밀도 변동주요인에 관한 정보는 개체군 밀도의 시간적 변동의 예측에 유용할 뿐 아니라 해충학에서는 방제수단이나 방제시기의 선택에 중요한 정보가 되겠다. 예를 들면 우리나라에서 임업 해충류의 예찰사업이 1969년부터 시작되었는데 이것은 앞서 설명한 바와 같이 솔나방의 피해가 실질적으로 일어나는 시기는 7~8월인데 이때의 유충밀도는 전년도 월동전 밀도에 의하여 결정되는 고로 월동전(10월) 유충밀도를 조사하여 그 밀도를 기준으로 선별적인 방제를 함으로써 방제효율을 높이려는 것이다.

한편 Kuno(1968)는 일본에서 벼멸구 야외개체군의 밀도 변동 동태를 분석하여 세대별 내적자연증가율을 추정하여 대수치로 비래 1세대 1.722, 제 2세대 0.873, 3세대 0.567이라고 하고 실제 피해가 나타나는 시기는 9월이나 그 근원은 7월 중의 제 1세대와 제 2세대에 있다고 하고 초기방제의 중요성을 지적한 바 있다. 이와 현(1987)은 벼멸구를 생육단계가 다른 벼로 사육하였을 때 분얼최성기(벼의 가지치기)의 벼로 사육한 벼멸구의 산란수가 가장 많아 이것은 벼의 체내동화물질이 출수 후에는 이삭으로 대부분이 이동하기 때문에 벼멸구가 흡즙하는 엽초내 동화물질의 감소와 관계가 있을 것이라고 하였다. 또 흰빛잎마름병을 매개하는 애멸구의 증식율은 월동 제 1세대와 본담 이동세대가 가장 크고 이것은 병의 매개와도 직접관계가 있는데 맥전에서 월동 제 1세대를 대상으로 한 침투성살충제의 이용을 제기하였다(이와 현 1980).

개체군 밀도 변동동태 분석에 있어서 생명표의 이용은 중요한 수법의 하나임은 틀림없으나 이것은 같은 종 개체군을 대상으로 장기간 여러 가지 조건(예; 여러 지역 또는 다른 재배조건)에서 연구가 이루어져 많은 정보가 축적되어야 하는 고로 연구에 많은 시간과 노력이 요구된다. 그리고 환경조건이 변하면 추출된 밀도변동주요인이 변하는 수도 있다. 예를 들면 솔나방의 경우 과거에는 전년도 강우량이 다음해의 피해를 좌우하는 밀도변동주요인이 있으나 현재의 솔나방 발생 감소는 강우량의 문제라기보다는 임상의 변화가 보다 중요한 원인으로 생각된다. 즉 8월 중의 강우량이 부화 직후 유충의 치사율에 영향을 미치나 월동 중인 유충이 치사요인, 아마도 기생봉류나 미생물류의 영향이 현재의 환경에서는 중요한 듯하다. 그리고 이런 접근은 개체군을 구성하고 있는 개체들은 유전적으로 동일한 것을 전제로 하고 있는데 이것은 수학적 처리의 간편성 때문에 어쩔 수 없는 것이겠으나 실제로는 생존이나 증식과 관련된 생물학적 특성 출현은 유전형에 따라 다르다. 예를 들면 우리나라에서 벼멸구는 매년 해외에서 비래하는데 그의 유전형은 해에 따라 다를 수 있겠다. 일본에서 매년 비래하는 벼멸구의 비래 후 장시형 출현율을 조사한바 그들의 장시형 출현성에 차이가 있어 어떤 계통은 밀도가 높아져도 장시형이 좀처럼 생기지 않으나 어떤 계통은 장시형 출현이 쉬웠다. 따라서 전자의 경우에는 단시형 출현율이 높아 비래 후 시간이 경과하면서 지수함수적으로 밀도가 증가할 것이나 후자의 경우는 비래 후 제 1세대에도 장시형이 쉽게 출현하여 전자에서의 경우와는 다른 결과를 낳을 수 있겠다. 따라서 비래세대의 밀도만으로 그 후의 발생량(밀도)을 예측하는 데에는 문제가 있을 수 있겠다(Sawada 1996). 실제로 일본 규슈의 Saga현에서의 경우 1986년의 벼멸구 비래량은 1985년의 그것에 비하여 훨씬 많았으나 9월 이후의 밀도는 비래량이 적었던 1985년이 1986년 밀도의 약 200배나 높아 곳곳에 집중고사현상을 볼 수 있었다고 한다(Tojo 1988). 따라서 벼멸구와 같이 장거리 이동을 하는 곤충류에서는 비래원이 다른 개체들이 있어 그들의 행동, 생리, 생태 등 특성이 생존이나 증식과 관련이 있어 그들에 대하여는 행동적 측면의 접근이 필요하겠다.

제 3 장 생활사 전략에 관한 학설

생활사가 갖는 내용 즉 산란수, 초산연령, 수명 기타 여러 가지 특성은 번식과 직접적인 관계가 있으며 이것은 개체군의 증가와 직결된다. 생활사 전략이란 이런 생활사 내용들이 서로 연관을 갖고 그들의 생활환경 조건하에서 진화한 것이라고 생각된다. 여기서는 곤충류의 생활사에 관한 주요이론을 자연선택의 개념과 관련시켜 설명하려 한다.

1. r-K 선택설 (Selection, 選擇說)

이 이론은 MacArthur와 Wilson(1967)이 제기한 생활사 전략에 관한 것으로 그들은 새로 생긴 외딴 섬(孤島)과 같은 선주자가 적고 개체군 밀도가 환경수용력(Carrying capacity, 環境收容力)보다 훨씬 낮은 상태에서는 높은 내적증가율을 가진 유전자형이 적응적이나 경쟁종이 많고 개체군 밀도가 높은 경우에는 한정된 자원을 효율적으로 이용하고 번식력이 낮은 유전형이 적응적이라고 하고 이것을 개체군 증가의 Logistic 식

$$\frac{dN}{dt} = rN(\frac{K-N}{K})$$

와 관련시켜 각각 r-선택, K-선택이 라고 하였다.

이 이론은 그 후의 생태학적 이론에 많은 영향을 미쳤다. Pianka(1970)는 환경조건과 생활사 특성과의 관계를 논하면서 기후조건의 변화가 심하고 예측이 어려우며 사망률 변동이 심한 환경에서 생활하는 생물은 r-선택의 결과 발육이 빠르고 증식력이 크며 알의 크기는 작으나 그 수는 많아지는 방향으로 선택이 일어나고 반대로 기후조건이 안정되어 있고 변화가 규칙적인 환경에서 생활하는 생물은 개체군 밀도가 포화상태를 유지하게 되어 K-선택의 영향으로 발육이 느리고 증식력은 작으며 알은 크나 그 수는 적은 생활사가 선택된다고 하고 이런 선택으로 생기는 생활사 전략을 각각 r-전략(r-strategy), K-전략(K-strategy)이라고 하였다. 그리고 생물들 중에는 극단적인 r-전략적인 것에서부터 극

단적인 K-전략적인 것 그리고 그 양 극단의 중간 범주에 속하는 것이 있다고 하고 일반적으로 곤충류 특히 해충류는 전자에 가까운 생활사를 갖고 있으며 포유류를 비롯한 척추동물류는 후자에 가까운 생활사 특성을 갖고 있다고 하였다.

한편 Odum(1969)은 생물군집의 천이(어떤 지역 내의 생물들의 시간적 분포 상황)와 관련 초기 천이단계에서는 r-선택적 천이가 일어나며 이 단계의 생물들은 생태학적 지위(Niche, 生態學的 地位)(군집내에서 어떤 생물이 갖는 생태학적 역할)의 범위가 넓고 몸은 작고 생활사는 단순한데 반하여 후기 천이단계의 생물들은 K-선택적 생활사를 갖고 있어 생태학적 지위는 다듬어져 보다 특수성이 커지고 몸은 크고 복잡한 생활사를 갖는 경향이 있다고 하였다. 이것은 생활사 전략을 군집을 구성하는 종의 변화와 관련시킨 것이라고 하겠다.

한편 Southwood(1977)는 r-전략종과 K-전략종의 개체군 증식곡선을 비교하고 r-전략종은 불안전한 서식처에서 살면서 증식력이 크기 때문에 평형수준-개체군의 장기간에 걸친 평균 밀도-을 넘는 일이 자주 일어난다고 하고 이런 생각을 바탕으로 r-전략종과 K-전략종의 생활사 특성을 표 2-7과 같이 정리하였다.

표 2-7에서 보는 바와 같이 r-전략종의 서식처는 번식에 알맞은 상태가 지속되는 기간(H)이 세대기간(J) 대비 짧다. 즉 생물의 입장에서 보면 이런 서식처는 일시적 서식처로 유리한 조건이 지속되는 기간 내에 생활사를 끝내야 하기 때문에 세대기간이 짧고 몸은 작고 높은 증식력 그리고 큰 분산력을 갖는 것이 유리하다는 것이다. 농경지와 같은 교란이 심한 일시적 환경에서 생활하는 해충류는 이와 같은 생활사 특성을 가진 것이 많다. 그러나 r-K 선

표 2-7. r-K 계열 양극단에서의 생물학적 특성 (Southwood 1977)

특성	r-종	K-종
세대	짧다	길다
몸	크다	작다
분산	크다	적다
사망율	대부분이 밀도 독립적	높은 생존율 (특히 생식단계)
산란(자)수	많다	적다, 어미의 투자가 크다 반복번식, 흔히 동시적 번식 (예 격년 결실)
타종과의 관계	혼서	세력권 형성 영양생식군 형성
종내경쟁	흔히 서로 빼앗은 형태	흔히 겨루기 형태
방어 및 종간경쟁	투자가 작다	투자가 크다
효율	시간 효율적	먹이나 공간에 효율적
밀도	초과하는 일이 드물다 변동이 심하다	초과하는 경우가 잦다 비교적 안정(세대간)
H/J	작다	크다

H : 서식처가 번식에 유리한 조건이 계속되는 기간
J : 세대기간

택을 기준으로 해충류를 유형화하는 데에는 문제가 있는 경우가 있다. r-전략종의 종을 비교하였을 때는 이동분산력과 산란능력 간에(+)의 상관관계를 흔히 볼 수 있으나 날개 다형성을 가진 종(예; 벼멸구, 진딧물)에서 보면 이동형이 비이동형에 비하여 생식력이 작은 것이 보통이다.

한편 완전변태곤충류에서는 생육단계에 따라 먹이나 생활 장소에 차이가 있어 한 발육단계에서 K-선택에 유리한 조건이 다른 발육단계에서는 완전히 다른 선택압으로 작용할 수도 있겠다. 물론 개체군의 증식과 관련 보다 중요한 발육단계는 종에 따라 차이가 있는 고로 이 발육단계에 큰 영향을 미치는 요인이 보다 중요하다고 하겠다. 예를 들면 *Lucilia cuprina* 검정파리의 K-선택과 관련 중요한 것은 암컷의 산란수에 미치는 요인인데 *Drosophila birchi* 초파리의 경우는 성충의 생존율 증가가 보다 중요하다.

r-K-이론은 자연 선택작용이 평균 적합도를 극대화시킨다는 것을 전제로 하고 있다. 생활사 진화와 관련된 요인에는 여러 가지가 있으나 그들의 영향양식에 따라 밀도 독립적요인(Density independant factor, 密度 獨立的要因)과 밀도 의존적요인(Density dependant factor, 密度 依存的要因)으로 나눈다. 전자는 기상요인과 같이 밀도와 관계없이 그 영향이 일정한 요인들을 말하며 후자는 경쟁이나 천적류 등과 같이 밀도에 따라 영향에 차이가 있는 것들을 말한다. 물론 밀도 의존적 요인들이라 할지라도 경쟁이나 포식 작용이 밀도변동에 미치는 영향에는 차이가 있어 그 영향은 특이성을 갖고 있다. 따라서 특히 야외 조건에서 그러하지만 어떤 생활사 진화가 밀도 의존적요인의 영향 때문이라고 단정할 수는 없는 경우가 많다. 물론 이것은 밀도 의존적 자연선택이 생활사 진화에 중요한 요인이 될 수 없다는 것을 뜻하는 것은 아니다. 실제로 자원이 한정되어 있는 상태하의 개체군에서는 K-선택이 개체의 자원이용효율을 증대시키거나 한 개체가 이용하는 자원량을 감소시킨다. 이것이 K-전략에서의 특성인 번식력의 감소나 체조직으로의 에너지 할당량의 감소에 따르는 몸의 크기의 감소로 이어지겠다. 또 r-선택은 될 수 있는 대로 많은 자원을 이용하게 하여 적응도를 높일 수 있겠다. 더욱이 이것이 유전자 빈도와 관련되어 있을 때는 r-나 k-선택은 유전자 변이폭이나 생태학적 지위의 폭에 영향을 미쳐 유전자의 고정에 도움이 될 수도 있겠다. 그림 2-3은 평형밀도가 400인 유전자형과 200인 유전자형이 공서할 때의 개체군 증가를 시뮬레이션한 것이다.

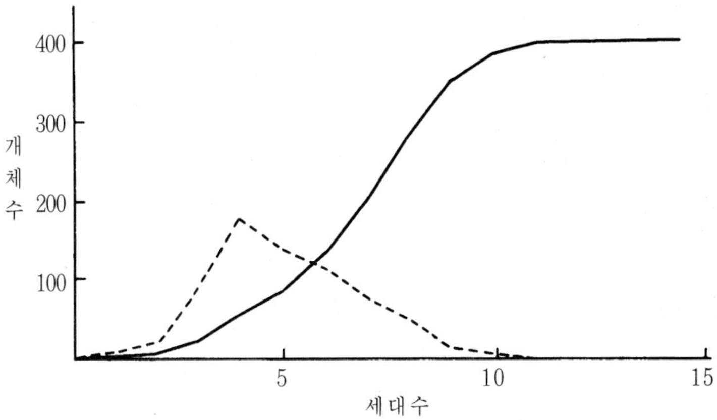

그림 2-3. 평형밀도가 400인 유전형(실선)과 200인 것(점선)이 공존하였을 때의 개체군 증가 (Tsuda 1988)

그림 2-3은 두 개체군을 따로따로 사육하였을 때 유전자형 A는 밀도가 400일 때 평형밀도에 달하고 유전자형 B는 평형밀도가 200인 두 유전자형 개체군을 가상한 것이다.

개체군 밀도가 200이하일 때는 두 개체군은 증가할 수 있는 고로 서서히 증가한다. 그러나 개체수가 200이 되면 유전자형 B는 그 이상 개체수가 증가하지 않을 것이다. 그러나 개체군 A는 아직 평형밀도에 도달하지 않았음으로 증가가 계속되어 개체군 전체의 밀도는 200을 넘게 된다. 그리고 이때에는 유전형 B의 개체수는 감소하기 시작할 것이며 그리하여 개체군 밀도가 400이 되면 개체군은 유전형 A만으로 되게 되겠다.

위의 상황에서 중요한 것은 평형밀도인데 이것은 생활사 내용전체의 함수로 생활특성의 전반적 성질이다. 고로 평형밀도를 산란수가 밀도에 따라 변하는 경우를 밀도에 반비례하는 경우(a), 비례하는 경우(b) 그리고 밀도에 무관한 경우(c)를 생각하면 그 관계는

그림 2-4와 같겠다.

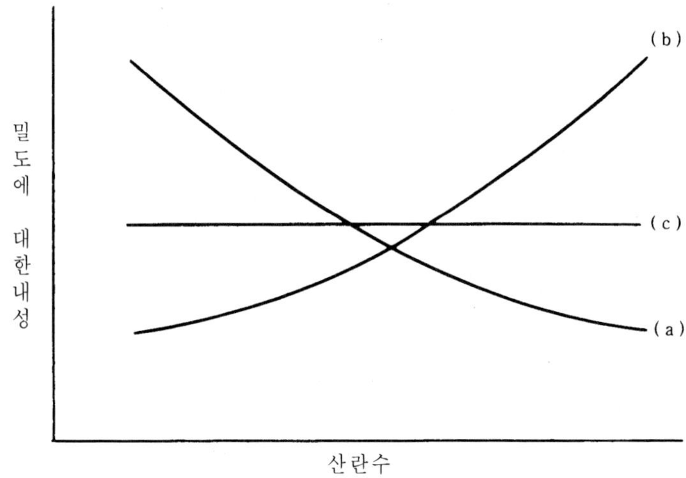

그림 2-4. 산란수와 밀도간의 관계모식도 (Tsuda 1988)
a : 반비례 관계, b : 비례관계, c : 무관계

그림에서 a는 산란수가 많은 유전형에서 밀도의 영향을 크게 받는 것이고 b는 산란수가 많은 유전형에서 밀도가 높아지는 경우이며 c는 산란수는 밀도에 무관하게 일정한 경우이다. 이 경우 평형밀도는 산란수(R)와 유충기의 생존율(Si)에 의하여 결정되겠다. 따라서 R과 Si의 관계를 같은 평형밀도에서 묶으면 그에 해당한 곡선을 얻을 수 있겠다. 이런 곡선은 평형밀도의 등고선이 되며 이것을 이용하여 각각의 생활사 전략에서의 R과 Si의 어떤 조합이 어느 정도의 적합도를 갖는가를 평가할 수 있겠다. 이런 방법을 통하여 산란수가 밀도에 반비례하는 경우를 예를 들면 유충기 생존율이 0.2인 경우 산란수가 3과 8인 경우를 보면 산란수가 많은 8의 경우가 3의 경우보다 적응도가 높다. 그러나 유충기 생존율이 0.8인 경우에는 반대로 산란수 3인 경우가 8인 경우보다 평형밀도가 높아 적응도가 크다. 따라서 유충의 환경이 불리하여 생존율이 낮을 때는 산란수가 높은 생활사 전략이 유리하다고 하겠다. 그러나 생물적 제약 조건이 다른 b나 c의 경우는 이와는 달라진다. 그리고 개체당의 산란수가 증가하면 한 개의 알에 할당되는 투자는 적어질 수밖에 없어져 알이 작으면 유충의 크기는 적어지게 마련이어서 유충기 생존율은 떨어질 것이다. 따라서 이와 같은 복잡한 생물적인 제약도 고려의 대상에 포함시켜야 하겠다.

r-, K-선택가설은 정착한 생물의 초기 개체군의 생장율(r)이나 자원이용(K)과 생활사 진화와의 관계에 대한 이론이다. 이 이론은 소진화(Microevolution, 小進化)(대진화에 대한 용어로 개체군내의 유전자 빈도나 염색체의 구조나 수의 수세대에 걸친 변화를 대상으로 한다)와 관련된 것으로 그 기초는 개체군의 밀도 조절 양식의 차이를 바탕으로 하고 있는 것이다. 따라서 이 이론은 생활사 진화전략문제를 개체군 밀도와 연관하여 이해하는데 출발 개념으로 중요한 의의가 있다고 하겠다.

2. 서식처 주형설

서식처 주형설(Habitat templet theory, 棲息處 鑄型說)은 서식처가 생활사 특성구성양식을 조성하는 주형이라는 생각을 바탕으로 생활사 전략을 설명하려 한다. 이것은 Southwood (1977)가 제기하였는데 동물의 중요한 생활사 형질인 휴면과 이동문제를 시

표 2-8. 유리한 환경조건의 공간적, 시간적 변동에 대응한 행동적 생리적 전술 (Southwood 1977)

		시간	
		현재	후일
공간	현 위치	번식	휴면 후 번식
	다른 곳	이동 후 번식	이동, 휴면 후 번식

간과 공간의 두 개 축에서 논하였다(표 2-8).

표 2-8은 유리한 환경조건의 공간적 분포와 시간적 분포에 따르는 곤충의 번식 양식을 모식화한 것이다. 즉 현 서식처에서 현재의 조건이 유리하면 번식하고 현재의 조건이 불리하면 환경조건이 좋아질 때까지 휴면하고 조건이 회복되면 번식을 한다. 그리고 현재의 조건이 유리할 때는 현 서식처에서 번식을 하나 현 서식처의 환경이 불리하면 유리한 환경조건을 찾아 이동 후 번식할 것이다. 미국의 *Danaus plexippus* 네발나비는 가을이 되면 월동을 위하여 남부로 이동하여 휴면상태로 월동하고 봄에 북부로 다시 이동하는데 이동 후에 산란하는 고로 이동 휴면 후 번식하는 예가 되겠다. Southwood (1977)는 서식처를 세대기간과 서식처에서의 유리한 조건이 지속되는 기간과의 관계로 평가하였다. 즉 서식처에서 유리한 조건이 지속되는 기간이 길어 경과하는 세대가 많으냐 적으냐를 평가의 기준으로 하고 안정적이고 예측성이 큰 서식처에서는 K-선택이 그리고 변동이 커서 예측성이 낮은 서식처에는 r-선택이 일어난다고 하였다. 그리하여 공간적 환경이 조각(Patch, 小塊)의 크기와 조각과 조각 간의 거리 그리고 불리한 조건과 유리한 조건의 지속기간 등을 감안한 서식처 환경조건의 안정성과 생활사 특성의 진화를 논하였다. 그런데 그의 이론에서 서식처의 차이가 생활사에 미치는 영향의 기작은 충분히 고려되지 않고 있다. 예를 들어 서식처의 예측성을 생각할 때 그것이 먹이조건에 관한 것인지 또는 사망률에 관한 것인지 그의 사망률이 문제라면 그것이 성충에 관한 것인지 또는 유충에 관한 것인지에 따라 개체군 증가에 미치는 영향에는 차이가 있다. Stearns (1992)는 이런 문제점들을 검토하고 중요한 것은 연령별 생식량이나 연령별 사망률에

미치는 서식처 환경의 영향이라고 하고 서식처→생활사의 문제가 아니고 서식처→사망률 체제 →생활사 관계라고 하였다.

환경조건과 생활사 전략과의 관계를 설명하는 이론에는 이외에도 양다리 걸치기 전략설(Bet-hedging strategy)이나 사망률 균형설(Balanced mortality theory, 死亡率 均衡說)이 있다. 전자는 Stearns (1976)가 제기한 것으로 환경조건이 불규칙적으로 변동하며 적응도도 그에 따라 변동하게 되는데 이 때 그의 변동폭(분산)을 될 수 있는 대로 적게 함으로써 적응도의 기대치를 높이려는 생활사 전략을 말한다. 이 이론은 다형성 곤충류나 휴면하는 곤충류의 생활사 전략에 흔히 적용된다. 즉 유시형이나 장시형은 이동성이나 무시형이나 단시형은 정주형인데 이동과 정주 중 어느 편이 유리한가는 상황에 따라 다른데 환경조건을 예측할 수 없는 경우 분산형과 이동형 두 가지를 출산하는 것이 그 중 한 가지 형은 성공할 수 있겠다. 예를 들면 진딧물류는 단성생식으로 유시형과 무시형을 출산할 수 있는데 어떤 것을 출산하느냐는 먹이의 조건이나 밀도에 영향을 받는다. 따라서 이것은 양다리 걸치기 전략 생활사의 좋은 예가 되겠다. 또 곤충류의 휴면성은 종에 따라 변이가 심한 경우가 있는데 아열대의 *Dianemobius fascipes* 방울벌레는 알로 휴면 월동하는데 같은 시기에 낳은 알들일지라도 부화시기를 달리하는 몇 개 군이 있다. 따라서 같이 산란된 알들이라도 휴면심도에 차이가 있어 해에 따르는 적응도 변이를 줄일 수 있겠다.

사망률 균형설은 Price (1974)가 제기한 것으로 불리한 서식처에서 생활하는 종은 사망률이 높아 이것을 보완하기 위하여 출산율은 높다는 것이다. Smith (1954)는 이와 같은 관계를 최대 출산율은 그 생물이 처해있는 평균적 환경조건의 가혹성(Harshness)

의 척도가 된다고 하였는데 이와 같은 관계는 r-선택에서 K-선택으로의 진화계열에서의 한 생물의 위치를 말하는 것이 될 수 있겠다.

이상 생활사 전략에 관한 이론을 설명하였다. 각각의 이론은 나름대로의 설득력을 갖고 있는 것은 사실이나 곤충류의 생활사는 다양하여 보편성을 가진 이론은 없다. 이것은 곤충류의 생활사에는 예측할 수 없는 미묘한 거래관계가 내포되어 있으며 이와 같은 관계를 평가할 수 있는 확실한 기준을 갖고 있지 못하기 때문이다. 따라서 이런 이론들은 어떤 곤충의 생활사 문제를 연구하는데 필요한 기초적인 모델 구상에 이용할 수 있는 자료라고 생각하는 것이 옳을 듯하다. 물론 이것은 이와 같은 이론들이 의미가 없다는 것을 뜻하는 것은 결코 아니다. 우리는 생활사를 구성하고 있는 여러 특성들 간의 상호관계를 진화적 측면에서 보다 정량적으로 파악하고 그들 간의 거래관계를 여러 곤충류에서 비교 검토함으로써 보다 깊이 있는 정보를 얻을 수 있겠다.

제 4 장 진딧물류의 생활사

진딧물은 약 2억 8000만년전 석탄기에 출현한 것으로 추정되며 (Heie 1967) 현재 지구상에는 4000여 종이 보고되어 있다. 진딧물류는 종류가 많을 뿐 아니라 그들의 생활사가 극히 복잡하여 생식방법에도 양성생식과 단위생식, 난생과 태생 그리고 이런 생식법을 때로는 교대하는 세대교번 등이 있고 생활사의 생육단계에 따라 형태나 생식특성에 차이가 있다. 또 진딧물류 중에는 같은 종에서도 세대에 따라 숙주를 달리하는 경우도 있다.

이들의 이와 같은 생물학적 특성은 환경과 밀접한 관계가 있어 각각의 특성은 나름대로 적응적 의의를 갖고 있어 그들 특성을 환경조건과 관련하여 이해하는 것은 그들의 생활사 진화의 전략을 이해하는데 많은 도움이 되겠다.

1. 용어

진딧물류의 생활사는 극히 복잡하여 생활사와 관련된 여러 가지 용어에 관한 명확한 개념을 파악하는 것은 대단히 중요하다.

(1) 숙주전환종 (Heteroecious species, 宿主轉換種)과 숙주비전환종 (Autoecious, 宿主非轉換種) : 일반적으로 두 종 이상의 생물에 기생하는 현상을 이종기생이라고 하는데 진딧물류에 있어서의 숙주전환형상은 분류학적인 종이 기준이 아니고 목본류나 초본류 같은 생활형을 기준으로 하고 있다. 예를 들면 복숭아혹진딧물은 장미과의 과수에서 알로 월동하여 봄 세대를 월동처에서 지내고 여름철에는 여러 가지 초본류에서 생활하며 이때는 여러 가지 분류학적인 종간을 이동하면서 생활한다. 이와 같은 종을 숙주전환종이라고 한다. 그런데 알락진딧물류나 진사진딧물류, 버들진딧물류 그리고 털관진딧물류 같은 것은 목본류간을 이동한다. 이 경우는 목본류의 종간을 이동하나 숙주비전환종이라고 한다.

(2) 완전생활환종(Holocyclic species, 完全生活環種)과 불완전생활환종(Anholocyclic species, 不完全生活環種) : 완전생활환종은 1~수회의 단위생식 후 1회의 양성생식세대를 갖는 생활사로 주기성 단위생식종(Cyclic parthenogenic species, 周期性 單爲生殖種)이라고도 한다. 전기 복숭아혹진딧물의 경우

알에서 부화한 것은 여름철에는 단위생식을 하나 가을이 되어 해가 짧아지고 기온이 떨어지면 여름 숙주에서 겨울 숙주로 이동하여 암수가 교미한 후 알을 낳는다(양성생식). 그러나 면충류나 뿔진딧물류에는 양성세대가 없어 불완전생활환을 갖는다.

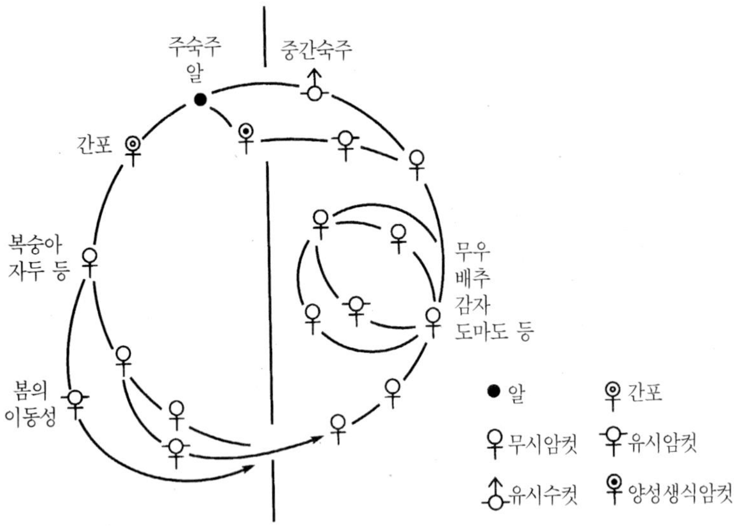

그림 2-5. 복숭아혹진딧물의 생활환

(3) 간모 (Fundatrix, 幹母) : 수정된 알에서 부화한 암컷으로 태생단위생식으로 암컷을 생산하다. 몇 가지 종에서 유시형이 알려져 있으나 대부분의 진딧물류에서 무시형이다. 그 후의 암컷과는 형태나 생리에 다소의 차이가 있음이 알려져 있으며 1차 숙주에 대한 적응성이 크다.

(4) 태생단위생식자충 (Vivinopara, 胎生單爲生殖雌虫) : 태생단

위생식으로 단위생식성 암컷을 생산하는 암컷으로 이들은 환경조건에 따라 유시 또는 무시의 암컷을 생산한다. 무시충은 날개가 없는 외에 단안이 없고 촉각은 짧으며 가슴이 덜 발달하는 등 여러 가지 형태나 생리적으로 차이가 있다.

(5) 산란자충 (Ovipara, 産卵雌虫) : 수컷과 교미 후 휴면성 알을 생산하는 암컷으로 대부분이 무시이다.

(6) 수컷 : 대부분이 유시이나 완두수염진딧물에서는 유시형과 무시형이 알려져 있다.

(7) 산성충 (Gynopara, 産性虫) : 산란성 암컷만을 생산하는 태생 암컷

(8) 산웅자충 (Andropara, 産雄雌虫) : 수컷만을 생산하는 태생 암컷

(9) 산양성충 (Sexupara, 産兩性虫) : 산란성 암컷과 수컷을 생산하는 태생 암컷

(10) 유성충 (Sexules, 有性虫) : 산란성 암컷과 수컷

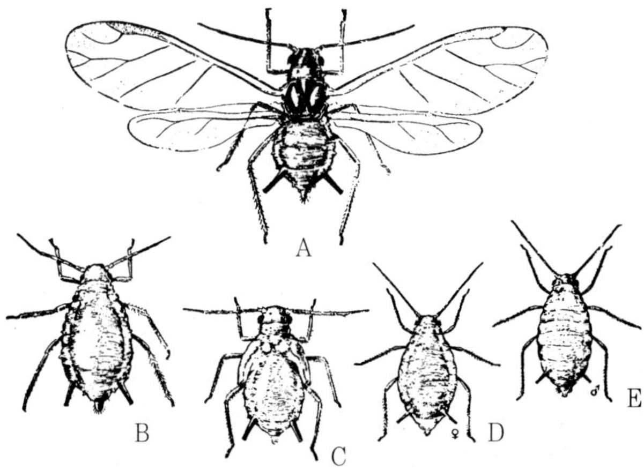

그림 2-6. *Aphis pomi* 진딧물
A : 유시태생암컷, B : 무시태생암컷, C : 유시충의 약충, D : 산란성 암컷, E : 수컷

진딧물류의 이와 같은 생활사상의 다형성은 여러 가지 환경조건에 따라 출현하는 고로 그들에 대한 적응성과 밀접한 관계가 있다. 그리고 그와 같은 관계는 생활사 구성요소들 간의 거래(주고받기)(Trade off)성인 대상관계의 측면을 갖고 있다. 예를 들면 유시충은 이동능력이 커서 새로운 환경을 찾는데 유리하나 무시충에 비하면 일반적으로 생육기간이 길고 생식 자손의 수가 적다. 따라서 어떤 환경조건하의 특성은 생활사에 포함되어 있는 여러 가지 특성들의 총체적 효율의 극대화된 것이라고 생각된다.

2. 다형성(Polymorphism, 多型性)과 환경요인

같은 종의 생물이 개체 간에 형태나 형질에 여러 가지 차이가 나타나는 현상을 다형성이라고 한다. 앞에서 설명한 바와 같이 진딧물류에는 여러 가지 형태적, 생리적, 행동적 특성을 가진 형이 있는데 이런 여러 가지 형의 출현은 환경요인의 영향을 받는다.

진딧물류의 생활사에 나타나는 여러 가지 형이나 행동은 일차적으로는 그 종의 유전적 특성에 의한 것이나 그의 표현은 여러 가지 환경조건의 영향을 받는다. Morcovitch(1924)가 가을철의 유성세대 출현은 광주기의 영향을 받는다는 보고를 한 이래 환경조건과 여러 가지 충태 출현과의 관계가 많이 연구되어 왔다.

외부조건에 감응할 수 있는 진딧물류의 생활사 발육단계는 한정되어 있으며 이것은 출생 전일 수도 있고 출생 후일 수도 있으나 그 단계는 보통 2령충까지이다. 그리고 발육기간 중의 표현형 발현 상황은 개체군 사이에도 차이가 있어 자연선발작용을 받게 되겠다. 북미의 완두수염진딧물의 경우 양성생식성 암컷이 출현하는데 필요한 임계광주기는 지역 개체군 간에 차이가 있어 봄에 채집된 각 지역 개체군의 임계광주기를 조사해 보면 채집지의 위도에 따라 임계일장에 차이가 있다. 겨울철 도래시의 일장이 위도에 따라 차이가 있기 때문에 이와 같은 반응을 보이는 것으로 생각된다.

발육기간 중의 여러 가지 표현형의 출현은 생리적으로는 호르몬과 깊은 관계가 있어 유약호르몬류는 유시형과 무시형 출현, 양성생식과 단위생식 암컷 그리고 수컷의 출현 등과 밀접한 관계가 있다. 그리고 Hardie(1981)에 따르면 유약호르몬이 숙주선택과도 관계가 있어 유시암컷의 행동습성에도 관계가 있다고 한다. 다형성에 미치는 주요 환경요인을 보면 다음과 같다.

(1) 온도

온도와 유시형 출현과의 관계에 관한 연구는 상당히 많으나 그 결과는 다양하며 고온이 유시형 출현을 억제한다는 보고가 있다. Hales(1976)는 양배추가루진딧물(*Brevicoryne brassicae*)의 경우 10℃에서 사육한 무시충의 아라타체 활동은 25℃에서 사육한 것의 그것에 비하면 약하다고 하였는데 이것은 무시형 출현이 아라타체의 활동과 관계가 있을 가능성을 시사하는 것이라고 할 수 있겠다. 물론 온도는 진딧물에 직접 영향을 미칠 수도 있고 식물의 생리작용에도 영향을 미칠 수 있는 고로 이와 같은 식물체를 통한 간접적인 영향도 배제할 수 없겠다. 또 여러 가지 진딧물류에서 저온과 단일조건이 유성자충 출현을 촉진한다는 보고가 있다. 따라서 가을철의 고온은 유성자충 출현을 지연시키겠다. 유성자충 출현의 임계일장은 온도가 높아짐에 따라 감소하여 종에 따라 차이는 있으나 25℃이상에서는 단일조건의 영향이 소실되어 모두가 태생단위생식 암컷이 된다. Brodel과 Schaefers(1980)는 *Aphis rubicola* 진딧물의 유성충 출현에 미치는 온도의 영향을 조사하여 산란암컷과 수컷의 비율이 19.4℃에서는 93:1이였으나 25.1℃에서의 그것은 9.3:1로 차이가 있었다고 하였다. 그런데 Sibata(1952)는 밤나무알락진딧물(*Myzocallis kuricola*)의 경우는 저온하에서 산 란성 암컷과 수컷이 생긴다고 하였다.

(2) 개체군의 밀도

유시형 출현과 관련 가장 중요한 요인이 밀도이다. 물론 진딧물의 개체군 밀도와 유시형 출현과의 관계에서 고밀도 자체의 문제와 동시에 고밀도에 따르는 영양조건의 변화도 고려되어야 하겠다. Bonnemaison(1951)은 양배추가루진딧물(*Brevicoryne brassicae*)와 복숭아혹진딧물(*Myzus persicae*)를 재료로 숙주의 영양조건 악화의 영향을 최소화시키기 위하여 먹이를 자주 바꾸어 주면서 사육실험을 하여 숙주의 영양 상태보다는 높은 밀도 자체가 중요하다고 하였다. *Megoura viciae* 볼록진딧물은 굶주림에 대한 저항성이 대단히 큰 진딧물인데 이 진딧물은 굶겼을 때 유시형 출현율은 밀도에 따라 차이가 있다고 한다(Lees 1967).

Lees는 밀도의 영향은 접촉에 의한 것이며 이런 접촉자극에 가장 예민한 반응을 나타내는 것은 4령충과 성충기로 1령기에는 거의 반응을 보이지 않는다고 하였다. 이와 같은 접촉의 자극은 같은 령기의 충들간이나 같은 종의 개체들 간의 자극 뿐 아니라 *M. viciae*를 완두수염진딧물이나 아카시아진딧물(*Aphis caraceivora*)을 같이 사육하였을 때도 같은 영향이 나타난다고 한다. 또 진딧물류 이외의 곤충류도 정도의 차이는 있으나 비슷한 영향을 나타낸다고 한다. 따라서 이와 같은 고밀도의 영향은 진딧물류의 다리,

더듬이, 체모, 기타의 기관을 통하여 고밀도의 신호(박을댐)를 진딧물이 감지하고 반응한 것으로 생각된다. 한편 기장테두리진딧물(*Rhopalosiphum padi*)의 경우는 자극에 가장 예민한 시기는 출생 21시간 후의 유충기라고 하여(Nada 1959) 진딧물의 종에 따라 고밀도에 감수성인 시기가 차이가 있음을 보여 주고 있다.

(3) 먹이

Megoura viciae 볼록진딧물이나 몇몇 다른 진딧물의 경우와는 달리 진딧물류의 날개형 결정과 관련 먹이는 영양이나 맛의 측면에서 중요한 의의가 있다. 발아 직후의 어린 식물은 진딧물의 좋은 먹이가 된다. 어린 식물을 먹으면 유시형 출현이 곧 중단되고 무시형 출산으로 바뀐다. 이런 변화는 아주 급격한 일이어서 아마도 먹이에 대한 미각적 자극이 신경내분비계를 자극하여 무시형 출현을 촉진하는 것이 아닌가도 생각된다. 그러나 맛 자극이 아라타체나 그 밖의 내분비기관에 미치는 영향에 대해서는 알려진 바가 별로 없다. 다만 Raccah 등(1971)은 galactose가 복숭아혹진딧물의 날개형결정과 관계가 있음을 보고한 일이 있다.

한편 좋지 못한 먹이에서 진딧물을 사육하면 유시충율이 감소하는 수도 있다. 밀도 증가에 따르는 먹이의 악화가 *Chaetosiphon fragaefolii* 털진딧물의 유시충 출현을 억제한다(Schaefers 1972). White(1971)는 좋지 못한 먹이는 생장을 저해함으로 날개의 발달에 꼭 필요한 물질을 충분히 공급하지 못하기 때문일 것이라고 하였다. 높은 밀도나 영양문제는 광주기나 온도와 같은 요인과 달리 예측에 어려움이 많다.

진딧물류의 경우 고밀도의 영향은 바로 전 세대의 영향이 가장 크나 출생 후의 영향도 없는 것은 아니다. 복숭아혹진딧물의 경우 그들이 최적먹이 조건하에서 왕성한 생육을 할 때 유시충 출현이 쉽다. 그러나 고밀도의 영향이 특수한 숙주조건들 때문에 유시충 출현이 억제 될 수도 있어 무시충 생산을 촉진하는 수도 있다.

어린 식물체에 기생하는 버들진딧물(*Aphis farinosa*)에서는 수컷이 생기지 않으나 *Pamphigus bursarius* 면충의 경우 노숙한 숙주에서 유성자충이 쉽게 생기는데 고밀도도 비슷한 효과를 나타낸다.

(4) 광주기

광주기는 진딧물류의 유성충 출현과 깊은 관계가 있다. Marcovitch(1924)가 *Aphis forbesi* 진딧물의 유성충 출현에 일장이 관계가 있다는 사실을 보고한 이래 여러 가지 진딧물류를 대상으로 광주기와 유성충 출현과의 관계에 관한 연구가 있어 왔다.

Lees(1963)는 *Megoura viciae* 볼록진딧물을 대상으로 많은 연구를 하였다. 그에 따르면 하루에 14.5시간 이하의 조명하에서 사육한 이 진딧물은 모두가 산란성 암컷이 되며 15.0시간 이상의 장일하에서 사육한 이 진딧물은 거의 모두가 태생단위생식 암컷이 되며 14.5~15.0 시간에서 사육한 개체들에서는 산란성 암컷과 태생단위생식 암컷 두 가지 형이 생긴다고 하였다. 또 그는 15℃에서의 형 결정 임계광주기는 14.5~15.0 시간이라고 하고 임계광주기는 온도가 5℃ 높아짐에 따라 15분 정도의 비율로 짧아진다고 하였다. 그러나 23℃ 이상의 온도에서는 광주기의 영향은 상실되어 단일조건 하에서도 태생단위생식 암컷만이 생긴다고 하였다. 그는 여러 가지 연구를 통하여 이 진딧물의 계시기구는 24시간을 단위로 광주기를 계시하는 모래시계형이라고 하고 암상을 다음과 같이 4개 단계로 분류하였다. 즉 처음 0~2.5 시간은 새로운 암상을 측정할 수 있도록 하는 새 출발 단계이고 다음 2.5~5.0 시간 동안은 광선이 암상에 영향을 미치지 않은 단계이고 5.0 시간부터 9.5 시간에 끝나는 셋째 단계는 광선이 암상을 불활성화하고 있는 시기이고 9.5 시간 후부터 시작되는 넷째 단계는 암상이 광선의 영향을 받지 않은 채 긴 기간 지속되는 단계라고 하였다. 그리고 첫째 단계에서는 450nm가 그리고 셋째 단계에서는 450~620nm의 광이 유효하다고 하였다(Lees 1970). 그리고 광주기 수용체는 전대뇌(Protocerebrium, 前大腦)에 존재하며 성결정과 관계가 있을 가능성이 있는 뇌신경세포 분비물은 복부로 이동하여 난소에서 발육하는 난자에 영향을 미치는 것으로 보인다고 하였다.

대부분의 진딧물류에서 수컷은 단일조건에서 생긴다. 그러나 *M. viciae* 볼록진딧물의 경우 수컷은 일장변화로 생기지 않는다(Lees 1959). *Acyrthosiphon pisum* 수염진딧물을 일장 13.0~14.0 시간하에서 사육하면 수컷과 산란성 암컷이 생기는데 수컷 출현의 임계광주기는 산란성 암컷의 그것보다 약 1시간 길다고 한다(Lamb와 Pointing 1972). 그리고 수컷의 출현은 생식 후반기에 증가하는 것이 보통이다.

한편 숙주전환을 않는 초본류 기생진딧물류의 경우에는 월동 숙주로의 이동이 필요 없는데 이 경우 유시의 양성 암컷은 출현하지 않는 것으로 보인다. 이런 예는 *A. pisum* 수염진딧물, 양배추가루진딧물(*Brevicoryne brassicae*), 국화꼬마수염진딧물(*Macosiphoniella sanborni*) 그리고 *M. viciae* 볼록진딧물 등에서 보고된 바 있다.

숙주전환종들에 있어서는 일장이 유성충 출현과 밀접한 관계가 있다. Matsuka와 Mittler(1969)의 연구에 따르면 미국의 워싱턴 주 Yakima에 분포하는 복숭아혹진딧물(*M. persicae*)의 수컷 출현의 임계 일장은 14.5 시간인데 생육기간 중 단 한 번의 단일처리로도 상당한 수의 수컷 출현을 볼 수 있으나 2회 처리하면 수컷 출현율이 증가한다고 하였다. 또 광주기에 가장 예민한 반응을 보이는 시기는 출생 직전이라고 한다. Yakima 계통의 경우 13.5 시간 이하의 광조건에서는 암컷만이 생기고 14.0 시간 이상의 광조건에서는 태생단위생식 암컷만이 생기고 광조건이 13.5~14.0 사이에서는 두 개 형이 모두 생긴다.

(5) 기타

개미류에는 진딧물을 그의 천적으로부터 보호하고 진딧물이 분비하는 감로를 이용하는 상리공생을 하는 것이 있는데 *Formica fusca* 불개미는 큰 턱샘에서 일종의 호르몬성 물질을 분비하여 *Aphis fabae* 진딧물의 유시충 출현을 촉진한다고 한다(Kleinjan과 Mittler 1975). 또 생식말기는 예외이나 유시충은 유시 암컷을 낳는 일이 드물다. Noda(1959)는 옥수수테두리진딧물(*Rhopalosiphum maidis*)과 기장테두리진딧물(*R. padi*)에서 이런 사실을 보고한 바 있다. White(1965)는 양배추가루진딧물(*Brevicoryne brassicae*)의 경우 유시충의 아라타체 핵이 무시충의 그것보다 큰데 이 때문에 유시충의 아라타체의 활동이 무시충의 그것보다 클 것이라고 하고 이것이 유시충을 낳는데 영향을 미칠 것이라고 하고 아라타체의 활발한 활동은 날개의 발달을 억제하거나 출생 후의 날개의 발달을 억제하는 듯 하다고 하였다.

3. 숙주의 전환

진딧물류에는 생활사를 경과하는 동안 여러 가지 종류의 목본식물류와 초본류간을 이동하는 것이 있다. 이런 숙주전환종(Heteroecy species)들은 종의 분화와 밀접한 관계를 갖고 있다. 숙주전환종의 경우 그의 알과 간모는 1차 숙주에 생기며 다른 암컷들은 1차 숙주와는 분류학적으로 완전히 다른 2차 숙주에서 생활한다. 숙주간의 이동은 유시충에 의하여 이루어진다.

진딧물류 중에서 숙주전환을 하는 종류는 전체의 약 10%(현존종) 정도인데 진딧물류중 숙주비전환종의 대부분은 숙주전환종에서 진화한 것으로 생각되고 있다. 따라서 숙주전환 현상은 일부 진딧물류에서 우연히 생긴 것이 아니고 오랜 세월을 거치는 동안에 일어난 진화의 결과로 이들의 현재와 같은 번영의 주요 원인이 되어온 것으로 생각된다.

진딧물류의 지리적 분포나 화석학적 증거를 보면 숙주전환 현상은 아주 오래된 것으로 신생대의 제3기초(약 6,500만 년 전)부터인 듯하다. 현존종의 숙주에 대한 친화성과 화석을 통하여 추정된 숙주의 과거분포를 참고로 진딧물류의 지리적 분포를 추정할 수 있겠다. 예를 들면 Melaphidini류 진딧물들은 현재 지리적으로 멀리 떨어져 있는 미국과 동아시아에 분포하며 *Rhus*(옻나무류)류와 이끼류간을 숙주전환하고 있다. Moran(1989)은 이들 진딧물류의 숙주관계는 옻나무류의 분포가 현재와 같이 멀리 떨어진 두 대륙이 분리되기 이전인 약 4,800만 년 전인 시신세 초에 성립되어 있었을 것이라는 화석상의 증거를 들고 있다.

한편 Hille Ris Lambers(1979)는 발트지역의 호박에 나타나는 *Germaraphis dryoides* 진딧물 화석이 현존의 피자식물 목본류와 침엽류간을 숙주 전환하는 Prociphilini 면충류의 1령충과 형태적으로 많은 유사성이 있어 그들 간의 연관성이 짐작된다고 하였다. 숙주전환은 몇몇 서로 다른 계열에서 일어났으며 각각의 계열에서 서로 다른 기작으로 일어난 것으로 보아 그 기원은 다양한 것으로 보인다. 즉 면충류 그리고 층층나무진딧물류의 경우는 유시의 양성산단위생식 암컷이 1차 숙주로 이동하여 생긴 무시의 암컷을 낳는데 Aphidinae류의 경우는 이와는 달리 유시의 수컷이 숙주간을 이동한다. 숙주전환의 기원에 관여하는 보다 많은 계통학적 지식이 필요하겠으나 그 진화계열은 솜벌레류-뿌리혹진딧물계열, 뿔진딧물-면충류-층층나무진딧물계열 그리고 진딧물류 계열 등 최소한 3개 계열이 있을 것이라고 Moran(1992)은 추정하였다.

진딧물류에는 숙주전환성이던 것이 한 쪽 숙주가 빠지면서 숙주비전환 생활사를 갖게 된 것이 많다. 이와 같은 관계는 보다 많은 계통학적 연구가 있어야 확실한 것을 알 수 있겠으나 숙주비전환종이 숙주전환종에서 유래되었음을 여러 가지 상황에서 추정할 수 있을 듯하다.

한 쪽 숙주의 상실은 ① 양성충, 알 그리고 간모와 같은 1차 숙주에 생기던 것이 2차 숙주에 생기면서 1차 숙주를 상실하거나 ② 1차 숙주에서 2차 숙주로 이동하는 충태가 빠지면서 2차 숙주를 상실한 경우 그리고 ③ 1차 숙주로 이동하는 형, 유성형 그리고 간모세대가 빠지면서 1차 숙주를 상실한 경우 등 세 가지 경우를 생각할 수 있겠다.

진딧물류중 일부 계통에서는 유성충(암컷 또는 수컷)과 간모가 초본성인 2차 숙주에 생기면서 1차 숙주를 상실한 경우가 있다. 이것은 간모세대에서의 표현형의 변화 때문인 것으로 생각된다. 2차 숙주에서만 생활하게 된 계통들의 경우 알에서 부화한 암컷은 여름철에 생기는 무시의 암컷과 닮아 분류학적으로 가까운 숙주전환종의 간모와는 형태적 차이가 있다.

구대륙의 *Cryptomyzus* 까마귀밥진딧물류에는 *Ribes* 까치밥나무와 박하류간을 숙주 전환하는 종, 까치밥나무에서만 생활하는 것 그리고 박하에서만 생활하는 것 등이 있는데 Guldemond(1990)는 숙주전환종이 조상형이고 2차 숙주에서만 생활하는 종은 숙주전환종에서 진화한 것이라고 하였다. Heie(1979)는 *Nasonovia*속 진딧물류의 숙주식물과의 관계를 상세히 조사하여 이 속의 종들 중에는 가장 오래된 종은 *Ribes* 까치밥나무를 1차 숙주로 하는 숙주전환종이고 어떤 것은 쑥부쟁이류, 다른 종들은 미나리아재비류를 2차 숙주로 하는 것이 있는데 까치밥나무와의 인연이 단절된 계열은 쑥부쟁이나 미나리아재비류에서만 생활하게 되었을 것이라고 하였다.

일반적으로 식식성 곤충류의 경우 새로운 숙주로 이동하였을 때의 어려움은 교미상대의 발견이다. 진딧물류가 1차 숙주를 상실하게 되면 숙주를 달리하는 개체들 사이의 유전자 교환은 어려워져서 유전자 교환기회는 감소할 것이다. 그러나 숙주비전환종의 경우 여름철의 단위생식 암컷의 숙주선호성 관련 돌연변이는 새로운 계통의 출현을 의미하며 그의 후손은 가을철에 유전학적으로 다른 수컷과 산란성 암컷을 낳을 가능성이 크다. 이런 사실은 1차 숙주를 상실한 진딧물류에서는 많은 경우 수컷이 무시라는 점을 생각할 때 더욱 의미가 크겠다. 그런데 숙주전환종 수컷은 2차 숙주에서 1차 숙주로 이동해야 한다. 이와 같은 교미전의 분산 필요성은 새로운 숙주 획득을 통한 유전자 교화에 방해가 된다. 그리고 이외에도 숙주전환종과 숙주비전환종간의 종 분화와 관련된 차이점에는 숙주비전환종에서는 근친교잡에 따르는 유전자부유(Genetic drift, 遺傳子浮遊)(고립된 소집단에서의 유전자빈도의 확률적 변동)가능성이 크며 이들의 초본성 숙주는 다양하고 풍부하여 자원적 측면에서 목본류에 비하여 다양하여 선택작용의 다양성이 크다고 하겠다.

2차 숙주가 상실된 경우는 진딧물과 면충 그리고 뿔진딧물과 등에서 볼 수 있다. 진딧물아과에는 숙주전환종과 1차 숙주에서만 생활하는 종들이 있는데 숙주전환성이 먼저인지 숙주비전환성이 먼저인지가 명백하지 않다. Guldemond(1990)는 숙주전환성 *Cryptomyzus galeopsidis* 까마귀밥진딧물 중 일부 계통이 *Ribes* 까치밥나무에만 살게 되었다는 계통학적 증거를 제시한 바 있다. Aoki와 Kurosu(1989)는 *Pemphigus spyrothecae* 면충의 경우 봄의 이동충이 1차 숙주의 충영내에 그대로 남아 태생으로 증식하기 때문에 2차 숙주를 상실하게 되었다고 하고 근연의 숙주전환종인 황절나무면충(*P. matsumurai*)의 경우 봄 이동충은 충영내에서 발육이 어느 정도 가능하다고 하였다. 그리고 1차 숙주에서만 생활하는 *P. spyrothecae*와 *P. monophagus* 면충의 경우 충영내에서 사는 간모의 무시자충과 그 자손 즉 제3세대 약충은 형태적으로 숙주전환생활사를 가진 것의 약충의 형태를 반영하고 있어 그간의 관계를 짐작하게 한다고 한다.

뿔진딧물류의 종류에도 그들의 계통분류학적 특성이나 생활사 특성을 보았을 때 2차 숙주를 상실한 것으로 생각되는 것이 있다. Von Dohlen과 Stoetzel(1989)에 따르면 북미의 *Hormaphis cornu* 뿔진딧물은 저지대에 분포하면서 *Hamamelis virginiana* (조록나무과)와 *Betula nigra* 자작나무간을 숙주 전환하는데 같은 속인 *H. hamamelidis* 뿔진딧물은 고지대에 분포하면서 연중 *H. virginiana*(조록나무과)에서 생활한다고 한다. 이식시험결과를 보면 이 두 종의 생활사 특성은 유전적이어서 환경조건의 영향을 받지 않는다고 한다(Von Dohlen과 Gill 1989).

현존 진딧물류 중 피자식물을 숙주로 하는 숙주비전환류에는 알락진딧물류, 진사진딧물류, 털진딧물류, 버들흰진딧물류 그리고 털관진딧물류가 있는데 많은 종류들이 한 여름 영양상태가 나빠지는 동안 2차 숙주로 이동하지 않고 1차 숙주상에서 생식 휴면 또는 하면을 한다. Dixon(1984)은 *Drepanosiphon platanoides* 알락진딧물 성충은 숙주인 *Acer platanoides* 단풍나무의 조건에 따라 생식 휴면을 한다고 하였는데 그 밖에도 *Cinara* 왕진딧물류는 침엽수, *Elatobium* 진딧물류는 가문비 그리고 *Euceraphis* 진딧물류는 자작나무에서 한 여름의 성충은 생식 휴면 상태에 있다. Polaszek(1986)는 *Thelaxes dryophila* 납작진딧물은 참나무에서 하면 하는데 이 진딧물의 양성충은 늦은 봄에 출현하고 새로 태어난 1령 유충은 하면상태로 여름을 지나 가을이 되면 자라서 교미한 후 월동난을 낳는다고 하였다. 그리고 목본류에 기생하는 진딧물류는 많은 종류가 여러 가지 진딧물아과의 것들과 달리 생식을 시작하면서 비상력을 상실하는 일이 없는 수가 많은데 Dixon(1984)은 이런 특성은 천적류를 피하거나 적당한 서식처 정착을 위한 선택작용의 결과라고 하였다.

이와 같은 2차 숙주의 상실을 초래하게 한 요인으로는 알맞은 2차 숙주의 결여나 짧은 생육기간 때문에 겨울이 다가오기 전에 1차 숙주로 이동하지 못하여 치사율이 높을 가능성이 있기 때문으로 생각된다. 앞서의 *H. hamamelidis*의 경우 고지대에 분포하기 때문에 생육기간이 짧을 수도 있고 *Betula* 자작나무가 분포하지 않는 것이 원인일 수도 있겠다.

진딧물류의 숙주전환성의 진화에 관하여는 여러 가지 학설이 제기되어 왔는데 대체로 두 가지 범주가 있다. 첫째는 숙주전환생활사가 숙주비전환생활사보다 영양면에서 유리하다는 것이다. 이것은 목본성숙주와 초본성숙주간의 영양적 보완이 관계가 있다는 것이다. 대부분의 숙주전환생활사를 가진 진딧물아과의 종들은 1차 숙주가 목본성 식물이고 2차 숙주가 초본성 식물이다. 목본식물은 새로 잎이 나올 때는 영양가가 높으나 한 여름에는 영양가가 떨어진다. 고로 진딧물류 중에는 숙주의 영양가가 좋지 않은 한 여름에 하면하는 수가 많다. 그런데 초본류는 연중 자라며 진딧물류와 같은 흡즙성 곤충류에는 영양가가 높은 것이 보통이다. 그러나 숙주전환 진딧물류중에는 *Wahlgreenia nervata* 진딧물이나 여러 가지 면충류, 뿔진딧물류 그리고 숙주전환을 하는 솜벌레류와 뿌리혹진딧물류 모두의 경우와 같은 목본성식물간을 이동하는 생활사를 가진 종류들에 대하여는 이와 같은 이론을 적용시킬 수 없다. 또 일부 다년 생활사(한 세대에 여러 해가 필요한 것)를 가진 뿔진딧물류나 솜벌레류의 경우 그들의 생활사는 연간 생태학적 조건의 변화와는 일치하지 않는 고로 이 가설은 적용시킬 수 없고 다음에 설명하는 표현형이 갖는 제약 때문으로 생각된다. 이 밖에도 숙주전환생활사는 1차 숙주에는 천적류가 적다든지 식물체에 생기는 방어수단(방어물질은 계절의 진행에 따라 많아진다)을 피할 수 있다든지 월동난에 유리한 조건을 1차 숙주가 갖고 있다든지 하는 점이 제기되어 왔다.

숙주생장에 따르는 영양조건의 변화나 그 밖의 문제들로 숙주전환문제를 설명한 것들은 숙주전환과정의 설명이 아니고 그 결과만을 설명하고 있다. 즉 숙주의 영양조건이 문제라면숙주전환은 목본류에서 초본류로의 숙주전환과 마찬가지로 초본류에서 목본류로의 숙주전환도 일어날 수 있겠으나 초본류만을 숙주로 하는 종들이 있다. 그런데 1차 숙주는 대부분의 경우 목본류로 초본류에 비하면 진화상으로 오래된 것이 보통이다. 분류학적으로 근연의 진딧물류가 1차 숙주로 하고 있는 것은 계통학적으로 거리가 가까운데 2차 숙주의 경우는 그들의 혈연관계가 먼 경우가 많다. 이와 같은 1차 숙주와 2차 숙주의 숙주관계의 연대를 조사하게 되면 숙주의 선택 나아가서는 양성세대와 간모세대는 오래된(처음에 기생하게 된) 숙주에서 지내는 반면 여름철의 단위생식세대는 초본류에서 지내는 이유에 대한 짐작을 할 수 있을 듯하다.

또 다른 가설은 숙주전환생활사에 나타나는 여러 가지 표현형은 그 나름대로의 특성이 있어 이런 특성은 숙주이용에 제약이 될 수 있다는 것이다. 이 가설은 진화의 역사와도 관련이 있는 것으로 자연선택과 적응이 숙주전환의 원인이 되었다는 것이다. 이 가설은 특히 간모의 특성에 주목한다. 즉 간모는 진화 역사상 오래된 식물 분류군에 특이하게 적응하고 있기 때문에 숙주범위가 좁아 새로운 숙주획득에 제약을 받게 된다는 것이다. 이 가설에 따르면 2차 숙주를 갖게 되는 것은 보다 유리한 숙주를 이용할 수 있도록 선택작용이 작용한 때문인데 간모가 갖는 1차 숙주에 대한 선호성이 2차 숙주로 숙주를 바꾸는 것을 방해하고 있다는 것이다.

2차 숙주가 대부분의 경우 초본류라는 것은 대단히 중요한 의미가 있다. 즉 초본식물은 흡즙성 곤충류에 대하여는 영양가가 높은 것이 보통이며 온대에 분포하는 대부분의 초본식물은 진화면에서 목본류보다 역사가 짧다. 제3기 후반 이후에 번영한 것으로 목본류의 출현에 비하면 훨씬 후의 일이다. 진딧물과 목본식물과의 관계 성립은 그보다 이전인 시신세 또는 그 이전으로 추정되고 있다. 따라서 숙주전환성생활사의 진화는 이런 초본류의 진화와 관계가 있다고 생각된다.

간모 특성설은 숙주전환성 진화의 역사에 관하여 상당히 합리적인 설명을 제공하고는 있으나 숙주전환에 관여된 선택작용과 관련된 여러 가지 생태학적 문제에 관하여는 아직도 해결하지 못한 많은 측면을 남기고 있다. 앞으로 이차 숙주이용의 중요성에 관한 생태학적 연구는 어떤 선택작용이 숙주전환의 발달과 유지에 유리하였는지를 밝히는데 많은 도움이 되겠다. 그리고 간모의 숙주와의 친화성에는 분류군에 따르는 특성이 있는 것은 사실이나 이런 특이한 성질의 본질에 관하여는 아직 모르는 것이 많다. 따라서 앞으로 생활사에 나타나는 간모와 그 이외의 여러 가지 형간의 생리학적 특성에 관한 생태학적 연구가 간모 특성설과 관련 중요한 것이라고 하겠다.

면충과의 Prociphilini 족면충은 특이한 생활사를 갖고 있다. 이 면충족의 대부분의 종들의 경우 유성충, 알 그리고 간모는 산사나무, 은사시나무, 물푸레나무류와 같은 여러 가지 목본피자식물을 숙주로 하는데 반하여 단위생식세대는 소나무류의 뿌리에서 지낸다. 이 지중생활을 하는 암컷은 형태적 특성을 갖고 있으며 나자식물에서만 생활하던 옛날의 숙주비전환성인 지상생활을 하던 간모에 비하면 숙주와 보다 큰 친화성을 갖고 있는 듯하다. 숙주전환을 하게 된 것은 제3기 이후 번영한 진딧물류가 온대지방에서의 초본류를 숙주로 갖게 된 것과의 관련이 중요한 것으로 생각되는데 이 면충류의 경우는 이와는 달리 숙주전환이 좀 더 오래된 숙주 분류군들 간에서 있었을 가능성을 시사하고 있다. 즉 진딧물류가 처음 숙주로 하였던 나자식물에서 현재 대부분이 기생하는 피자식물로 숙주를 전환한 것으로 볼 수 있겠다. 이런 문제와 관련 몽고산의 *Pachypappa* 면충과 *Gootiella* 면충은 이 분류군의 다른 면충류와 마찬가지로 주로 *Populus* 사시나무를 1차 숙주로 하고 여기에 충영을 만들고 있어 흥미 있는 것이다. Procipiline 산사나무 면충류와 Pemphigine 사철나무 면충류에 대한 계통학적 연구는 지질하적으로 출현연대를 달리하는 침엽수와 피자식물을 숙주로 하게 된 과정을 밝히는데 도움이 될 것으로 생각된다.

4. 불완전 생활환

양성생식세대의 상실 즉 불완전 생활환을 가진 진딧물류는 숙주전환류나 숙주비전환류 모두에서 볼 수 있다. 불완전 생활환은 유전적일 수도 있고 유성세대를 유도하는 환경요인의 영향 때문일 수도 있겠다. 양성생식세대의 출현은 광주기와 밀접한 관계가 있는 고로 유전적 변화 없이도 위도에 따라서는 광주기 차이 때문에 양성세대가 상실될 수 있겠다. 즉 열대지방의 진딧물류는 대부분이 북부 계통에서 유래한 것인데 이들에서는 북부에서는 양성세대를 가지나 열대에서는 양성세대가 결여되는 수가 많다. 예를 들면 복숭아혹진딧물(*Myzus persicae*)은 위도가 낮은 지역에서는 불완전 생활환을 갖는데 이것은 유전적 요인도 관계가 있기는 하나 주로 환경조건의 차이 때문이다.(Blackman 1974).

양성생식 그 자체의 유리한 점은 양성생식세대가 빠지면 생활사상의 다른 여러 가지 특성도 따라서 변화하는 고로 그들의 또 다른 적응성과 관련 있어 판단에 어려움이 많다. 숙주전환종의 경우 불완전 생활환에서 볼 수 있는 주요 생태학적 특성의 하나는 1차 숙주의 상실이다. 연중 2차 숙주를 이용할 수 있는 곳에서는 1차 숙주의 배제로 손쉽게 유성세대를 제외할 수 있겠다. Blackman과 Eastop(1984)가 조사한 것을 보면 불완전 생활환의 예는 숙주전환류에서는 57%(78/137)였고 숙주비전환류에서는 33%(44/135)로 불완전 생활환이 숙주전환류에서 많아 이것이 숙주전환현상과 유관함을 짐작할 수 있다.

1차 숙주가 어떤 원인으로 아주 오래전에 멸종된 지역에 불완전 생활환을 가진 진딧물류가 남아 있는 것을 볼 수 있는데 이것은 단위생식이 강제된 조건하에서도 수 1,000만 년 그들의 생존이 유지될 수도 있음을 뜻한다. 신생대의 선신세와 최신세의 빙하시대의 엄습은 유럽의 일부 면충류나 뿔진딧물의 1차 숙주를 멸망시켰는데 그들 진딧물은 현재 불완전 생활환 생활사를 갖고 있다. *Hormaphis betulinus* 남작진딧물이나 *Melaphis rhois* 진딧물 같은 것은 그 예가 되겠으며 California주의 *Gharesia polonini* 진딧물은 숙주인 Zelkova 느티나무가 북미 서부에서 멸종한 것이 약 1,000만 년 전인 제3기 중신세였는데 현재 2차 숙주상에서 불완전 생활환을 유지하고 있다.

한편 불완전 생활환은 수컷을 생산하지 않는 고로 부담을 덜 수 있는 장점도 있다. 그러나 이때에도 비용면에서 완전히 자유로울 수 없는 수도 있다. 예를 들면 양성충이나 수컷이 생식에 관여하지 못하고 죽어버리는 경우에도 양성충이나 수컷이 생산되는 경우가 있기도 하다. 또 납작진딧물류나 면충류 그리고 층층나무 진딧물류에서의 불완전 생활환을 가진 종류들에서는 분산 능력을 상실한 것들이 있다. 그리고 진딧물류에서 가장 내한성이 강한 발육단계는 양성생식으로 생기는 알인데 단위생식으로 알을 생산하는 일은 거의 없어 겨울철의 저온의 영향을 크게 받을 수도 있겠다.

일부 불완전 생활환 진딧물류에는 개미류와 공생하는 것들이 있는데 이들의 경우 불완전 생활환 생활사에 따르는 분산이나 월동에 대한 불리한 점을 공생관계로 해소하고 있는 듯하다. 즉 *Tramini* 왕진딧물류는 모두가 개미집에서 월동하며 그들의 이동은 개미에 의하여 이루어진다.

불완전 생활환 계통 진딧물류는 선택작용을 받아 변화할 수 있고 단기적으로 유리한 점이 없는 것은 아니나 계통학적 측면에서 볼 때 양성세대를 상실한 계통은 진화적인 면에서는 막다른 골목인 듯하다. 즉 불완전 생활사 계열에서는 그들이 양성적 조상에서 크게 변한 것을 보기 힘들고 현존종으로 유성생식세대를 갖는 것과 근본적으로 동일하여 동종으로 취급된다.

남작진딧물류나 면충류 그리고 층층나무 진딧물류 중에는 한 개체군내에 숙주전환계통개체들과 2차 숙주상에서 월동하는 불완전 생활환 계통개체들이 섞여있는 수가 있다. *Pemphigus betae* 면충 개체군들 중의 계통들에 대한 생활사를 조사해 보면 한 계통 진딧물이 두 가지 생활사를 할 수는 있으나 어떤 특성을 가진 개체를 더 많이 생산하느냐는 계통간에 상당한 차이가 있다고 한다 (Moran 1991).

이상 진딧물류의 생활사 특성을 살펴보았다. 진딧물류의 생활사는 대단히 복잡하여 당황스러움을 면할 수 없으나 이런 각각의 생활사 특성은 결국 오랜 세월을 통한 진화의 결과라고 하겠다. 대응적 형질의 출현시기가 다르고 그의 변화속도도 다르기 때문에 그의 특성 특히 숙주식물과의 연계관계는 진화계열에서 서로 다른 진화단계를 반영한 것이겠다. 대부분의 곤충류에서 숙주의 전환은 갑자기 그리고 완전히 다른 것으로 전환하여 현존 곤충의 생태에는 과거의 식물과의 관계를 엿볼 수 있는 흔적을 찾아보기 힘든 것이 보통이다. 그러나 진딧물류의 생활사에는 복잡하기는 하나 과거와 관련된 많은 정보를 포함하고 있다.

진딧물류에는 생활환이 목본류나 초본류 한 식물군에서 계속되는 숙주비전환종과 서로 다른 두 식물군을 오고 가면서 생활환을 완성하는 숙주전환종이 있으며 생식면에서는 양성생식세대가 주기적으로 끼어드는 완전생활사종과 양성세대는 없고 단위생식만을 하는 불완전 생활환종이 있는데 Moran(1992)은 그들 간의 관계를 그림 2-7과 같이 모식화 하였다.

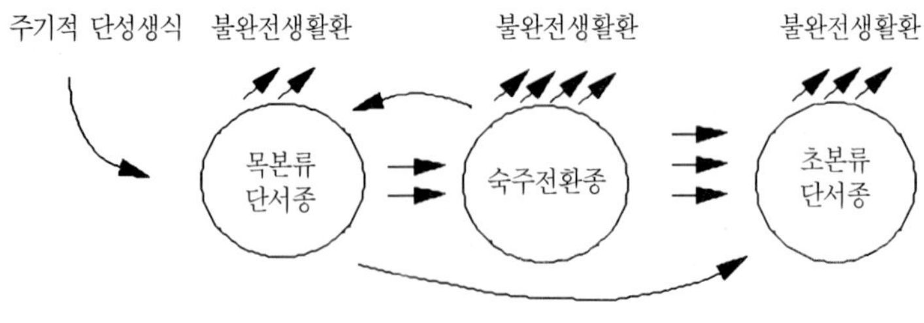

그림 2-7. 진딧물류의 여러 가지 생활환 진화 모식도 (Moran 1992)

진딧물류의 생활사 진화과정에서 볼 수 있는 중요한 변화는 단위생식과 태생, 다형성의 진화, 숙주식물의 생물학적 현상 출현시기와 진딧물류의 생장이나 생식시기와의 관계, 숙주전환성의 발달과 그의 상실 그리고 유성세대의 상실 등이다.

위의 진딧물류 생활환 진화 양상은 진딧물학자들 간에는 대체적으로 의견이 없는 진화개항이다. 그러나 이것으로는 어떤 계열에서는 숙주전환성이 발달하였는데 다른 계열에서는 발달하지 않았으며 또 숙주전환계열 중 일부는 한 쪽 숙주군을 상실하게 된 것이 있는데 이런 것에 대한 문제는 알 수 없다. 이와 같은 문제의 해결을 위하여는 개체군내 또는 분류학적으로 가까운 종들에서의 변이가 갖는 적응도에 관한 진화학적 측면의 연구가 뒷받침되어야 하겠다. 이런 의미에서 앞으로 생태학적으로 중요한 형질들에 대한 계통분류학적 연구, 진화에 있어서의 표현형의 탄력적 특성, 개체군내 개체들 간의 진화적 특성의 생태학적 중요성 그리고 표현형 발달의 생화학 등 여러 가지 분야의 연구 결과의 적극적 활용이 필수적이라고 하겠다.

제3편

곤충의 분산다형성

곤충이 살아가는 서식처의 환경조건은 그것이 온도나 습도 또는 광선 등과 같은 무생물적 요인이거나 먹이나 천적류 또는 경쟁자와 같은 생물적 요인이거나를 막론하고 공간적으로는 크고 작은 조각(소괴)(Patch, 小塊)으로 되어 있어 공간적 이질성(Spatial heterogeneity, 空間的 異質性)을 갖고 있고 시간적으로는 유리한 때와 불리한 때가 있고 그의 시간적 연속성(Temporal continuity, 時間的 連續性)에 차이가 있다. 따라서 곤충류에 있어서 유리한 환경조건을 찾아가고 불리한 조건을 피하는 것은 그들의 생존과 번영에 직결되는 중요한 일이라 하겠다.

곤충류는 걸어서 이동할 수도 있으나 날개가 있어 날아서 이동하는 것이 보통이다. 비상행동에는 구식활동과 같은 일상적 비상(Trivial flight, 日常的 飛翔)과 생활사의 한 단계에서 서식처 간을 이동하기 위한 이동 즉 이동 비상(Migratory flight, 移動 飛翔)이 있는데 여기서는 후자를 중심으로 분산다형성의 내용과 날개다형성 결정 관련 요인들을 설명하고 분산다형성의 적응적 의의를 살펴보려 한다.

제 1 장 분산다형성

이동분산은 종의 분포 영역을 확대하여 새로운 자원을 이용할 수 있게 할 뿐 아니라 이동한 곳의 새로운 환경조건은 종의 분화를 촉진시키기도 하여 집단유전학적으로도 대단히 중요한 의의가 있다.

대부분의 곤충은 날개를 갖고 있어 이것이 곤충류가 지구상에서 종수가 가장 많고 깊은 바다 밑을 제외한 다양한 서식처를 이용하면서 번영하고 있는 원인의 하나로 생각되고 있다. 그러나 분류학적으로 유시아강에 속하는 곤충류 중에는 날개가 없는 것 또는 생활사의 어떤 시기에만 날개가 있는 것 그리고 날개가 있으나 실제로는 날지 못하는 것 등 여러 가지가 있다. 이와 같은 비상력과 관련된 특성들을 분산다형성(Dispersal polymorphism, 分散多型性)이라고 하며 이것은 곤충 개체군 밀도의 변동 또는 그의 안정성과 그리고 종간 상호작용관계의 결과와도 깊은 관계가 있다. 또 이것은 유전자의 확산이나 개체군의 유전자형 구조와도 관계가 있으며 생활사 전략상 번식적응도와도 깊은 관련이 있다. 따라서 분산이동의 빈도, 시기 그리고 성공여부는 개체군 생태학적으로 대단히 중요하며 특히 이동성이 큰 해충류에 있어서는 그의 효율적 방제를 위하여 대단히 중요한 것이라 하겠다.

분산다형성의 구체적 내용으로는 날개다형성(Wing polymorphism, 翅多型性), 비상근 다형성(Flight muscle polymorphism, 飛翔筋 多型性) 그리고 비상행동 다상성(Flight behavior polyphenism, 飛翔行動 多相性) 등이 있으며 이 외에 범주는 다르나 밀도변동에 따라 행동에 변화가 생기는 상변이성(Phase variation, 相變異性) 등이 있다.

1. 날개다형성

날개다형성은 날개의 유무나 날개의 길이의 차이가 있는 경우로 앞서 설명한 진딧물류의 경우에는 유시형(Alatae, 有翅型)과 무시형(Aptera, 無翅型)이 있고 멸구류에서는 날개가 긴 장시형(Macroptera, 長翅型)과 날개가 짧은 단시형(Brachyptera, 短翅型)이 있으며 이들에서는 중간형은 없는 것이 보통이다. 그러나 *Agonum retractum* 먼지벌레(Cater 1976), *Javesella pollucida* 멸구(Mochida, 1973) 그리고 *Cavelerius saccharivorus* 반날개노린재(Fugisacki 1989) 등에서는 중간형이 보고 된 예가 있다. 그리고 날개형의 변화에는 앞뒷날개 모두(소금쟁이류, 긴노린재류, 멸구류 등)인 경우와 뒷날개만(딱정벌레류, 바구미류, 귀뚜라미류 등)인 경우가 있다.

이와 같이 날개다형성에는 날개형이 단절적인 경우에서부터 연속적인 경우까지 그 양상이 다양하다. 그리고 날개다형성은 일부 곤충분류군에 한정된 것이 아니고 적어도 딱정벌레목, 파리목, 민다듬이벌레목, 노린재목, 매미목, 벌목, 메뚜기목, 총채벌레목, 집게벌레목 등 여러 분류군 곤충 등에서 그 예를 볼 수 있어 날개다형성은 여러 곤충분류군에서 독립적으로 일어난 수렴적 현상으로 생각되며 같은 종내에서도 생활사 단계나 환경조건에 따라 다양한 변이가 있다.

2. 비상근 다형성

완전한 날개를 갖고 있으나 날지 못하는 곤충이 있는데 이것은 비상근이 없거나 조직분해(Histolysis, 組織分解)하여 상실되었기 때문인 수가 대부분이다. 장시형에서 이동 후 비상근이 조직 분해되는 것은 날개다형성 곤충류에서는 흔히 있는 일이다. 단시형에서는 비상근이 퇴화하거나 없는 경우가 있으나 이것은 단시형에 한한 것은 아니다. *Allonemobius fasciatus* 귀뚜라미의 장시형은 이동 후 자연히 날개가 탈락하는데 날개를 인위적으로 제거한 장시형은 제거하지 않은 것에 비하여 등종주근이 급격히 퇴화하고 난소의 발육은 반대로 촉진되었다(Tanaka 1986). 그리고 자연적으로는 날개가 탈락하지 않는 *Gryllus firmus* 귀뚜라미(Roff 1990)나 *Modicogryllus confirmatus* 귀뚜라미(Tanaka 1993)에서도 인위적으로 날개를 제거하면 같은 결과를 얻을 수 있다고 한다. 이런 사실들은 날개와 비상근이 난소발육과 관계가 있음을 뜻하는 것으로 장시형에서도 날개의 탈락이나 인위적 제거가 내분비계에 영향을 미쳐 비상근의 용해를 촉진하여 난소발육을 촉진하는 것을 의미하는 것이다. 날개의 탈락 없이도 장시형에서 비상 후 비상근의 조직분해는 일어날 수 있다. *Horvathiolus gibbicollis* 긴노린재의 경우 장시형의 번식노력(Reproductive effort, 繁殖努力: 1일 산란 수×알의 크기)은 우화 후 2주 정도의 시점에서 높은 피크를 보이는데 이것은 단시형의 그것보다 늦은 시기로 비상근의 조직분해 진행과 관련이 있는 것으로 보인다(Salbreck 1986). 진딧물류에서도 초본류를 숙주로 하는 종들은 유시형이 적당한 숙주에 정착하면 비상근의 조직분해가 일어난다(Dixon 등 1993). 이런 곤충류에서는 비상근과 생식선의 발달은 에너지면에서 경합관계에 있어 비상근의 조직분해는 생식선의 발달촉진에 이어지는 것으로 생각된다. 진딧물류에서의 비상근의 조직분해는 적당한 숙주에 정착한 것이 숙주에서 이탈하는 것을 방지하는 데에도 도움이 되어 또 다른 적응적 의의도 생각할 수 있다.

장시형에서의 비상근 조직 분해에는 유전적 요소가 포함되어 있음이 알려지고 있다. *G. firmus* 귀뚜라미의 경우 선발된 장시형과 단시형 그리고 대조계통에서 얻은 장시형을 대상으로 그들의 비상근의 조직 분해 정도를 비교해 보면 단시형 계통에서 그 정도가 가장 높고 장시형 계통에서 가장 낮았다(Fairbairn과 Roff 1990). 이것은 단시화의 정도와 비상근의 용해정도 사이에는 (+)의 유전상관이 있으며 장시형에도 날지 못하는 개체가 있을 수 있음을 시사하는 것으로 실제 북미의 소금쟁이류의 종들에서 보면 장시형 출현율이 극히 낮은 종일수록 장시형이라도 실제로 날을 수 있는 개체의 비율이 낮고 정상적인 비상근을 갖고 있는 개체의 비율도 낮음이 알려지고 있다(Fairbairn과 Butler 1990). 유럽의 *Pyrrhocoris apterus* 별노린재에서도 장시형이 비상하지 않는 것이 알려져 있다(Honek 1985). 이것이 장시형이라도 비상근의 발달 정도에 차이가 있어 비상력이 없을 수도 있음을 말하는 것이다. 또 곤충류 중에는 선천적으로 비상근 2형성인 것도 있다. 잘 알려진 것은 물벌레과 곤충류로 이들은 유충기의 온도가 비상근 발달과 관계가 있다고 한다.

차의 해충인 긴다색풍뎅이(*Heptophylla picea*)는 앞날개와 뒷날개가 모두 발달하고는 있으나 암컷에 만은 태어날 때 비상근이 있는 것과 없는 것이 있어 전자만이 날을 수 있고 수컷은 모두가 비상근을 갖고 있어 날을 수 있다(Tada 등 1993). 비상근을 갖지 않은 암컷은 흉강내에 지방체가 가득 차 있으며 이 지방체가 퇴화하면서 난소가 성숙한다. 야외 채집충에서 비상근을 갖고 있지 않은 개체가 성숙난의 보유수가 많은 점으로 보아 비상근 보유형은 저장지방체를 에너지원으로 이용하여 보다 빨리 난소를 성숙시키고 있는 것으로 보인다. 이 풍뎅이의 비상근 2형성은 단순한 멘델유전을 함도 알려지고 있는데 딱정벌레류의 날개 다형성은 멘델유전을 하는 예가 많다. 그리고 긴다색풍뎅이는 분포지역에 따라 비상근이 없는 개체의 비율에 차이가 있는 것이 알려지고 있다.

3. 비상행동 다상성

북미의 *Oncopeltus fasciatus* 긴노린재는 장거리 이동성 곤충의 예로 유명한데 그들이 이동 능력은 지리적 개체군에 따라 차이가 있다. 이 곤충은 북미의 북부지방에서부터 Carib의 열대 섬들까지 분포하며 남부에서 월동한 것이 초여름에 북부지방으로 이동하고 북부지방에서 증식한 것들은 가을이 되면 월동을 위하여 남부지방으로 이동한다. 북부인 Iowa나 Michigan의 북방 개체군은 실내에서 성충을 공중에 매달고 비상력을 조사한 실험에서도 큰 비상력을 보여 주었으며 반면에 Puerto Rico나 기타의 남부 열대 섬들의 개체군의 경우는 비상능력이 크게 저하되어 있다는데 그 이유는 열대지방에서는 먹이 식물이 연중 존재하는 고로 서식처가 안정되어 있어 이동의 필요성이 적은 것과 섬들은 서로 떨어져 있어 장거리 이동 개체들은 섬을 떠나버렸기 때문인 것으로 추측되고 있다. 이 곤충의 경우 이동성이 큰 개체군의 개체들은 몸의 크기가 크고 날개도 크며 날개의 크기의 유전율은 0.55~0.87로 대단히 높다고 한다(Palmer와 Dingle 1985). 또 날개가 긴 개체는 발육이 빠르고 산란수도 많다(Hergmann과 Dingle 1982). Dingle(1986)은 비상능력과 날개의 크기 사이에 (+)의 유전상관관계가 있다고 하고 이와 같은 이동에 관련된 특성들은 이동정착증후군(Migration-colonization syndrome, 移動定着症候群)이라고 하였다. 일반적으로 정착자에 대한 자연선택작용은 이동력과 번식능력 모두를 극대화시키는 방향으로 작용하는 것으로 생각되고 있다. 또 Roff(1991)는 비상이라는 능동적 이동 능력에서의 에너지 절약 문제와 관련 이동성 곤충에서의 자연선택은 몸이 크고 빠른 발육에 유리하게 작용한다고 추론하였는데 *O. fasciatus* 긴노린재의 경우 이런 추론을 뒷받침하고 있다고 하겠다.

한편 Rankin과 Burchsted(1992)는 북미산 메뚜기의 1종인 *Melanoplus sanguinips*의 경우 오랫동안 비상시킨 암컷은 비상하지 않았거나 1시간 정도만 비상시킨 것에 비하면 산란개시가 빨랐고 산란수도 많아진다고 하였다. 이것은 비상이 자극이 되어 알세포의 발달이나 알라타체의 활성에 필요한 신경내분비계를 활성화시킨 때문인 것으로 생각된다. 그리고 이 곤충의 경우 암컷은 이동 중에는 탄수화물을 먼저 이용하고 지방은 될 수 있는 대로 절약하는데 이것은 비상에 따르는 번식에의 영향을 최소화하려는 것으로 생각된다. 일반적으로 장거리 이동의 부담은 커서 번식에 쓰일 에너지원인 지방에 많이 의존한다. 그러나 정착자로 진화에 성공한 곤충류 중에는 장거리 비상이 거의 부담이 되지 않을 정도인 것도 있어 이런 경우에는 부담의 감소를 위한 특별한 생리적 적응도 있는 것으로 생각된다.

4. 상변이성

곤충의 상변이성(Phase variation, 相變異性)이란 Uvarov가 1921년 메뚜기류에서 제기한 현상으로 “같은 종의 개체들 간에 형태, 체색, 생리, 행동 등 여러 가지 형질상의 변이가 개체군 밀도의 영향을 받아 일어나는 현상”을 말한다. 메뚜기류나 밤나방류에서 비교적 흔한 현상으로 개체군 밀도가 낮을 때는 고독상(Solitary phase, 孤獨相), 밀도가 높을 때는 군서상(Gregarious phase, 群棲相)이 생기며 중간 밀도에서는 전이상(Transient phase, 轉移相)이 생긴다. 다상현상은 곤충류 외에도 윤충류나 물벼룩류 등에서도 알려져 있으며 나비류의 날개 무늬나 번데기 색에 관한 연구도 많이 있으나 여기서는 분산과의 관계가 있는 상변이를 중심으로 설명하려 한다.

풀무치(*Locusta migratoria*)나 *Schistocerca gregaria* 메뚜기의 경우 군서상의 것은 앞날개가 상대적으로 길고 뒷다리의 넓적다리마디는 반대로 상대적으로 짧다. 그리고 체중이 가볍고 많은 양의 지방을 갖고 있는 등 장거리 이동에 알맞은 여러 가지 특성을 갖고 있다. 그리고 고독상의 개체는 푸른색이나 군서상의 것은 짙은 흑색이다. 이것은 야외에서 복사열의 흡수효율이 높아 대사 작용을 활발하게 하여 유충의 발육을 돕고 성충의 비상활동을 활발하게 하는 효과가 있다. 이와 비슷한 현상이 *Spodoptera exempta* 밤나방이나 멸강나방(*Pseudaletia separata*)에서도 알려져 있다. 군서상은 장거리 이동에 적응한 이동형으로 생각되나 고독상의 것들도 비상능력이 있어 날개다형성 곤충에서의 단시형이나 무시형과는 차이가 있다.

Spodoptera exempta 밤나방은 아프리카에서 옥수수나 밀 등 작물의 큰 해충인데 여러 세대를 거치면서 아프리카 대륙을 남쪽에서 북쪽으로 수 1000km를 이동한다. 이 종은 명백한 상변이성을 갖고 있으며 고밀도에서 우화한 성충은 저밀도에서 우화한 것에 비하여 비상능력이 큰 데 우화성충의 비상능력은 군서상이나 고독상 모두에서 양친세대보다 변이가 크고 비상시간의 유전율도 상당히 높은 것으로 알려지고 있다. 또 개체의 이동능력과 관계가 있는 것으로 알려진 암컷 성충의 생식전 기간에도 유전성이 있음이 알려지고 있다. Gatehouse(1986)에 따르면 이 해충의 비상력에는 3개의 형이 있어 그 중 2개형은 유충의 사육밀도나 환경조건과는 관계없이 모두가 장시간 비상하는 형과 반대로 모두가 단시간만 비상하는 형이 그것이다. 또 하나의 형은 개체군 밀도에 따라 상변이를 하여 그에 따라 장시간 비상하는 형이 그것이다. 상변이를 하는 형에서는 장시간 비행하는 성질에 변이가 크다. 담배거세미나방(*Spodoptera litura*)는 콩, 팥, 토란 등의 대해충인데 야외에서 채집한 계통 중에는 사육밀도에 따라 상변이를 일으키는 형, 사육밀도와 관계없이 몸의 색이 검은 것 또는 황갈색인 것 등이 있으며 이것은 유전적인 것이 알려져 있다(Tojo 1991).

이와 같은 상변이성 곤충의 비상능력이나 상변이성에 나타나는 큰 변이성은 유충기의 개체군 밀도에 대한 반응역치의 유전적 차이 때문인 것으로 알려지고 있다(Gatehouse 1986). 예를 들면 언제나 짧은 시간 밖에 비상하지 않는 개체는 밀도에 대하여 아무런 반응을 일으키지 않을 정도로 높은 반응역치를 갖고 있으며 언제나 긴 시간 비상하는 개체는 장시간 비상이 저밀도에서 일어날 정도의 낮은 반응역치를 갖고 있으며 고밀도 하에서만 장시간의 비행을 하는 개체(상변이함)는 중간 정도의 역치를 갖고 있는 것으로 추측되고 있다. 따라서 상변이라는 개체군 밀도에 반응하여 생긴 표현형 가소성은 그 정도에 있어서 폭 넓은 유전적 변이성을 갖고 있는 것으로 보인다. 이와 같은 유전적 변이성을 개체군이 갖고 있다는 것은 이들이 생활사적 형질의 적응성과 관련 중요한 의의를 갖고 있다고 하겠다. 전기 아프리카의 *S. exempta* 밤나방의 경우 그들의 먹이인 벼과식물의 분포면적이나 그의 조각(Patch)의 크기는 건기와 우기에 따라 변동이 심하여 장거리 이동이 계절에 따라서는 불리하게 작용할 수도 있을 수 있겠다.

S. geragaria 메뚜기나 *S. exempta* 밤나방은 반사막지대를 서식처로 하고 있는 곤충류로 그들이 서식하는 곳의 벼과식물 초원의 크기나 그의 분포는 강우량의 영향을 받기 때문에 변이가 심하다. 따라서 지역적으로나 계절적으로 개체군의 밀도변동이 극히 심하여 밀도가 과다하면 먹이 부족이 일어나는 수가 자주 있겠다. 이와 같은 생활상의 위기에 대한 적응현상으로 이동력이 큰 이주형(군서상)이 진화한 것으로 생각되는데 상변이의 원인이 계절적인 일장이나 온도와 같은 요인이 아니고 박을댐(고밀도)에 의한 개체간의 상호자극이라는 것은 일장이나 온도와 같은 보다 간접적인 서식처 조건의 악화로 일어나는 휴면현상과는 다른 측면이라고 하겠다.

Tanaka(1996)는 일본에서 풀무치(*Locusta migratoria*)의 상변이성, 서식지 그리고 생활사를 조사하여 일본의 개체군에 있어서도 대발생을 하는 지역의 개체군에 비하여 날개의 길이가 약간 짧은 경향은 있었으나 높은 밀도 조건에서의 행동이나 형태가 이동에 알맞은 군서상의 개체들의 것에 가까운 것으로 보아 상변이의 능력에는 대발생지역의 것들과 별로 차이가 없으나 일본에서는 이 종이 대발생을 일으킬 수 있는 서식처가 국지적으로 한정되어 있어 공간적으로 제한되어 있으며 대발생에는 2~3년 계속 증식하여 개체들이 집중해야 하는데 일본에서는 이런 서식처 조건이 드물고 일본에서의 이 곤충의 생활사는 각 지역의 기후적 조건에 적응하여 있어서 어떤 지역에 대발생한 다음 다른 지역에 이동하였을 때 원래의 지역에서 갖고 있던 적응성이 무너져 대발생과 이동이 장기적 계속이 어렵기 때문에 일본에서는 이 곤충의 대발생이 없다고 하였다. 이것은 이 메뚜기의 대발생이 문제가 되는 지역은 한정되어 있으며 분포지역 내에서도 대발생이 없는 지역이 훨씬 많으며 대발생은 지역이나 해에 따라 차이가 있다는 것에서도 짐작 할 수 있을 듯하다.

제 2 장 날개형 결정요인

날개다형성과 관련된 주요요인에는 다음과 같은 것을 생각할 수 있겠다.

1. 변태양식과 날개다형성

반변태류(Hemimetabola, 半變態類)(변태과정에 번데기 시기가 없으며 유충(수서약충, naiad, 水棲若蟲)은 거의가 수서. 예; 잠자리류, 하루살이류, 강도래류)와 완전변태류(Holometabola, 完全變態類)(변태과정에 유충과 성충사이에 번데기(Pupa, 蛹) 시기가 있는 변태)에서는 유충 또는 수서약충은 먹이나 서식처가 성충과 달라 점변태류(Gradual metamophosis, 漸變態類)(반변태

표 3-1. 온대지방 곤충류의 변태군과 비상력 상실 (이시성 포함) 종의 비율 (Roff 1990)

무시 또는 이시종 (%)				
목	종수	온대	전체①	성②
	1. 반변태류			
하루살이류	2000	0	0	
잠자리류	4870	0	0	
강도래류	1550	〈10	R	♂
	2. 점변태류			
귀뚜라미붙이류	20	100	100	-
메뚜기류	12500	30~60	C	♀♂
대벌레류	2000	90~100	V	♀
바퀴류	4000	50~60	V	♀
사마귀류	1500	0	C	♀
흰개미류	1900	0	R	-
집게벌레류	1100	20~40	C	♀♂
방각류	800	20~30	C	♀(100%)
절시류	24	100	V	♀♂
다듬이벌레류	2500	10~20	C	♀
새털이류	5000	100	100	-
이류	500	100	100	-
노린재류	50000	20~30	C	♀♂ ♀※
매미류	32000	〉30	C	♀♂
총채벌레류	4000	10~20	C	♂
	3. 완전변태류			
풀잠자리류	4,670	〈1	R	♀
딱정벌레류	29,000	〈10	U	♀♂
날도래류	7,000	〈1	R	♀♂
나비류	112,000	〈1	R	♀
밑들이류	480	20~30	U	♀♂
벌류	103,000	〈10	R	♀
파리류	98,500	〈1	R	♀
벼룩류	2,259	100	100	-

① : R; 〈5%, U; 5%~10%, C; 10%~50%, V; 〉50%
② : 가장 흔한 성
※ : 자료가 불충분

류와 마찬가지로 번데기 시기가 없으나 자라면서 점점 성충에 가까운 형태로 변하는 변태)에서의 그것과는 차이가 있어 이것이 날개다형성과 관계가 있을 수 있겠다. Roff(1990)는 여러 가지 문헌을 조사하여 변태양식과 무시형 비율을 표 3-1과 같이 정리한 바 있다.

표에서 보는 바와 같이 반변태류와 완전변태류에 있어서는 점변태류에 비하여 무시 또는 이시형율이 극히 낮다. 다만 벼룩류는 완전변태류이나 예외이다.

하루살이류, 잠자리류 그리고 유충이 지상생활을 하는 소수의 종을 제외하면 강도래류 등의 유충(수서약충)은 모두가 수서생활을 하고 성충은 공중생활을 한다. 이들의 수서유충은 비교적 활발한 이동을 하나 물의 흐름에 따라 하류로 떠내려간다. 그리고 때로는 물이 말라 서식처를 상실할 수도 있다. 이들의 유충은 상류로 이동할 수 없는 고로 상류로의 이동은 성충의 비상에 의존할 수밖에 없다. 이와 같은 생활사의 특성을 반영하여 이들에서의 날개다형성 특성이 형성된 것으로 보인다.

메뚜기류나 노린재류와 같은 점변태류의 약충은 작은 성충으로 볼 수 있어 비교적 이동력이 큰 것이 보통이다. 물론 새털이류나 이류와 같은 외부기생성 곤충류에 있어서는 모든 종이 날개가 없으며 대벌레류나 바퀴류에서와 같이 무시형 종 비율이 50% 이상으로 높은 경우도 있다. 그리고 매미목 곤충류 중 매미류의 약충은 땅속에서 생활하는 고로 이동력이 적으며 깍지벌레류의 약충은 다리가 있어 이동을 하나 곧 다리를 잃고 성충은 정착생활을 한다. 메뚜기류, 집게벌레류, 노린재류, 매미류 등에서는 암수 모두가 비상력을 상실한 경우가 흔하며 대벌레류, 다듬이 벌레류에서는 암컷만이 비상력을 상실하는데 이들에서는 유충이 비교적 이동력이 크다. 풀잠자리류의 유충은 활동력이 비교적 크며 성충과 마찬가지로 진딧물류나 깍지벌레류를 잡아먹으면서 생활한다.

완전변태류 중 유충의 활동력이 비교적 큰 것은 잎벌류와 나비류의 유충인데 이들은 성충이 꿀이나 화분을 먹이로 하는 것과는 달리 잎이나 줄기 또는 열매와 같은 식물의 기관을 먹이로 한다. 완전변태류 중 일부 딱정벌레류와 몇몇 날도래류나 밑들이류는 암수 모두가 비상력을 상실하나 풀잠자리류나 나비류, 벌류 그리고 파리류에서는 암컷만이 비상력을 상실하는 경우가 많다.

점변태류는 다른 두 변태곤충군과는 달리 비교적 활동적인 약충태를 갖고 있으며 그들의 먹이나 생활 장소는 성충과 같다. 이것은 경우에 따라서는 성충과 약충이 자원에 대하여 경쟁관계를 갖게 될 수도 있음을 뜻한다. 이와 같은 자원이용관계 때문에 반변태류나 완전변태류에서 점변태류에 비하여 날개다형성이 적어 졌을 수도 있겠다. Roff(1990)는 반변태류에서 무시종율이 가장 적어 5% 이하이고 완전변태류에서는 벼룩목을 제외하면 무시종율이 5~10%로 낮은데 반하여 점변태류에서의 분류군내 무시종율이 보통(10~50%)인 것에서부터 아주 높은 분류군(〉50%)까지 다양하다고 하여 변태양식과 날개다양성간의 밀접한 관계를 제시하였다.

한편 단위생식을 하는 경우에는 교미할 필요가 없어 별개이겠으나 양성생식을 위해서는 산란 전에 교미가 필수적이다. 이런 점을 생각할 때 단위생식을 하는 곤충류에서 무시형율이 높을 것으로 생각된다. 앞서의 표에서 성에 따르는 비상력 상실 종율을 보면 자료가 충분치 못한 노린재류를 포함 비상력 상실 종율을 보면 암수 모두에서 높은 경우가 6개 분류군, 암컷에서 높은 경우가 9개 그리고 수컷에서 높은 경우는 2개 분류군 등으로 암컷에서 높은 경우가 많다. 양성생식을 하는 곤충류에서 수컷이 정충을 생산하는데 부담이 없는 것은 아니겠으나 암컷이 알을 생산하는 부담(에너지)에 비하면 부담은 경미할 것으로 생각된다. 따라서 이런 결과는 암컷에서의 알 생산 부담과 관련이 있는 것으로 생각된다. 또 Roff(1990)는 딱정벌레류, 나비류 그리고 파리류에 속하는 52개과 곤충류에 대하여 암컷의 이동성과 수컷의 날개형과의 관계를 조사하여 표 3-2와 같이 정리하였다.

표 3-2. 암컷의 이동성과 수컷의 날개형과의 관계 (Roff 1990)

	암 컷							
	유시				무시			
수컷	C	L	D	계	C	L	D	계
무시	23	1	11	35	1	0	0	1
유시	2	0	1	3	4	5	4	13

C : 딱정벌레류, L : 나비류, D : 파리류

여기서 "무시"란 일부 수수렝이류와 같이 성충이 유충형을 하고 있거나 자유로운 이동을 하지 못하는 경우를 말한다. 표에서 보는 바와 같이 암컷이 유시인 38예 중 수컷이 무시인 경우가 35예이고 수컷이 유시인 경우는 겨우 3예에 불과하였다. 반면 암컷이 무시인 14예 중 수컷이 무시인 경우는 1예에 불과하고 13예는 수컷이 유시이다. 이것은 교미가 성공하려면 교미상대를 적극적으로 탐색해야 하는데 암컷이 무시인 경우에는 수컷의 적극적 활동이 요구되며 수컷이 무시인 경우에는 교미 횟수를 증가시키는데 암컷의 이동성이 도움이 되는 것으로 생각된다.

2. 날개다형성과 환경요인

날개다형성에 미치는 환경요인에 관한 연구는 진딧물류, 멸구류, 소금쟁이류, 귀뚜라미류, 나비류 등을 대상으로 많은 연구가 있어 왔다. 날개다형성과 관련이 있는 요인으로는 온도, 일장, 먹이 그리고 개체군 밀도 등이 알려지고 있다.

온대지방에서 진딧물류는 앞서 설명한 바와 같이 복잡한 생활사를 갖고 있다. 알에서 부화한 진딧물은 단위생식으로 수세대를 거치는데 이 때 숙주식물의 영양조건과 개체군 밀도는 유시충 출현과 밀접한 관계가 있다. 이 때의 영향은 모성적(전 세대에 받은 영향)일 수도 있고 산후(당 세대에 받은 영향)영향일 수도 있다. 아카시아진딧물(*Aphis craccivora*), *Megoura viciae* 볼록진딧물 그리고 완두수염진딧물(*Acyrthosiphon pisum*) 등에서는 모충세대의 높은 밀도가 접촉적 자극이 되어 유시충이 생기는 것으로 알려지고 있다. 산후 유충기의 밀도가 유시충 출현과 관계있는 예로는 옥수수수염진딧물(*Rhopalosiphum padi*)이나 *Chaetosiphon fragaefolii* 못털진딧물에서 보고 된 바 있다.

먹이조건의 영향도 모성적인 수와 당세대의 영향인 경우가 있으며 먹이조건의 악화가 유시충 출현을 촉진하는 것이 보통이다. 먹이조건이 좋을 때 특히 질소함량이 많을 때 유시충 출현이 촉진되는 예가 일부 단식성 진딧물에서 알려져 있는데 이것은 숙주식물의 영양상태가 좋을 때의 분산성 증대와 관계가 있는 것으로 생각된다. 진딧물류에서는 이 밖에도 고온이나 장일조건 그리고 개미와의 공생관계가 무시충 비율 증대에 도움이 된다는 것이 알려지고 있으며 유시의 단위생식 암컷은 무시의 그것에 비하면 자손 중의 유시충율이 낮은 경향이 있음도 알려지고 있다.

멸구 매미충류의 경우는 주로 개체군 밀도가 높을 때 장시형율이 높아지는 것이 알려지고 있다. 벼멸구의 경우 먹이조건의 악화나 개체군의 고밀도는 장시형 출현율을 증가시킨다. 그러나 그 관계는 암수에 따라 다소 차이가 있어 수컷은 낮은 밀도에서도 장시형이 생기며 중간 밀도에서 장시형율이 가장 낮은데 이것은 낮은 밀도에서의 교미성공율 증대와 관계가 있는 듯하다. 그리고 이 멸구의 경우 장시형이 되려면 4령 유충기까지 고밀도에서 사육해야 하며 이 시기에 낮은 밀도로 옮기면 날개의 원기는 생기나 단시형이 된다(Yamada 1991).

Kishimoto(1996)는 일본에서 약 50종의 멸구류를 대상으로 날개형을 조사하였다. 날개의 길이와 체장간의 관계를 보면 *Chloriona tateyaman* 멸구와 *Delphacodes nigriella* 멸구 단시형에서 그 비율이 가장 작아 0.5정도였으나 전체적으로는 0.5~0.8로 날개의 길이와 체장간에는 상관관계가 없었다고 하였다. 장시형 풀멸구(*Saccharosydne procerus*)의 경우 그 비율이 높으나 이 종 외에서는 1.2~1.3이였으나 체장과의 상관관계는 없었다고 한다. 그는 벼멸구에서 장시형과 단시형 출현 비율은 계절이나 생육조건(밀도)에 따라 차이가 있으나 그 변화는 암수 간에 차이가 있음에 주목 멸구류의 날개형을 ① 암수 모두에서 장시형만이 출현하는 것(예 영남멸구, 풀멸구), ② 암컷에서는 두 가지 날개형이 출현하나 수컷에서는 장시형만이 주로 출현하며 단시형은 극히 적은 것(예 흰등멸구), ③ 암수 모두에서 단시형과 장시형이 출현하나 단시형율이 암수에서 같이 변하는 것(예 벼멸구붙이), 단시형율이 변동하나 암컷에서 항상 높은 것(예 제주멸구) 그리고 야외에서는 암수 모두에서 단시형율이 대단히 높으나 암컷에서 낮은 비율의 장시형이 출현하는 것(예 *Zuleika nipponica*) 등이 있다고 하였다. 그는 이런 연구를 토대로 멸구상과에 속하는 많은 종들은 다년생 목본~초본류를 숙주로 하면서 장시형이 주가 되고 있으나 멸구과 곤충들은 벼나 방동사니류의 다년생 초본류를 숙주로 하면서 비교적 소수의 극상적 우점종을 숙주로 선택 거기서 서식환경을 충화하면서 비상기능을 그대로 유지하거나 정주를 위하여 단시화하면서 날개다형성을 갖게 되었을 것이라고 하였다.

일반적으로 암컷은 먹이나 산란장소를 찾아 이동하나 수컷은 이런 것 이외에 교미를 위하여 암컷을 찾게 된다. 암컷이 새로운 서식처나 산란장소를 찾는 이동은 종의 유지를 위하여 대단히 중요하며 주로 먹이조건과 같은 서식처의 조건에 대한 반응으로 이동이 일어나며 알맞은 환경에서는 단시형을 출현시키고 조건이 불리해지면 이동형인 장시형을 출현시킨다. 이것은 전기 야외에서 단시형 비율이 암수 모두에서 높으나 암컷에서 장시형율이 높다는 것에서 이와 같은 사정을 짐작할 수 있을 듯하다. 수컷은 날개형에 미치는 요인에 대한 반응에 변이가 크며 일장에 대한 단시형율 반응에도 극단적인 경우가 많다. 또 단시형율이 변동하나 암컷에서 그것이 항상 높은 몇 가지 멸구류에서 알맞은 밀도조건에서도 다른 군들과는 달리 단시형이 출현하는 수가 있다. 이와 같은 암수간의 반응의 차이가 날개다형성의 복잡성과 연관이 있는 것으로도 생각된다.

소금쟁이류의 날개다형성에 관하여는 특히 서식처의 안정성과의 관련에 관하여 많은 연구가 있으며 유럽의 소금쟁이류는 성충으로 월동하며 월동을 위하여 육지로 이동하는 수가 많다. 월동 후의 성충은 봄이 되면 물가로 날아들며 다음 세대의 성충은 초여름에 나타난다. 유럽 북부에서는 새 성충이 일찍 출현하여 제2세대를 낳으나 늦게 출현한 것은 일찍 휴면에 들어가 휴면상태로 월동한다. 유럽 북부에서 북방소금쟁이(*Gerris odontogaster*)의 초여름 개체군은 단시형이 주축을 이루나 월동세대는 거의가 장시형이다. Vepsäläinen(1971)에 따르면 Finland 남부의 개체군의 경우 초여름에 출현하는 모든 개체들은 단시형으로 생식을 하는데 7월 중순 이후에는 장시형이 출현하여 휴면한다고 한다. 4령기까지의 광주기(일장과 그의 변화방향)가 날개형 결정에 중요한 것으로 알려지고 있다.

Fujisaki(1989)는 *Cavelerius saccharivorus* 반날개노린재의 경우 약충기의 고밀도는 장시화의 중요요인이나 그밖에도 장일과 고온도 큰 영향을 미치는데 그 영향은 5령 유충 초기까지는 온도와 광주기가 중요하며 높은 밀도의 영향은 4~5령기가 1~3령기보다 중요하다고 하였다. 그리고 이런 조건이 충족될 가능성이 큰 여름에 장시형율이 높아지는데 이것은 장일과 고온인 여름철이 이 곤충의 증식에 알맞을 뿐 아니라 그가 기생하는 사탕수수도 생육이 왕성하고 재배면적도 커지는 시기여서 해충에게는 유리하다고 하였다.

귀뚜라미류의 날개형에 영향을 미치는 환경요인으로는 온도, 광주기, 먹이조건, 밀도 등이 알려지고 있다. *Gryllus rubens* 귀뚜라미는 2화성인데 여름세대의 장시형율이 봄세대의 것보다 높다. Alexander(1968)는 귀뚜라미류에서는 생활사와 장시형율간에는 밀접한 관계가 있어 1화성 귀뚜라미(1년 1세대)에서 알로 월동하는 종이 유충으로 월동하는 종에 비하여 장시형율이 높다고 하였다. *Gryllus campestris* 귀뚜라미를 실내에서 사육하면 단시형으로 휴면하는 것은 최종유충(8령) 기간이 30~50일인데 일부 장시형들은 최종유충기간이 약 10일로 짧았다고 한다(Sellier 1954). 그는 어린 유충의 뇌조직을 8령 충에 이식하는 실험을 통하여 이 곤충에서의 최종령충 기간과 날개의 길이간의 관계를 밝혔다.

이상 몇 가지 곤충류에서의 환경조건과 날개다형성간의 관계를 설명하였다. 환경조건이 날개형 결정에 중요한 것은 사실이나 그 영향은 종에 따라 차이가 있다. 이런 환경요인들은 각각 당장의 환경조건에 대한 유리함과 불리함에 대하여서나 나아가서는 앞으로 다가오는 환경조건에 대한 정보를 제공하는 것으로 생각된다. 이와 같은 정보는 분산여부결정에 중요하겠다. 어떤 곤충은 같은 자원을 찾아 새 숙주로 분산하는 수도 있고 어떤 곤충은 월동처를 찾는 것과 같이 알맞은 서식처를 찾아 분산하는 수도 있다. 따라서 곤충들은 생활사 중 이동에 필요한 시기에 그 시기를 예측할 수 있는 징후를 이용하여 이동형을 출현시키고 있다고 하겠다.

3. 날개형의 내분비 제어

날개형 결정에 있어서의 내분비기관의 역할에 관하여는 많은 연구가 있어왔으며 그 중요한 내용은 알라타체(Corpus allatum)(뇌후부의 내분비선)가 분비하는 유약호르몬(JH)과 20-hydroxy ecdysone, (20-OH)(전흉선이 분비하는 L-ecdysone이 분비 후 지방체나 Oenocyte 등에서 산화된 것)과 관련된 것이다. 이 두 호르몬은 탈피, 생장 그리고 형태분화와 관련된 것으로 전자는 유충의 형질유지, 전흉선의 유지 그리고 난소의 성축과 관련이 있으며 후자는 탈피를 촉진시키며 후자는 JH의 농도에 따라 변태를 유도하는 것이다. JH 농도가 한계농도 이상이 되면 변태가 억제되어 탈피하여도 유충태가 지속된다. 최종령 유충기에는 JH 혈중농도가 극히 낮아지고 20-OH ecdysone이 탈피와 변태를 유도한다.

일반적으로 어떤 특정 발육단계의 높은 JH 농도는 정상적인 날개나 비상근, 기타의 날개발달과 관련된 기관의 발달을 완전히 또는 부분적으로 방해하여 단시형 또는 무시형으로 발달하게 하는 것으로 알려지고 있다. 그러나 이와 같은 것이 확실히 밝혀진 것은 몇 가지 곤충류에서 뿐이다.

Gryllus rubens 귀뚜라미의 날개형 결정과 호르몬과의 관계는 여러 사람에 의하여 연구되었다. 이 귀뚜라미의 장시형이 될 것의 최종령 유충을 JH-Ⅲ로 처리하면 단시형으로 되는 것으로 보아 JH-Ⅲ이 날개형 결정과 관계있음을 알 수 있다(Zera와 Tiebel 1988). 그리고 JH 가수분해효소(JH esterase)의 력가는 장시형이 될 이 귀뚜라미의 최종령충 기간동안 대단히 크다. 이런 결과를 통하여 단시형이 될 이 귀뚜라미의 초기부터 중기까지의 령기에는 JH 분해기능이 약하고 이와 같은 약화된 JH 분해능력 때문에 혈중의 JH 력가의 저하가 늦어지고 높은 JH 력가의 지속으로 날개나 비상근의 발달이 억제되어 단시형이 출현하게 된다고 그들은 생각하였다. 그러나 장시형과 단시형에서의 JH 력가의 차이는 아주 적어 JH만이 결정인자라고 단정하는 데에는 문제가 있다고 한다. 따라서 다른 요인의 관여를 완전히 배제하기는 어려운 듯하다.

일장조건에 의하여 날개형이 결정되는 *Aphis fabae* 진딧물(Hardie 1980)과 고밀도로 장시형이 생기는 벼멸구(*Nilaparvata lugens*)(Iwanaga와 Tojo 1986)의 경우 JH를 국소처리하면 장시형이 될 것이 단시형으로 되며 이 처리에 가장 예민한 반응을 나타내는 발육단계는 광주기나 밀도에 대하여 가장 예민하게 반응하는 발육단계와 일치한다고 한다. 그러나 많은 종류의 진딧물은 JH의 국소처리로는 무시형으로 되지 않는다.

한편 Precocene류는 알라타체의 JH 합성을 완전히 또는 부분적으로 억제하는 물질로 알려져 있는데 벼멸구에 Precocene Ⅱ를 처리하면 장시형이 생기는데 JH를 처리하면 그 효과는 감소한다. 전흉선이 분비하는 Ecdysone은 변태와 관련이 있는 호르몬인데 *G. rubens* 귀뚜라미의 단시형이 될 것과 장시형이 될 것의 최종령충에서의 Ecdysone을 비교하면 전자에서 최고치가 작고 그 기간도 짧다(Zera 등 1989).

위에서 보는 바와 같이 곤충류의 날개형 결정에 JH의 혈중농도가 중요한 것은 확실하며 여기에는 그의 분해효소인 JH esterase가 관련되어 있어 양자간의 관계가 중요한 듯하다. 그러나 실제로 알려진 것은 몇몇 곤충에 대한 것이어서 그것이 곤충류 전반에 공통된 것이라고 할 수 있을지는 의문이 많아 앞으로 곤충류의 주요 JH류에 대한 확실한 동정과 그들의 기능기작에 대한 연구에 기대할 수밖에 없다.

4. 날개다형성의 유전

날개다형성은 전적으로 유전적인 경우(예; 들바구미 *Sitona hispidula*)와 환경조건에 의하여 결정되는 경우(예; 일부 진딧물류)가 있으나 대부분의 경우는 유전적요인과 환경요인의 상호작용에 의하여 결정된다.

날개다형성의 유전기구에는 크게 두 가지가 있다(Roff 1986). 하나는 1 유전자좌 2 대립유전자에 의한 멘델유전을 하는 경우로 들바구미(*Sitona hispidula*)(Jackson 1928)나 *Calathus* 먼지벌레류(Aukema 1990)에서 알려져 있으며 단시형이 우성으로 알려지고 있다. 다른 하나는 Polygenic system(여러 개의 Polygene(소유전자)으로 되어 있으며 각각의 작용은 약하나 여러 개가 동의적으로 작용하여 양적형질의 발현에 관계한다)의 영향을 받는 경우이다. 이것은 단시의 기원이 하나의 유전자의 돌연변이에 의하여 생긴 것이라도 그 후의 자연선택이 Polygene의 지배에 유리한 방향으로 작용하였음을 뜻하는 것으로 보다 폭넓은 변이양식을 갖게 할 수 있는 것이다. Roff (1986)는 날개다형성의 유전과 관련된 연구결과를 정리하고 22종 중 8종이 멘델유전을 하나 Polygenic sytesm에 있어서의 유전자좌의 수는 분명치 않다고 하였다. Polygene이란 원래 몸의 크기와 같은 연속적 형질에 관련된 유전양식이다. 그런데 날개다형성에는 중간형은 없고 날개가 있거나 없는 것 그리고 장시형과 단시형 같은 단절된 형질만 있다. Roff (1986)는 유전자형의 JH 호르몬에 대한 역치반응의 이론을 도입하여 이 문제를 설명하였다. 그림 3-1은 날개형 결정에 있어서의 유전자형과 JH 호르몬 역지간

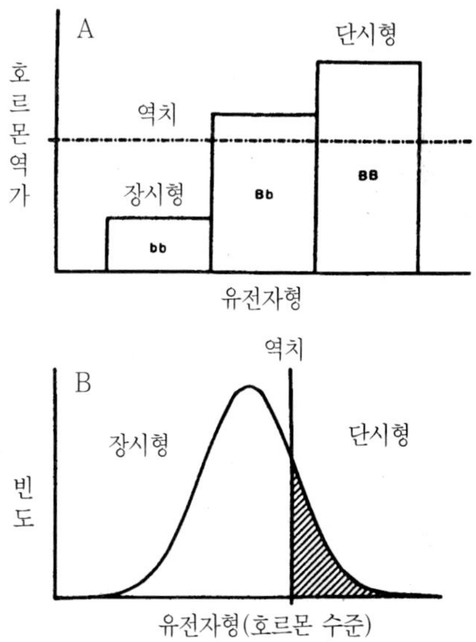

그림 3-1. 날개형 결정에 있어서의 유전자형과 JH 호르몬 역가와의 관계 (Roff 1986)

A: 1 유전자좌 2 대립유전자 유전형 (단시형 유전자 우성)

B: Polygenic system에서의 날개형 결정

의 관계이다.

그림 3-1의 A의 경우는 1 유전자좌 2 대립유전자의 경우인데 열성 장시 대립유전자를 b, 우성 단시 대립유전자를 B라고 하면 이형접합체(Bb)와 우성동형접합체(BB)에서의 JH 생산량은 모두가 역치(Threshold, 閾値)를 넘어 단시형이 되고 열성동형접합체(bb)만이 JH 생산량이 역치이하가 되어 장시형이 된다. 그림의 B는 Polygene의 경우인데 다수의 유전자좌의 상가적 작용으로 JH 혈중농도 개체의 유전자형 분포는 그림에서와 같이 정규분포를 하게 되겠으며 어떤 역치를 넘는 JH 농도를 가진 개체들만이 단시형이 되고 역치이하의 농도를 가진 개체들은 모두가 장시형이 되겠다. 따라서 개체군내의 개체의 JH 호르몬 수준은 유전자형에 따라 연속적이나 역치에 대한 유전자형의 반응에 따라 날개형은 불연속화 하겠다.

Polygenic system이 곤충류 날개형 유전에 있어서 일반적인 것이기는 하나 앞서 설명한 바와 같이 몇 개의 유전자좌가 관여하고 있는지는 명백하지 않다. 애멸구(*Laodelphax striatellus*)의 날개는 Polygene의 지배를 받으며 그의 관여 유전자좌의 수는 2.07 정도로 알려지고 있다(Mori와 Nakasuji 1990). 벼멸구(*Nilapavata lugens*)의 경우 날개의 길이는 상염색체에 1쌍과 성염색체에 1쌍의 다립유전자좌계 2개의 유전자좌의 지배를 받는 것으로 알려지고 있다(Morooka 1992). 이런 연구결과를 보면 날개다형성이 Polygene의 지배를 받으나 작용이 약한 여러 가지 유전자가 관여하고 있지 않고 두 개 정도의 유전자좌에 존재하는 주요 대립유전자가 지배적으로 관여하고 있는 것으로 생각된다.

날개다형성이 유전적인 것은 확실하나 환경요인의 영향을 받는다. 이것은 같은 유전자형이라도 환경에 대응한 표현형은 극히 가소적임을 뜻한다. Nakasugji (1994)에 따르면 사탕수수의 해충인 *Cavelerius saccharivorus* 긴노린재는 저밀도에서는 단시형이 생기며 높은 밀도에서는 장시형이 생기는 것이 보통인데 온도나 일장에 따라 계절적으로 날개형이 변하기도 한다고 한다. 이와 같은 표현형의 가소성은 환경요인의 차이에 대한 JH의 혈중농도 차이가 원인이 되고 있다. *G. rubens* 귀뚜라미의 경우는 *C. saccharivorus* 긴노린재와는 달리 높은 밀도에서 단시화 하는데 장시계통이라 할지라도 높은 밀도에서 사육하여 단시화한 개체의 최종령기의 JH esterase의 활성은 저밀도에서 장시화한 개체의 그것에 비하면 명백히 낮다고 한다(Zera와 Tiebel 1989). 이런 사실은 같은 유전자형이라도 사육환경에 따라 날개형 결정시의 JH 농도에 차이가 있어 그에 따라 날개형이 변함을 뜻한다.

이와 같이 날개다형성은 환경조건의 변화에 대응하여 날개형을 변화시키는 극히 탄력적인 융통성 있는 형질임을 뜻한다. 그러나 여기에는 유전적 요인이 있어 그의 반응기준(Reaction norm, 反應基準)은 유전자형에 따라 차이가 있다. *C. saccharivoras* 긴노린재의 경우 높은 개체군 밀도에서 모두가 장시형이 되는 것이 아니고 일부는 단시형이 되는 개체가 있으며 같은 높은 밀도 개체군에서 우화한 장시형과 단시형 각각을 양친으로 한 자손은 밀도에 대한 반응에 차이가 있다고 한다(Nakasuji 1986). 즉 높은 밀도하에서 장시형 양친의 자손은 보다 장시형이 많은 반면 단시형 양친의 자손은 단시화하는 경향이 있었다. 이것은 높은 밀도 개체군에서도 정주와 이동 두 가지 혼합전략을 갖고 있음을 뜻하는 것이다. 장시형이 밀도의존적인 이주를 하면 떠난 곳의 숙주인 사탕수수는 급격히 생육을 회복할 수 있어 남아 있는 단시형에게는 유리해지겠다. 이와 같이 이런 혼합전략은 적응적인 의미도 갖고 있다.

제 3 장 날개다형성의 적응적 의의

일반적으로 단시형은 장시형에 비하여 초산 연령이 빠르고 산란수가 많다. 이것은 적응도의 척도의 하나인 내적자연증가율(r)을 크게 하는 고로 적응면에서 중요한 의의가 있다고 하겠다. 단시형 곤충류에서의 번식력 증대는 날개나 비상근 발달에 이용할 에너지를 난자발육에 이용하기 때문인 것으로 알려지고 있다. 비상근은 곤충 체중의 10~20%에 달하며(Roff 1990) 진딧물류에서는 비상기관이 발달하게 하면 생식소의 크기가 20%나 감소한다고 한다(Dixon 1993). 귀뚜라미류에서는 비상에 이용되는 Triglyceride의 양이 장시형에서 단시형보다 명백히 많다(Zera 등 1994). *Gryllus rubens* 귀뚜라미의 경우 단시형의 비상근은 보잘 것 없으나 난소중은 장시형에 비하여 훨씬 크다(Mole과 Zera 1993). 이것은 비상기관의 유지나 이동에도 에너지가 필요함을 뜻한다. 물론 이동 중에 죽거나 부적당한 곳에 도착할 위험성도 있겠다. 이와 같이 비상 이동에는 에너지 소비나 생존율 감소 등과 같은 부담이 있는 것이다. 만약 서식환경이 안정되어 있어 이동의 필요성이 적으면 이런 부담은 필요 없을 것이다. 여기에 단시형의 적응적 의의가 있는 것이다. 그러나 환경이란 공간적으로 이질적이어서 유리한 환경조건은 분포가 고르지 못하고 그 크기(Patch, 소괴)에 차이가 있고 그들 간의 거리 또한 차이가 있으며 시간적으로도 영속성에 차이가 있게 마련이어서 이동으로 보다 유리한 환경조건을 차지하는 경우가 유리한 수가 많겠다. 예를 들면 온대지방에는 겨울에는 유리한 월동처를 찾아야 하고 작물포장 같은 것에서는 작물의 재배상황에 따라 환경이 크게 변한다. 따라서 곤충류는 이런 환경변동에 대응하여 미리 그 변동을 시사하는 환경적 신호를 이용 장시형이 되어 이동할 필요가 있겠다. 또 먹이조건은 밀도에 따라 불리하여지는 것이 보통이다. 따라서 밀도 증가에 따라 사망률이 증가하고 생식력이 감소하게 되면 이동형을 출현시켜 이동하는 것이 유리할 것이다 멸구류나 매미충류 같은 것에서 밀도가 증가하면 장시형 출현율이 높아지는 것은 잘 알려져 있는 사실이다. 벼멸구의 경우 비래한 장시형이 정착하면 처음 몇 세대는 밀도가 낮아 단시형 출현이 많고 그에 따라 밀도가 높아지면 장시형이 출현하여 분산한다. 진딧물류는 세대기간이 짧아 무시형에 의한 폭발적인 증가가 있은 후 유시형이 출현하여 새 기주로 이동한다. 이들에서 공통된 점은 단시형 또는 무시형은 증식력이 크며 장시형 또는 유시형은 이동에 유리하다는 점인데 이들은 각 형이 갖는 장점을 묶은 생활사 전략을 갖고 있는 셈이다. 따라서 이들의 경우에는 날개형을 상호보완적으로 활용하고 있는 것이다. 그리고 표현형이 갖는 가소성 내지는 융통성 또한 적응면에서 중요하다.

한편 미국의 조간대에 분포하는 벼과식물을 숙주로 하는 *Prokelisia marginata* 멸구의 장시형은 단시형에 비하여 고단백 숙주에 기생하는 경향이 있어 이동이 선택적임을 나타내고 있으며 (Denno 등 1980) 사탕수수의 해충인 *Cavelerius saccharivorus* 긴노린재의 경우에도 장시형은 주로 번식에 유리한 새 사탕수수포장으로 이동하는 것이 알려져 있는데 이것은 불리해진 서식처를 피하기보다는 장시형이 보다 유리한 번식장소를 찾는 적극적인 역할을 한다고 하겠다.

장시형은 단시형에 비하여 번식력이 떨어지는 것이 보통이나 벼멸구에서는 장시형과 단시형의 내적자연증가율(r)은 거의 차이가 없으며 전기 *C. saccharivorus* 긴노린재의 경우 총산란수는 낮은 밀도에서 우화한 단시형이 가장 많았으나 높은 밀도에서 우화한 것에서는 장시형의 산란수가 단시형보다 약간 많은 경향이 있었다고 한다(Fujisaki 1986). 그런데 이 때 높은 밀도에서 우화한 경우 장시형이 단시형보다 몸이 크고 수명이 길어 이런 현상이 산란수와 관계가 있었던 것으로 생각된다. 그러나 장시형은 산란전 기간이 명백히(통계적으로) 길어 내적자연증가율은 작아진다(Nakasuji 1988). *Calathus melanocephalus* 먼지벌레에서도 장시형이 단시형보다 총산란수가 많으며 *Aphis fabae* 진딧물에서는 유시충에서 배자의 발육이 빨라 적당한 기주식물에 정착한 것은 폭발적인 증식을 하는 것이 알려져 있다.

이와 같이 장시형이나 유시형과 같은 이동형이 번식능력에 있어서 꼭 떨어지지 않는 경우가 있을 뿐 아니라 이동이 갖는 또 다른 측면의 적응현상도 생각할 수 있겠다. 즉 *P. marginata* 멸구나 *C. saccharivorus* 긴노린재의 경우는 보다 좋은 숙주로의 이동이기 때문에 비록 당대의 증식력은 적으나 좋은 숙주에서 자란 다음대의 성충은 몸이 커서 일시적으로 감소한 내적자연증가율을 다음세대에서 어느 정도 보충할 수 있을 수도 있겠으며 이동한 곳은 천적류가 적은 것이 보통인 고로 생존율이 높아질 수도 있겠다.

한편 적응도를 비교할 때에는 산란수 뿐이 아니고 알의 크기 또는 괴상으로 산란할 때는 난괴의 크기도 같이 고려해야 한다. 전기 *C. saccharivorus*나 *Jadeora acola* 노린재의 경우 장시형의 알이 단시형의 그것보다 크며 *Horvathiolus gibbicollis* 긴노린재나 애멸구의 경우는 반대인 것이 알려지고 있다. 따라서 내적자연증가율에 미치는 영향의 평가에는 이와 같은 문제와 더불어 차세대까지도 포함한 장기적 영향도 고려되어야 하겠다.

날개다형성은 생활사 형질의 또 하나의 중요한 형질인 휴면현상도 깊은 관계가 있는데 휴면여부는 일종의 생리적 다형성으로 생각할 수 있다. 전기 *C. saccharivorus* 긴노린재는 늦가을에 휴면난을 낳는데 장시형의 알이 단시형의 알보다 휴면심도가 깊다고 한다.

장시형과 단시형 또는 유시형과 무시형은 이주와 정주라는 서로 다른 번식전략을 가진 곤충이 갖는 종내의 변이로 비상에 의한 이동성은 서식환경의 변화와 이질성에 대응한 적응현상이다. 그러나 이것은 동시에 에너지면에서의 부담을 안고 있는 것으로 초산 연령이나 산란수와 같은 다른 형질에는 제약이 된다. 이와 같은 상반된 문제를 해결하기 위한 진화과정이 날개의 다형화 현상이라고 하겠다. 이런 전략을 통하여 서식처가 안정된 기간에는 단시형으로 높은 증식력을 발휘하고 환경조건의 변화하는 시기에는 장시형으로 새로운 서식처로 이동 정착하고 있는 것이다.

한편 지금까지 날개다형성의 적응적 의의에 관하여는 주로 암컷을 대상으로 설명하였는데 유시와 무시종을 포함하고 있는 분류군(목)에서 암컷이 무시인 경우가 다듬이벌레류, 풀잠자리류, 나비류, 벌류, 파리류 등에서 알려져 있고 수컷이 무시인 경우는 강도래류와 총채벌레류 두 부류군 뿐으로 적다. 지금까지 수컷의 날개다형성은 암컷에서 발달한 날개다형성의 유전적 상관으로 생각한 경우가 많다(Roff와 Fairbairn 1993).

식균성인 *Hoplothrips pedicularius* 총채벌레의 단시형 수컷은 장시형 수컷에 비하여 앞다리의 종아리마디가 훨씬 잘 발달하는데 이것은 수컷들 간의 교미경쟁에 유리한 특성이라고 한다(Crespi 1986). 이와 같은 예는 *H. karnyi* 총채벌레(Crespi 1988)나 귀뚜라미류(Roff와 Fairbairn 1991)에서도 알려지고 있다. 그리고 *C. saccharivorus* 긴노린재의 경우에는 단시형 수컷이 장시형 수컷에 비하여 성적성숙이 빠르고 교미전 기간이 짧아 단시형 암컷 뿐 아니라 이동전의 장시형 암컷과도 교미할 수 있어 유전자 확산에 도움이 된다고 한다(Fujisaki 1986). 또 *Gryllus firms* 귀뚜라미의 경우에는 단시형 수컷이 장시형 수컷보다 교미를 위한 암컷 유인 Calling이 빠르고 그 시간도 길어 보다 효율적으로 암컷을 유인한다고 한다(Roff 1994). 그리고 벼멸구의 수컷은 낮은 밀도나 높은 밀도에서 장시형 출현율이 높고 중간 밀도에서는 장시형 출현율이 낮은데 이것 역시 교미효율과 관계를 생각하면 이해할 수 있을 듯하다.

Roff(1990)는 수컷에서 보다 암컷에서 무시형이 더 많은 이유로 알의 생산이 정충의 생산보다 부담이 더 크며 수컷은 교미상대를 찾아야 하기 때문에 장시형이 많다고 하고 암컷의 이동성과 수컷의 무시화는 관계가 있다고 하였다(그림 3-4 참조).

위의 사실들은 수컷에서도 단시화는 적응적 의의를 갖고 있음을 뜻하는 것이다. 따라서 곤충의 날개다형성의 진화는 암컷과 수컷 모두에서 각각에서의 적응도면에서 장점과 상호간의 유전적 상관이 서로 관여한 복잡한 현상으로 생각된다.

1. 서식처의 항상성과 분산

일반적으로 환경조건의 항상성이 큰 서식처에서는 단시형이 갖는 생식적 장점 때문에 비비상성에 유리한 방향으로 선택작용이 일어날 것이며 변화가 심한 일시적 서식처에서는 변화하는 자원을 이용하는데 유리한 비상성에 유리한 방향의 진화가 일어날 것으로 생각된다. 여기서 항상성이란 공간적 면에서는 자원 조각(Patch)이 커서 한 서식처에서의 이용 자원량이 많은 경우이고 시간적으로는 자원의 존재기간이 길어 장시간 이용할 수 있는 두 가지 경우를 생각할 수 있겠다. 그리고 이것은 곤충의 종류에 따라 세대기간에 차이가 있는 고로 세대기간에 따르는 상대적 항상성이 기준이 되어야 할 것이다.

Denno 등(1991)은 서식처의 항상성(Persistence, 恒常性)(서식처에서 경과할 수 있는 최대 세대수)과 장시형율 관계를 35종 멸구류를 대상으로 조사하였다(그림 3-2).

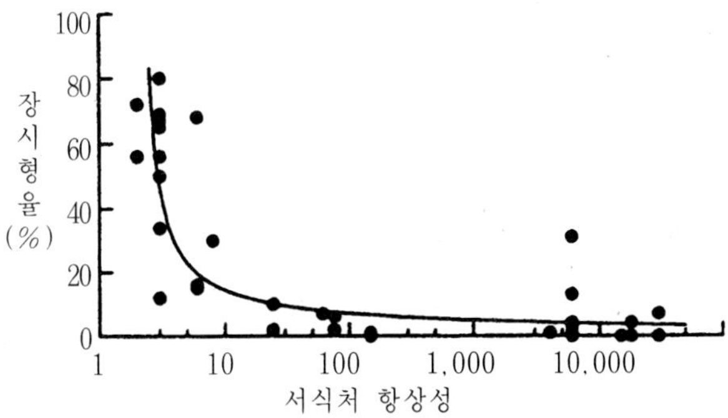

그림 3-2. 야외 35종(41개체군) 멸구류의 장시형율(%)과 서식처 항상성과의 관계 (Denno 등 1991)

그림에서 서식처의 항상성이란 서식처 연령(지속기간)과 서식처에서 발생할 수 있는 연간 세대수를 곱한 값이다. 일시적 서식처란

벼나 사탕수수와 같은 재배작물의 포장을 말하며 서식처의 지속기간은 1년 이하이다. 항상성이 가장 큰 서식처는 소택지, 담수성 습지 그리고 기수성 습지 등으로 그 기간 지수는 2000~12000이다. 그리고 여기 포함된 종들은 숙주의 초장(높이)이 날개형과 관계가 있는 점을 감안하여 초장이 1m 이하의 식물에 기생하는 것들이다.

그림에서 보는 바와 같이 장시형율과 서식처의 항상성 간에는 명백한 (−)의 상관관계가 있어 항상성이 큰 서식처에 서식하는 멸구류에서 장시형율이 낮음을 알 수 있다. 이와 같은 관계는 암수 모두에서 동일하였으며 스피어만 순위 상관계수(Spearman's correlation)(두 변수간 관계의 방향과 깊이를 평가하는데 이용됨)는 약 −0.8로 통계적으로 유의하였다고 한다.

가장 장시형율이 높은 것(암수에서 50% 이상)은 작물(예; 벼멸구)이나 숙주가 1년 이내 존속하는 곳에서 서식하는 종(예; *Prokelisia marginata* 멸구)이 였으며 장시형율이 가장 낮은 것(≦1%)은 소택지(예; *Javesella simillima*), 담수성 습지(*Megamelus paleatus*) 그리고 바닷물이 드나드는 기수성 습지(예; *Tumidagena minuta*) 등 서식처의 항상성 지수가 2,000~12,000이나 되는 곳의 멸구들이었다. 그런데 장시형율은 서식처 항상지수가 10 전후에서 갑자기 낮아지며 지수가 그 이상에서는 큰 변화가 없다.

Roff(1991)는 밀도에 대한 날개형 반응의 종간관계를 알아보기 위하여 일시적인 서식처에서 서식하는 *Prokelisia marginata* 멸구와 항상성이 큰 서식처에서 서식하는 *P. dolus* 멸구를 실내에서 밀도를 달리하여 사육하면서 장시형 출현율을 조사하였다(그림 3-3).

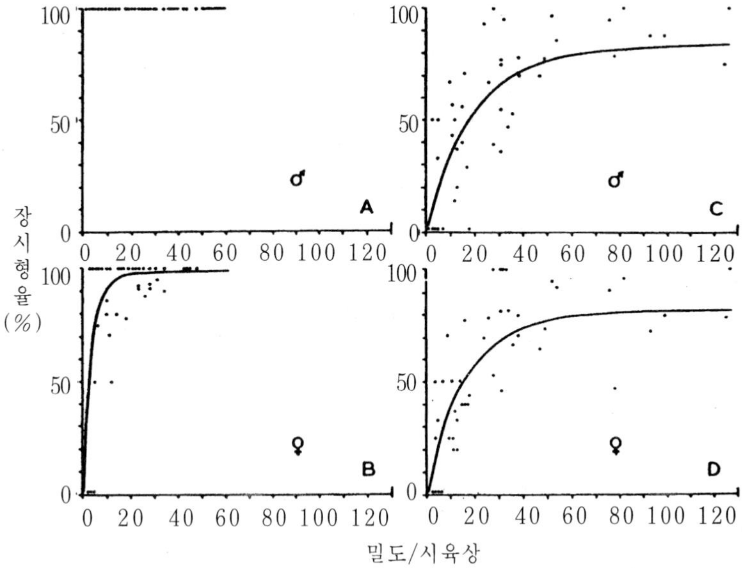

그림 3-3. 일시적 서식처종 *Prokelisia marginata* (A와B)와 항상성 서식처종 P. dolus (C 와D)의 사육밀도에 따르는 장시형 출현율 (Roff 1991)

그림에서 보는 바와 같이 서식처를 달리하는 두 종 멸구의 사육밀도에 대한 장시형 출현반응은 명백히 다르다. 즉 일시적 서식처종인 *P. marginata*의 경우는 극히 낮은 사육밀도에서도 거의가 장시형이 되나 항상성 서식처종인 *P. dolus*는 50마리 이상의 높은 밀도에서 장시형율이 약 70%에 달하고 있다. 그리고 *P. dolus* 멸구에서는 암수 간에 사육밀도에 대한 장시형 출현반응에 큰 차이가 없으나 *P. marginata*에서는 암수간의 반응에 차이가 있어 수컷에서 단시형이 없는 것은 아니나 출현율이 극히 낮은데 반하여 암컷에서는 사육밀도가 20마리 이하에서도 단시형이 상당수 나타난다. 이런 사실은 같은 분류군(속)내에서도 그 종이 서식해 온 서식처의 특성에 따라 밀도에 대한 날개형 출현반응에 차이가 있음을 뜻하는 것이다. 그림 3-4는 분류속이 다른 5종 멸구의 사육밀도와 장시형 출현율과의 관계이다.

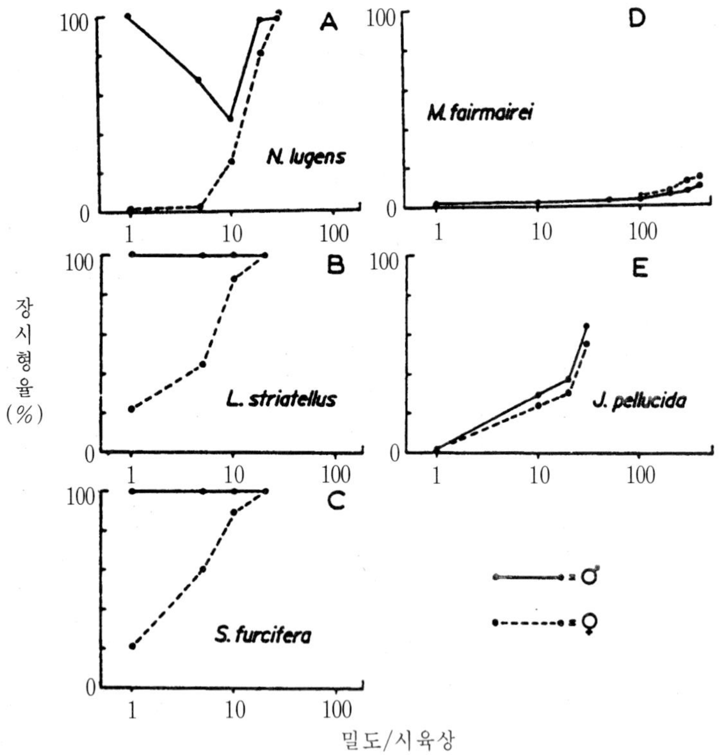

그림 3-4. 멸구 5종의 사육밀도와 장시형 출현율과의 관계
A, B, C; Kishimoto (1956), D; Drosopoulos (1977), E; Mochida (1973

그림에서 벼멸구(*Nilapavata lugens*), 애멸구(*Laodelphax striatellus*) 그리고 흰등멸구(*Sogatella furcifera*) 등은 벼의 해충으로 대표적인 일시적 서식처종으로 그들의 날개형 반응은 암수에 따라 차이가 명백하여 수컷은 사육밀도와 관계없이 장시형율이 높은데 암컷의 장시형율은 밀도 의존적이다. 다만 수컷 벼멸구에

서는 중간정도의 밀도에서 단시형율이 높다. 그리고 암컷에서 장시형이 출현하기 위한 최저밀도는 아주 낮아 사육 상당 20~30마리이다. 그런데 *Muellerianella fairmairei* 멸구는 항상성이 큰 서식처에 서식하는 종인데 이종의 날개형 반응은 암수에서 비슷하나 장시형 출현 유기 최저밀도가 높아 사육 상당 400마리 일 때도 장시형 출현율은 20%이하이다.

Javesella pellucida 멸구의 경우는 장시형 출현율이 밀도 의존적이고 암수가 같은 반응을 보며 항상성 서식처종인 *P. dollus* 나 *M. fairmairei*의 경우와 같아 그의 서식처 특성으로 볼 때 암수 간에 차이가 없다는 점에서 특이하다. 그런데 이 곤충의 여러 가지 계통에 대한 Ammar(1973)의 실험결과를 보면 이 멸구의 밀도와 장시형 출현관계는 일시적 서식처종과 비슷하여 한 계통의 수컷 대부분(87%)은 사육밀도와는 관계없이 장시형이었고 암컷의 장시형율은 밀도의존적이었다고 한다.

한편 Roff(1991)는 일시적 서식처에 서식하는 *Prokelisia marginata*의 New Jersey주 개체군과 정주성인 Florida주 개체군의 밀도에 대한 날개형 반응을 조사하여 그림 3-5와 같은 결과를 보고하였다.

일시적 서식처의 서식 개체군은 이동성인데 수컷은 사육밀도와 관계없이 장시형이 출현하는데 암컷에서는 밀도 의존적이다. 그런데 정주성인 Florida주 개체군에서는 암수 모두에서 장시형 출현율은 밀도 의존적이다. 그리고 이 두 개체군은 장시형 출현 최저밀도에도 차이가 있어 New Jersey주 개체군은 사육 상당 10마리에서도 100% 장시형화하고 있는데 반하여 정주성인 Florida주 개체군은 같은 사육밀도에서 장시형율이 40%정도 밖에 안 된다. 그리

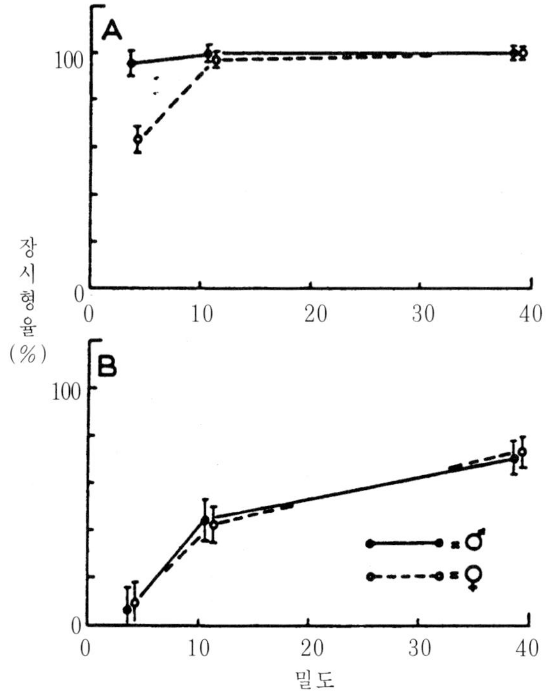

그림 3-5. *Prokelisia marginata* 멸구 두 지역 개체군의 밀도에 대한 날개형 반응 차이

A; 일시적 서식처 서식 개체군으로 이동성, B; 항상성 서식처 서식개체군으로 정착성

고 암수 모두에 있어서의 장시형 비율과 서식처의 항상성 간에는 명백한 (-)의 상관이 있었고 대부분의 일시적 서식처 서식종의 장시형율은 수컷에서 암컷보다 평균 2.5배나 높은데 반하여 대부분의 항상성 서식처종에서는 암수에서 그 율이 비슷하였다. 따라서 야외개체군의 경우 장시형율은 일시적 서식처종에서는 수컷에서 높고 항상성 서식처종에서는 그렇지 않다고 하겠다.

한편 위도나 고도가 비비상종율과 관계가 있는데 이것이 서식처의 항상성과 연관이 있다는 주장을 하는 학자들이 있다. 이것은 비비상성의 진화는 환경조건의 이질성과 관계가 있는데 환경조건의 항상성이 위도나 고도와 관련이 있다는 것을 전제로 한 주장이다. 기후조건은 위도와 고도에 따라 변화하는 고로 이것이 생태계의 천이(Succession, 遷移)(한 지역 생물군집이 시간이 지나면서 점점 변하는 현상)의 진행속도에 영향을 미치는 고로 한 천이단계의 지속기간이 달라지겠다. 일반적으로 위도가 높은 지역에서는 서식처 진행기간이 길어질 것이며 이것은 곤충류 중 이동형의 빈도를 감소시킬 것이며 이런 현상은 고도에 따라서도 마찬가지이겠다.

북미에서 기경지를 대상으로 조사한 것을 보면 북부지방에서는 관목류 출현까지 10~20년이 소요되며 약 40년 후에도 조방형 삼림의 범위를 넘지 못한다. 남부지방에서는 15~30년 이내에 폐쇄수관삼림이 형성된다고 하며 좀 더 남쪽인 멕시코 열대지방에서는 2년 내에 목본류의 침입이 있고 5년이면 수고가 10m에 달한다고 하여 북부지방에서 남부지방보다 천이진행이 느림을 알 수 있다.

서식처의 항상성 또는 영속성은 고도가 높아짐에 따라서도 증가하는데 이것은 천이단계수의 감소와 진행속도가 느린 때문이다. 고원지대에서는 초원상태가 극상(Climax, 極相; 그 지역의 환경조건과 조화를 이루게 된 최종 천이단계)으로 유지되며 로키 산맥의 고산지대에서는 식생이 파괴된 후 50~100년이 지나도 초원상태가 지속되며 전나무나 가문비나무 같은 침엽수가 침입하는 데에는 수백 년이 걸린다고 한다.

이상의 결과로 보아 위도나 고도는 한 천이단계의 유지기간에 영향을 미쳐 비상형 진화에 간접적인 영향을 미칠 수 있음을 알 수 있다. 그러나 여기서 문제가 되는 것은 서식처의 항상성이 곤충의 연간 세대수에는 영향이 없어야 하겠다. 이상의 추론은 그들의 분포지역 내에서 표현형은 큰 변화가 없어야 하겠다.

2. 숙주식물의 수직구조와 분산

비상력은 불리한 환경을 피하여 유리한 환경으로의 이동에 중요할 뿐 아니라 서식처간 특히 입체적 환경에서의 서식처간 조정과 관련하여서도 중요하다. 예를 들면 교미상대를 찾고 포식자로부터의 도피나 기타원인으로 서식처를 떠났을 때 다시 제자리를 찾으려면 단시형이나 무시형보다는 장시형이 훨씬 유리할 것이다. 그러나 초본류와 같이 지면 가까이에 서로 인접하여 넓게 퍼져있는 경우에는 걸어서도 새 자원에 쉽게 접할 수 있겠다. 이런 이유 때문에 수상생활을 하는 곤충류는 영속적인 서식처에서 생활하나 비상력이 발달한 경우가 많다. 그러나 수상생활을 하는 곤충류 중 대벌레류나 나방류 그리고 깍지벌레류의 경우 암컷에서 비상력을 상실한 경우가 많다.

대벌레류는 식물의 잎을 먹이로 하며 알은 수상에서 지상에 뿌린다. 부화한 유충은 성충과 같은 것을 먹는다. 수상생활을 하는 나방류에서 수컷은 비상력이 있으나 비상력이 없는 암컷은 섭식을 않으며 유충은 실을 토하여 그 끝에 매달려 바람의 힘을 빌려 이동한다. 깍지벌레류는 흡즙 생활을 하는데 정착 전의 유충은 활동력이 크나 정착 후에는 정주한다. 그런데 이 곤충의 경우 계절적으로 유시의 암컷이 생겨 이것이 분산에 도움이 된다. 이들 곤충류의 경우 서식처는 영속성이 커서 먹이의 탐색이나 산란습성은 비상력을 필요로 하지 않으나 교미상대를 구하는 데에는 비상력이 중요한 요인이 될 수 있어 수컷에서는 비상력이 유지되고 있는 것으로 생각할 수 있겠다.

온대지방의 멸구류는 대부분이 화본과 식물을 숙주로 한다. 그런데 하와이의 멸구류는 여러 가지 식물군에 대하여 단식성이나 그 식물에는 초본성인 것에서부터 목본성인 것까지 여러 가지가 있다.

Denno(1994)는 12개 분류속의 150종의 멸구류의 날개형과 그들의 숙주의 종류와 생장형을 문헌을 통하여 조사하고 초장과 날개형과의 관계를 그림 3-6과 같이 정리하였다.

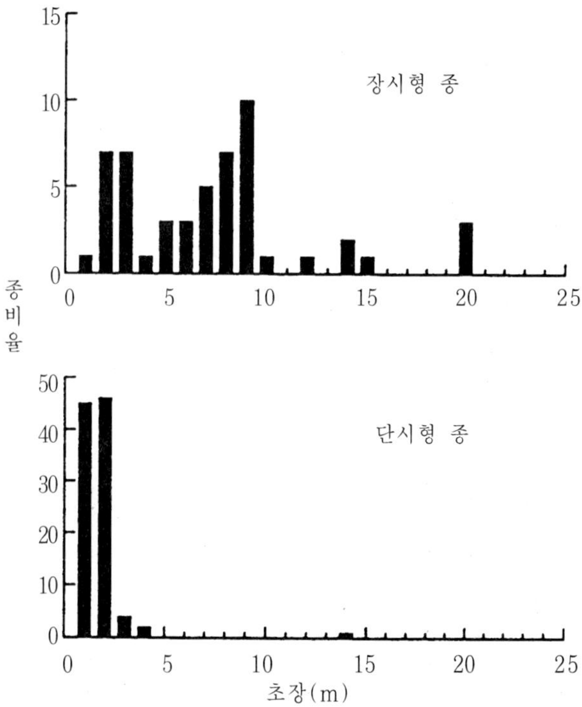

그림 3-6. 하와이산 멸구류 장시형 52종과 단시형종 98종에서의 초장별 서식종 비율(Denno 1994)

그림에서 초장은 성목의 크기를 기준으로 한 것이다. 비상력을 갖는다는 것은 키가 큰 식물의 이용에 유리하며 비상력이 없는 종은 키가 작은 식물의 이용에 유리하다고 하겠다. 그림에서 보는 같이 장시형 종과 단시형 종에서의 초장별 종수비율은 명백히 차이가 있다. 실제로 장시형 종은 대부분이 7m 이상의 나무에서 서식하였고 단시형 종은 초장 평균이 약 1m 이하의 관목류나 초본류를 주로 서식처로 하였다. 목본류를 숙주로 하는 장시형 멸구류에는 *Leialoha, Nesodryas* 그리고 *Nesosydne* 속들이 있었고 초장이 짧은 식생을 서식처로 하고 있는 단시형 멸구류에는 양치류를 먹는 *Nesorestias*류와 활엽 초본류를 숙주로 하는 *Dictyophorodelphax*류가 있었다. 같은 *Nesosydne* 속에서도 장시종인 *N. koaephyllodii*는 20m 정도의 큰 나무를 서식처로 하고 있는데 반하여 *N. argyroxiphii*는 주로 관목류나 초본류를 서식처로 하고 있어 식물의 생장형이 분류학적 혈연관계와는 관계없이 날개형 발달에 영향을 미쳤음을 짐작케 한다.

이와 같이 수직공간이 복잡한 목본류에서 단시형종이 적은 이유에 대하여 멸구류는 천적류의 공격을 받으면 튀는데 초장이 짧은 식생에서는 떨어질 때 지면이나 다른 숙주상에 떨어져 다시 숙주에 정착할 수 있으나 수목에서는 떨어졌을 때 단시형은 다시 숙주상에 정착하기가 어려울 것이다. 그리고 멸구류에 있어서 날개를 갖는다는 것은 생식에는 부담이 되는 고로 목본류를 서식처로 하는 멸구들은 초장이 짧은 곳을 서식처로 하는 멸구류의 특징인 초산년령이 짧고 생식력이 큰 생활사적 특징의 진화에 제약을 받을 수도 있겠다. 따라서 목본류를 서식처로 하는 종은 생활사의 다른 특성과 절충을 해야 할 경우가 있을 수 있겠다.

3. 분산군내의 번식력 극대화

일반적으로 비상력과 번식력 간에는 주고받는 거래관계(Trade-off)가 있는 것으로 알려져 있다. 이것은 생리적으로는 영양물질의 비상기관과 생식기관간의 안배문제가 관련이 있고 생태학적으로 천적이나 정착성패 등과 관련된 문제가 있겠다.

앞서 설명한 바와 같이 항상성이 큰 서식처에 서식하는 곤충류는 생식력의 극대화를 위한 선택작용의 결과 비상기관의 발달이 억제되고 반대로 생식력의 극대화를 위하여 보다 효율적인 에너지의 이용을 도모하고 있다. 이와 같은 사실은 멸구류 등에서 잘 알려지고 있다. 그런데 일시적이고 불안정한 서식처에 서식하는 이동성 곤충류에 있어서도 생식력의 극대화를 위한 생활사 특성간의 조정이 문제가 되겠다.

동물에서 암컷의 크기는 생식력과 (+)의 상관관계가 있는데 멸구류에 있어서도 그 관계는 마찬가지다. 이것은 몸의 크기에 대한 선택작용으로 장시형에서도 생식력의 증대를 도모할 수 있음을 뜻한다. 일반적으로 몸의 크기는 이동성 종에서 정주성 종에 비하여 큰 것이 보통이다. 그런데 몸의 크기는 계통학적인 차이가 있는 것이 보통이다. Denno(1994)는 이와 같은 계통학적인 문제를 최소화하기 위하여 분류학적으로 같은 속(Gunus, 屬)에 속하는 종들에 대한 날개형과 몸의 크기를 조사하였다(그림 3-7).

그림은 야외개체군에서의 날개형 비율을 기준으로 이동성종은 장시형율이 단시형율보다 훨씬 높은 종들이고 정주성종은 단시형율이 90%이상인 경우이며 중간종이란 단시형율이 50~90%인 종들이다.

그림에서 보는 바와 같이 같은 분류속내의 종들에서도 몸의 크

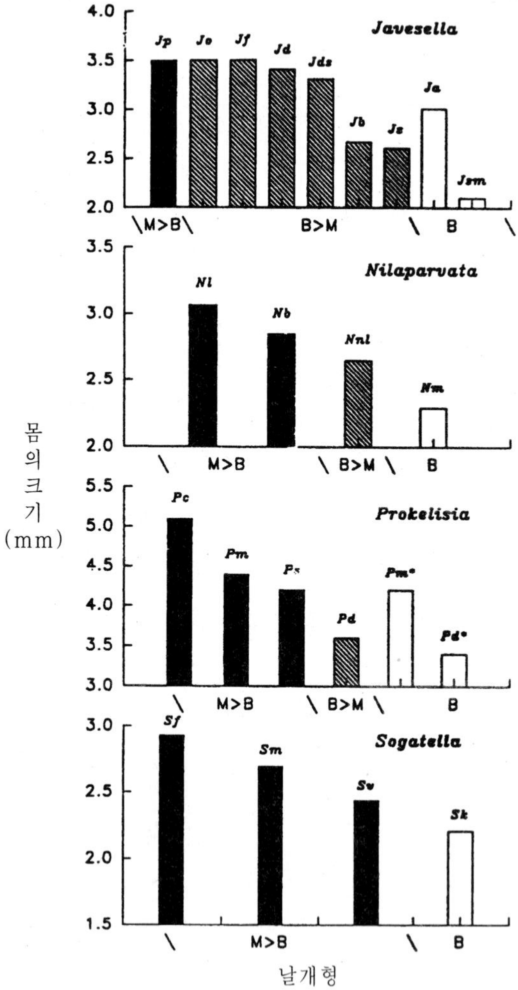

그림 3-7. *Javesella, Nilaparvata, Prokelisia, Sagatella* 등 4개 멸구속에서의 이동성종(흑 색), 중간종(사선) 그리고 정주성종(백색) 등에서의 암컷의 몸 길이 (mm)

M; 장시형, B; 단시형, Jp; *Javesella pellucida*, Jo; *J. obscurella*, Jf; *J. forcipata*, Jd; *J. dubia*, Jds; *J. discolor*, Jb; *J. bottnica*, Js; *J. salina*, Ja; *J. alpina*, Jsm; *J. simillina*, Nl; *Nilaparvata lugens*, Nb; *N. bakeri*, Nnl; *N. nr. lugens*, Nmi; *N. muiri*, Pc; *Prokelicia crocea*, Pm; *P. maginata*, Ps; *P. salina*, Pd; *P. dolus*, Sf; *Sogatella furcifera*, Sm; *S. mantho*, Sr; *S. vibex*, Sk; *S. krugeri*

기는 이동성종들에서 정주성종들에 비해서 명백히 크다. 그리고 *P. maginata*와 *P. dolus*의 경우 같은 종이라도 서식처가 영속성인 멕시코만 연안과 대서양 연안의 개체군은 몸의 크기에 차이가 있다. 따라서 한 계통군에서도 멸구류의 비상력과 몸의 크기 간에는 새로운 정착지로의 이동이나 정착에 관련된 특성들과 더불어 깊은 관계가 있음을 말해주고 있다.

4. 분산다형성의 진화

곤충류는 거의 모든 종이 유시이다. 그러나 유시아목 중에는 무시 또는 단시형이 있어 원래의 분산성을 상실 또는 감퇴시킨 것이 상당히 있다. 따라서 분산다형성의 진화문제는 원래 장시형만으로 되어 있던 것이 어떻게 하여 단시형을 갖게 되었으며 단시형만으로 고정되지 않고 어떻게 하여 분산과 관련된 다상현상을 갖게 되었는가의 문제이겠다.

Roff(1994)는 이동력을 가진 날개다형성이 어떻게 발달하게 되고 이질적인 환경조건하에서 어떻게 유지되는가를 일정기간 존속하는 불연속적인 서식처 소괴(Patch)에 살고 있는 장시형만으로 된 개체군에 돌연변이로 단시형이 생긴 경우를 가정하고 시뮬레이션 모델을 이용한 해설을 하였다. 그는 완전변태류에서는 날개형 1 유전자좌 2 대립인자에 의하여 결정되며 단시형이 우성인 것이 보통인 고로 단시형 돌연변이 대립인자는 우성임을 전제로 날개다형성과 이동관계를 논하였다. 그 결과 돌연변이로 생긴 단시대립유전자가 우성이고 단시형이 보다 적응도가 높은 경우에는 장시형뿐인 개체군내에 빠른 속도로 단시형 유전자가 확산되나 장시의 대립유전자를 완전히 대체하지는 못하고 어떤 평형빈도를 갖게 됨을 알 수 있었다. 그리고 개체군내의 장시형 개체빈도는 소괴(Patch)의 존속기간, 장시형이 갖는 부담, 이동개체의 비율 그리고 다른 소괴로 이동하였을 때 살아남을 수 있는 확률 등이 관련이 있으나 그 중 앞의 두 가지 요인이 보다 중요하다 하였다. 이런 추론은 날개형이 1 유전자좌 2 대립유전자의 지배를 받을 때는 모두가 단시형 유전자가 우성이며 서식처의 영속성과 단시형율이 관계가 있는 경우가 많은 여러 가지 연구결과로 뒷받침되고 있다. 그러나 날개다형성 곤충의 경우 날개형은 유전자만이 아니고 여러 가지 환경요인이 밀접하게 관련되어 있는 수가 많아 같은 유전자형에서도 표현형은 환경조건에 대하여 가소성 반응을 나타내는 경우가 많다. 예를 들면 멸구류를 비롯한 여러 가지 날개다형성 곤충류에서는 높은 밀도가 장시형 출현과 밀접한 관계가 있는 것이 알려져 있는데 이것은 과다한 밀도로 악화된 서식장소를 벗어나려는 전략으로 생각되며 호르바드깨알소금쟁이(*Microvelia horuvathi*)나 긴깨알소금쟁이(*M. douglasi*)의 경우에는 유충밀도가 높아지면 유시형이 출현하기 쉽다(Muraji와 Nakasuji 1988). 일시적인 물웅덩이에 서식하는 이들 곤충에서는 밀도가 높아지는 것이 물이 말을 전조로 되어 있는 셈이다(가물면 물웅덩이의 물량이 감소한다). 이들에 있어서는 개체군 밀도가 서식처의 존속성에 대한 척도가 되어 밀도의존적인 장시형 출현은 적응적 의미가 있겠다.

일장이나 온도가 날개형 결정에 영향을 미치는 경우도 있다. 미국의 *Limnoporus canaliculatus* 소금쟁이는 일장이 짧아지면 장시형이 생긴다(Zera 등 1983). 이것은 월동을 위한 적당한 장소를 찾기 위함인 것으로 보인다. 소금쟁이(*Aquarius paludum*)은 휴면유기임계일장보다 길기는 하나 단일일 때에 장시형을 출현시키는데 이것은 8월 중순에서 9월 초순에 걸쳐 출현하는 제2세대의 소금쟁이를 장시화 시키며 한 번 더 번식할 수 있게 한다(Harada와 Namata 1993). 이것은 9월의 태풍 등으로 물이 많아지는 것과 관계가 있는 듯 하다고 한다. *Cavelerius saccharivorus* 긴노린재는 밀도보다도 고온과 장일 조건에 반응하여 장시형을 출현시키는데 이런 요구조건 때문에 여름세대에 장시형율이 높은데 이 시기는 고온일 뿐 아니라 기주인 사탕수수의 생육이 왕성하여 이주처도 많아져 이동이 유리한 시기이다.

이와 같은 장시형 출현의 계절성은 서식처의 계절적 변화나 이질성에 대응한 생활사 전략이라고도 생각된다. 따라서 이런 경우는 날개다형성은 계절다형성의 일종으로 볼 수도 있겠다. 곤충류의 날개다형성은 서식환경의 이질성에 대응하기 위한 이동형인 장시형 또는 유시형을 필요한 때에 출현시키는 능력을 가진 생활사 전략이다. 비상에 의한 이동분산은 대단히 적응적인 형질이나 이것은 에너지 부담이 포함된 적응이며 초산 연령이나 산란수와 같은 다른 중요한 생물학적 형질에는 부담이 된다. 이와 같은 문제를 해결하기 위한 진화전략이 이동형과 정주형을 종내에 발달시킨 것이 날개다형성이라고 생각된다.

제4편

곤충생활사와 계절

지구상의 환경조건은 정도의 차이는 있으나 계절에 따라 변화하며 이런 변화는 생물현상에 크고 작은 영향을 미친다.

태양으로부터의 에너지 입사량은 지구 위도상의 위치에 따라 1년을 주기로 변화한다. 지구의 자전축은 공전면에 대하여 23°30' 정도 경사되어 있어 밤과 낮의 길이나 태양광선의 입사각이 주기적으로 변화한다. 이것이 결국 계절의 본질이다. 태양으로부터 받는 열량은 북반구에서는 하지 전후에 최대에 달하고 동지 전후에서 최소가 된다. 이렇게 받은 열량과방열량간의 관계에 따라 연간 기온의 개략적 변동상이 결정되어 하지와 동지를 중심으로 연중 제일 더운 시기와 제일 추운 시기가 생기며 이에 따라 동식물의 활동이 영향을 받게 된다. 그림 4-1은 북반구에서의 위도에 따르는 월평균 기온과 일장의 변화이다.

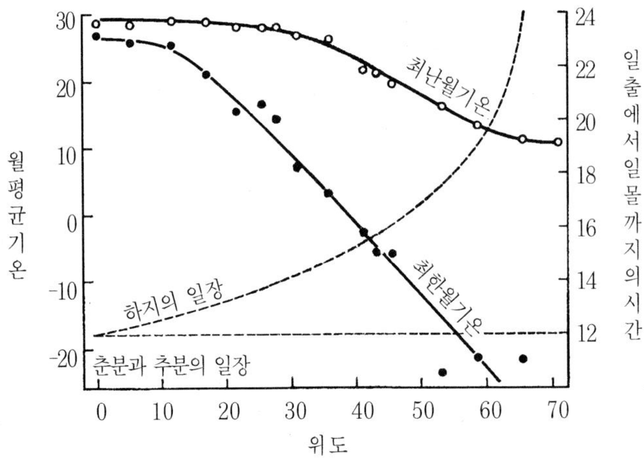

그림 4-1. 북반구에서의 위도에 따르는 월평균 기온과 일장

그림에서 보는 바와 같이 기온이나 일장은 위도에 따라 차이가 있으며 최난월 평균기온과 최한월 평균기온의 차이는 적도 부근에서는 적으나 극지방에 갈수록 그들 간의 차이는 커지고 있으며 하지의 일장은 적도지방에서 짧고 극지방에서 길다. 이와 같은 천문학적 현상과 대륙의 크기나 산맥, 바다 등의 배치 상태에 따라 지역적으로 복잡한 기후 특성이 생기고 비나 바람에도 주기적인 변화가 생기게 되면서 특색 있는 지역 기후가 생기며 이와 같은 지역의 기후적 특성은 동식물의 생장이나 생식 기타의 생물학적 현상에 지대한 영향을 미치고 있다.

제 1 장 변화하는 환경에 대한 곤충류의 적응

환경조건은 정도의 차이는 있으나 시간에 따라 변화하며 그런 변화에는 단기적인 것과 장기적인 것, 주기성을 가진 것과 주기성이 없는 것, 혹독한 것과 온화한 것 그리고 국지적인 것과 광역적인 것 등 다양하다. 이런 변화의 내용에 따라 그 영향은 다양하다. 그러나 이런 변화의 영향은 꾸준하고 전반적인 것인 고로 어떤 지역 동식물의 생활사 특성을 결정하는 주요한 진화적 요인으로 작용하여 왔다. 따라서 현재 우리가 보고 있는 식물상이나 동물상은 그 지역의 무생물적 환경요인과 생물적 환경요인의 상호작용의 결과로 볼 수 있겠다.

1. 불리한 환경조건에 대한 곤충의 적응양식

환경조건의 변화에는 계절적이어서 예측이 가능한 경우와 계절적인 것이 아니어서 예측할 수 없는 것으로 나눌 수 있겠으며 불리한 조건에 대한 곤충의 대응방식에는 생리학적인 측면과 행동적 측면이 있겠다. 예측할 수 없는 환경조건의 변화는 국지적인 경우가 많으며 이에 대한 대응 방식은 불리한 온도조건이나 습도조건 또는 먹이의 일시적 부족 현상화 같은 경우에서 볼 수 있는 일시적인 휴지(Quiescence, 休止)나 밀도가 지나치게 높을 때나 먹이가 부족할 때 일어나는 비계절성 이동이나 비계절성 다상현상과 같은 단기적인 생리적 변화로 대응하며 이런 현상들은 환경조건이 회복되면 정상적인 활동을 할 수 있다. 그러나 불리한 조건이 지나치게 장기화하면 죽게 된다.

계절적이어서 예측이 가능한 환경조건변화는 전자가 국지적인 변화인데 반하여 광역적인 변화이다. 이런 변화에 대한 적응현상은 생리적면에서 휴면현상이 개재된 것과 휴면 현상과는 무관한 적응 두 가지가 있다. 비휴면성인 적응에는 계절적인 자극이 상징성(후술)이 있을 수도 있고 없을 수도 있으며 이때의 비휴면상태는 생리적 대사 작용의 감소를 동반하지 않는 계절적 변화인 경우도 있고 환경조건에 의하여 대사 작용이 억제된 경우가 있으며 구체적 현상으로는 계절적인 다상현상이나 계절적 이동 또는 계절면(季節眠)으로 나타나겠다. 휴면 현상이 개재된 계절적 현상은 광주기나 온도 또는 먹이조건과 같은 것들이 상징적 또는 전조적 자극이 되어 꾸준하며 안정된 대사 작용의 감퇴를 동반하는 현상으로 내분비계의 지배를 받는 것으로 현상학적으로는 계절면, 계절적 이동 그리고 계절적 다상현상으로 나타나며 이것은 환경조건이 호전되어도 상당한 기간 정상적인 활동이 회복되지 않는다. 결국 휴면이 개재된 적응현상과 비휴면성 적응현상은 모두가 불리한 환경조건에 대한 적응성을 갖고 있으나 비휴면성 적응현상은 환경조건의 직접적이고 즉각적인 영향을 받는 생리적으로는 신경계의 영향을 받는 것이나 휴면성 적응현상은 환경조건의 영향을 받은 신경내분비계의 활동 변화가 원인이 되어 생기는 적응현상인 것이다.

2. 휴면

대부분의 환경조건은 그것이 무생물적인 것이거나 생물적인 것이거나를 막론하고 직접 간접적으로 계절과 관계가 있다. 따라서 생물의 생장이나 발육, 생식, 휴면 그리고 이동 등과 같은 생물학적 현상을 적절한 시기에 맞게 진행시킬 수 있는 적응현상은 그들의 생존이나 번영과 밀접한 관계가 있겠다.

앞서 설명한 불규칙적이고 국지적 환경변화와는 달리 계절적 변화는 주기적이고 꾸준하며 넓은 지역에 걸쳐 일어난다. 곤충류는 앞으로 다가올 계절적 변화의 징조가 되는 환경적 신호를 받아 드릴 수 있는 능력을 갖고 있어 이런 신호를 이용하여 앞으로 닥칠 불리한 조건에 대비한 특별한 생리나 행동 또는 형태의 변화를 일으킬 수 있다. 이런 변화들은 그 종에 고유한 것으로 이런 것 전체를 휴면징후군(Diapause syndrome, 休眠徵候群)이라고 한다.

휴면현상은 종에 따라 다양한 내용을 갖고 있으며 그것은 거의 모든 계절면(Dormancy, 季節眠)과 계절적 이동이나 다상현상의 대부분을 포함한 여러 가지 생물현상학적 적응들 중 시기적인 일치와 관련된 현상이다.

Tauber 등(1986)은 휴면(Diapause, 休眠)을 다음과 같이 정의하였다.

"휴면이란 신경내분비기관계의 활동이 관련되어 있는 대사기능이 저하된 복잡하고도 역동적인 상태로 휴면기간 중에는 형태적 발육이 정지되어 있고 불리한 환경조건에 대한 저항성이 커지며 행동이 변화하거나 약화된다. 휴면이 일어나는 발육단계는 유전적으로 정해져 있으며 그의 전체 진행과정은 그 종에 고유한 것으로 보통 불리한 조건이 다가오기 전에 여러 가지 환경 자극에 대한 반응으로 일어난다. 그리고 일단 휴면상태에 놓이게 되면 발육에 유리한 조건에 놓이게 되어도 생리적 상태가 저하된 상태를 일정기간 유지한다."

따라서 여기서는 휴면을 곤충류 생활사의 변화하는 계절에 보조를 맞추는 주요 현상으로 생각하려고 한다.

원래 휴면이란 곤충의 배자발생 과정에서 일어나는 발생의 일시적 중단상태에 대하여 Wheeler(1893)가 처음 사용한 용어인데 그 후 일어나는 발육단계와 관계없이 성장이나 발육 또는 생식이 억제된 생태를 말하게 되었으며 de Wilde(1962)나 Hodeck(1973)은 이에 수반되는 여러 가지 생리적, 행동적 변화까지를 포함시켰다. 여기서는 이것 외에도 내건성, 내한성, 내고온성 그리고 계절적 이동이나 계절적 다상현상까지를 휴면증후군에 포함시켜 설명하려 한다.

휴면과 관련이 있는 환경조건의 자극을 상징자극(Token stimulus, 象徵刺戟)이라고 하는데 이것은 생물에 대하여 유리하다거나 불리하다거나 하는 것과는 관계가 없고 다만 앞으로 환경조건이 변화할 것을 예고하는 신호의 구실을 할 뿐이다. 가장 대표적인 것이 광주기(일장)이나 온도, 습도 그리고 생물적요인(예; 기생곤충에 대한 숙주곤충의 생리상태)과 같은 것들로 이것들은 계절적 변화의 실마리가 된다. 이런 상징자극은 생장이나 발육 또는 생식이 유리한 시기에 있었던 환경조건으로 그에 대한 감응발육단계는 꼭 그런 것은 아니지만 흔히 휴면발육단계에 앞선 발육단계인 경우가 많다. 따라서 이것은 뒤따르는 환경조건 변화에 대한 예고 또는 전조가 되는 것이다.

일부 학자들은 계절적으로 일어나는 휴지(Quiescence, 休止)와 휴면을 같은 뜻으로 사용하기도 하나 휴면은 앞서 정의에서 보는 바와 같이 생리적면 뿐 아니라 행동이나 다상현상도 포함하고 있다. 휴면 중에는 대사 작용을 비롯한 여러 가지 생리기능이 저하되어 있거나 정지되어 있어 휴지와 공통점이 있으나 휴면에는 생리적인 현상 외에도 생태학적으로 적응적 의미를 가진 여러 가지 현상이 포함되어 있어 계절적 이동이나 다상현상과 같은 휴면 특성은 생리적인 측면 외에도 적응면에서 중요한 의미를 갖고 있다. 그리고 휴지는 불리한 환경조건으로 생기는 일시적인 생리기능의 저하 또는 정지 상태이나 휴면은 생활사의 한 발육단계로 다음 생활사 발육단계로의 진행을 위하여 거쳐야하는 한 생리적 단계인 것이다. 과거에는 휴면증후군에 포함되어 있는 여러 가지 현상을 따로따로 취급한 일도 있었으며 계절적으로 일어나는 휴지와 이동을 "시간적 회피"와 "공간적 회피" 양자택일의 문제로 여겨왔다. 그러나 휴면성 이동이나 다상현상 그리고 휴면성 휴지 등은 서로 밀접한 관계가 있어 이들을 독립적인 현상으로 취급하기는 힘든 점이 많다. 휴면성 휴지나 이동 그리고 다상현상은 모두가 생식의 일시적 중단을 수반하는 것으로 이들은 휴면을 바탕으로 하고 있다.

휴면과 관련하여 Dormancy라는 말이 흔히 쓰이고 있는데 이것은 "잠잔다"는 말로 생물의 생장이나 발육 또는 생식의 중단 또는 저하된 생태가 계절적으로 되풀이 될 때를 말한다. Dormancy는 거의 대부분의 경우 휴면을 동반하나 휴지상태까지를 포함하고 있다. 따라서 이 말은 생물학적 현상의 계절적 정체상태를 뜻하는 것으로 계절에 따라 춘면(Vernal dormancy, 春眠), 하면(Aestivation, 夏眠), 추면(Autumnal dormancy, 秋眠) 그리고 동면(Hibernation, 冬眠) 등으로 부르고 있는데 이것은 생리적 기준에 의한 것이 아니고 생물현상의 상태를 말하는 일반 용어라고 생각하여 휴지와 구별하기 위해서는 "계절면(季節眠)"이라고 하는 것이 옳을 듯하다.

곤충류는 비주기적인 환경조건변화에 대응하여 적응한 여러 가지 생리학적 현상과 행동적 현상을 갖고 있는 것은 사실이나 대부분의 계절적 적응현상은 불리한 환경조건이 지속되는 동안의 생존만을 위한 것이 아니고 환경적 조건의 변화에 그들의 생장이나 생식, 휴지 그리고 이동과 같은 생활사의 전반적 진행시기를 그에 일치시키고 있다. 이것은 장기적이고 호르몬이 관여된 생리학적 변화와 행동적 변화를 수반하고 있으며 그것은 환경조건변화에 즉각적인 반응을 하지 않으며 전체 생활사를 환경조건의 변화와 조화시키는데 도움이 되고 있다.

3. 계절적 적응의 생물학적 의의

식물이 싹이 트는 시기와 생장, 개화, 결실 등과 같은 생물현상은 계절성을 갖고 있으며 식물을 이용하는 곤충류의 입장에서는 이런 현상들과 그들의 생활사 진행을 일치시킬 수 있느냐 없느냐는 그들의 생존이나 생식 그리고 개체군의 증식과 밀접한 관계가 있다. 작물을 재배할 때 해충의 발생시기를 피하기 위하여 재배시기를 조절하거나 조생종이나 만생종을 선택적으로 이용하는 일은 해충의 피해를 줄이기 위하여 흔히 쓰고 있는 방법이다.

애멸구는 줄무늬잎마름병을 매개하는 중요한 해충인데 현 등(1977)은 월동 후 제1세대 애멸구를 4월 23~5월1일간과 5월 17일에 보리에 접종하였을 때 그가 산란한 알의 부화율은 각각 67.5%

표 4-1. 생육상태가 다른 벼에서 사육된 벼멸구의 수명, 산란수, 부화율 (이와 현 1984)

벼 생육단계		최고분얼기		수인기		출수기a		출수기b		유숙기	
시형		M	B	M	B	M	B	Ma	B	M	B
수명	♀	22.4	22.5	17.5	15.1	20.1	17.9	20.7	24.0	20.4	13.6
	♂	26.8	22.0	24.4	15.8	23.2	20.2	23.8	22.5	16.3	18.5
산란수/♀		345.1	381.1	232.5	195.0	272.8	212.4	267.0	342.5	262.5	139.3
산란수/♀/일		15.4	15.5	12.9	10.8	12.9	9.8	12.5	14.0	12.8	7.9
부화율(%)		74.4	79.2	88.3	90.1	84.0	89.1	84.7	82.3	89.0	92.0

M: 장시형 B: 단시형 a: 완전히 출수케 한 것 b: 출수직후 유수를 제거한 것

와 13.5%로 후자에 산란된 알의 부화율이 명백하게 떨어진다고 하였다. 그리고 이와 현(1984)은 벼의 여러 가지 생육단계에서 벼멸구를 사육하였을 때 그의 수명과 산란수 그리고 알의 부화율을 조사하여 표 4-1과 같은 결과를 보고하였다.

벼멸구는 벼의 줄기(엽초 부위)에서 흡즙한다. 표에서 보는 바와 같이 수잉기 이후의 벼에서 사육하였을 때 최고분얼기에서 사육하였을 때보다 수명이 짧아지는 경향이 있으며 특히 암컷보다는 수컷에서 그 차이가 큰 경향이 있으며 장시형 보다는 단시형에서 그 차이가 큰 경향이 있다. 그리고 알의 부화율은 최고분얼기보다는 그 이후의 벼의 생육단계에서 약간 높은 경향을 보여주고 있다.

사육한 생육단계에 따라 가장 큰 차이를 보여 준 것은 산란수로 최고분얼기에 사육한 것과 유숙기에 사육한 것 간에는 명백한 차이가 있으며 특히 증식력이 큰 단시형에서 그 차이가 크다. 그리고 흥미 있는 것은 출수 후 이삭을 제거한 경우와 그대로 둔 경우 단시형의 산란수는 각각 342.5개와 212.4개로 큰 차이가 있으며 이삭을 제거한 것에서의 산란수는 분얼최성기에 사육한 것의 그것과 거의 같다는 점이다. 그리고 유숙기에 사육한 단시형의 산란수는 139.3개로 그 이전의 생육단계에서 사육한 것에 비하여 현저히 적다. Kuno(1968)는 일본에서 벼멸구의 증식동태를 야외포장에서 조사하고 그의 증가율은 비래 후 제1세대, 제2세대 그리고 제3세대에서 각각 1.722, 0.873, 0.567(모두 대수치)라고 추정하였는데 이런 값은 비래 후 제1세대의 증식기가 분얼최성기에 해당하는 고로 그의 야외에서의 추정치들에 대한 실험적 뒷받침을 하고 있는 것으로 생각된다.

표 4-2는 벼의 출수 전후에 있어서의 동화물질의 벼 각 기관으

로의 분활동태이다.

표 4-2. 벼의 출수 전후에 있어서의 동화물질 이동 동태 (Suzuki 1979)

품종		생육단계				
		-9/-6	-6/-3	-3/0	0/3	3/6
풍년조생	엽초	43.7±5.7	49.7±3.5	63.4±4.2	-20.3±17.1	-16.4±23.6
	뿌리	19.2±8.2	14.7±3.6	4.1±5.4	-2.6±9.1	-7.0±11.7
	계	62.9	64.4	67.5	-22.9	9.4
	이삭			19.5±8.2	132.6±15.7	102.2±17.9
만냥	엽초	44.8±5.6	59.3±5.1	60.4±5.4	-50.2±354.6	-7.8±35.6
	뿌리	18.7±5.4	8.5±5.6	-0.9±5.1	1.9±4.9	-22.4±16.2
	계	63.5	67.8	59.5	-48.3	-30.2
	이삭	28.6±5.5	168.6±87.8	172.5±56.3		

※ 출수일을 0으로 한 생육단계(주)

표에서 보는 바와 같이 출수 9주전에는 벼멸구가 흡즙하는 엽초로의 동화물질 이전율이 40% 정도이던 것이 출수직전에는 약 60%로 증가하나 출수 직후부터는 엽초에 저장되었던 물질까지도 이삭으로 이동함을 알 수 있어 출수와 더불어 엽초내의 동화물질은 크게 감소함을 짐작할 수 있다. 이것은 줄기(엽초)에서 흡즙하면서 생활하는 벼멸구의 경우 출수 전에는 풍부한 탄수화물을 이용할 수 있으나 출수 후에는 영양조건이 불리해진 엽초에서 섭식하게 되어 이것이 수명이나 산란수 감소를 초래하였음을 짐작케 하며 특히 그런 영향이 번식력이 큰 단시형에서 장시형보다 컸다는 것은 시사하는 바가 크다고 하겠다.

Tikkanen과 Julkunen-Tiitto(2003)는 *Quercus robur* 참나무의 해충인 겨울물결자나방(*Operophtera brumata*)의 부화시기와 *Q. robur* 참나무의 새순발육의 관계를 조사하고 새순의 전개시기와 부화시기 간에 ±30일 정도의 차이가 생겨도 유충의 적응도는 약 50% 정도의 차이가 생긴다고 하였다. *Q. robur* 참나무의 이 해충에 미치는 영향은 전체적으로는 잎의 생장율과 관계가 있는데 그 내용은 잎이 굳어지고 수분함량이 감소하는 동시에 체내의 탄닌함량 증가가 주원인이라고 하였다. 이와 같은 곤충의 생활사와 숙주식물간의 관계는 곤충류의 발생상에 당연히 영향을 미칠 것이다.

우리나라 벼 재배양식은 1970년대 초 통일계 벼 품종의 보급과 더불어 재배양식이나 비배관리 그리고 경종법에 외국에서는 그 예를 볼 수 없을 정도로 단시일 내에 크게 변하였으며 이런 벼의 재배 양식의 변화는 벼와 해충간의 상호관계에 변화를 초래하여 해충발생상에 많은 변화를 초래하였다(현 1982). 표 4-3은 우리나라 벼 해충의 발생추이이다

표 4-3. 한국에서의 주요 수도 해충류 발생추이 (농진청 1997)

해충	1950년대	1960년대	1970년대		1980년대		1990년대
			전반	후반	전반	후반	
이화명나방	+++	++	++	+	+	+	+
혹명나방	+	+	++	++	++	+	+
벼멸구	+	++	+++	+++	+++	+++	+++
흰등멸구	+	++	+++	+++	+++	+++	+++
애멸구	+	+++	+	++	++	+	+
끝동매미충	+	+	++	++	+	+	+
물가파리류	+	+	++	+++	+++	+	+
벼잎벌레	+	+	++	++	++	++	+
벼물바구미						+	+++

표에서 보는 바와 같이 1960년대 이전에 중요 해충이었던 이화명나방은 1970년대 후반부터는 발생량이 크게 감소하였고 벼멸구와 흰등멸구의 발생량은 1970년대 이후 크게 증가하고 있다. 그리고 저온성 해충류가 재배시기가 빨라지면서 발생이 늘고 있다.

우리나라 벼 해충류에 대한 조사는 1950년대부터 전국 병해충

발생 예찰소에서 유살등이나 기타의 방법으로 상세히 조사되어 왔다. 그림 4-2는 이화명나방 유살수의 연차적 변동 상황이다.

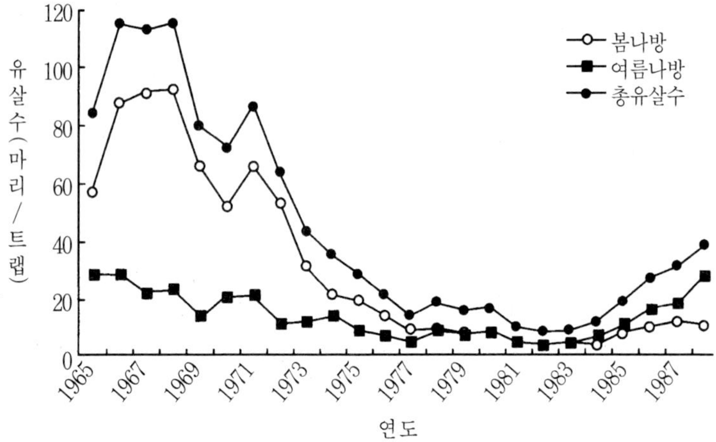

그림 4-2. 39개 예찰소 유아등에 유살된 이화명나방의 유살수 변동 (현 1990)

이화명나방의 발생상황은 1970년대 중반 이후 크게 변하고 있다. 즉 연간 유살수는 1965~1971년에 비하면 1981~1985년에는 11.85%에 불과하며 1971년 이후 급격히 감소하고 있다. 그런데 감소율은 여름나방보다 봄나방에서 훨씬 크고 전체 유살수의 변동은 봄나방 유살수와 그 변동 경향이 일치하고 있으며 1985년 이후의 유살수는 여름나방이 봄나방의 그것보다 많아지고 있다.

이와 같은 사실들은 이 해충의 생태와 밀접한 관계가 있다. 송 등(1982)은 1966~1979년의 이 해충 발생상황을 검토하고 유살량의 감소가 여름나방보다 봄나방에서 큰 것을 지적하고 이것은 벼의 이앙기가 1970년대 초반까지는 6월 하순~7월 중순이던 것이 후반 이후에는 5월 하순~6월 하순으로 약 1개월 빨라졌고 수리안전답 비율이 증가하여 이앙기간이 짧아져 1화기 유충에서 우화한 여름 성충의 산란으로 시작되는 2화기 유충이 벼를 섭식할 때 이전에 비하여 줄기가 굳어 식입에 실패하는 비율이 커졌기 때문일 것이라고 추론하였다. 즉 1970년대 중반 이전에는 여름나방의 자손인 이화기 유충이 부화할 때 벼의 조직이 연하여 식입이 쉬웠으나 1970년대 후반 이후에는 부화할 때 벼의 조직이 굳어 식입이 어려웠다는 것이다. 더욱이 전술한 바와 같이 벼가 출수하면 동화물질이 대부분 이삭으로 이동하게 되면서 이들 유충이 섭식하는 줄기의 영양도 나빠져 충분한 발육을 할 수 없게 하였을 것이다. 이런 이유로 유충의 치사율이 커져 다음해의 봄나방 유살량은 크게 감소하고 그들의 발생기간도 변화하였을 것으로 생각된다. 실제로 광주지방에서의 봄나방 50% 유실일가지의 유효적산 온도를 보면 1966~1970년에 474.2일도였던 것이 1981~1986년에는 335.2일도 약 40일도 정도가 감소하고 있다(윤과 현 1989).

담배를 비롯한 밭작물의 해충인 숫검은밤나방(*Agrotis tokionis*)는 1화성으로 하면과 동면을 하는 곤충이다. 김과 현(1983)은 1980년 봄 야외에서 채집한 유충의 휴면기간을 조사하여 5얼 26일 하면에 들어간 것의 유충기간은 100일이였으나 7월 17일에 하면에 들어간 것의 그것은 58일이라고 하여 일찍 하면에 들어간 개체의 하면 기간은 늦게 하면에 들어간 것에 비하면 하면 기간이 길다고 하였다. 이와 같은 하면기간의 차이 때문에 그들의 용화시기는 놀라울 정도로 짧아져 성충의 우화시기는 9월말에서 10월 초순 사이에 집중되게 된다고 하였다. 즉 하면기간의 차이는 42일이였으나 우화일의 차이는 10일 내외로 놀라운 일치성을 보여 휴면은 고르지 못한 발육상태를 조절하는 것과 밀접한 관계가 있음을 알 수 있다. 실체로 수원에서 1979년부터 1982년까지 4년 동안의 성충유실상황을 보면 1979년과 82년에는 9월 제6반순에 그리고 1980년과 1981년에는 10월 제일반순에 유살최성기를 보였으며 이 기간동안의 유살수는 전체유살수의 47~67%로 놀라운 집중성을 보였다. 이와 같이 곤충류는 고르지 못한 생육상태를 휴면을 통하여 고르게 하여 계절의 진행에 생활사 진행을 일치시키고 있다.

환경조건의 변화와 곤충의 생리 생태적 현상의 일치성을 이해하려면 그들 곤충류의 현상학적 특성을 결정하는 기구에 관한 이해가 중요하겠다. 환경조건은 해에 따라 다소간의 차이가 있는 고로 곤충류의 생활에 유리한 시기도 변한다. 곤충류는 계절의 진행과의 일치성을 유지하기 위하여 온도와 같은 환경요인에 대한 탄력성 있는 반응기능을 갖고 있다. 이것을 현상학적가소성(Phenotypic plasticity, 現象學的可塑性)이라고 하는데 이 때문에 유전형이 같아도 환경조건이 다르면 표현형이 달라지겠다.

제 2 장 휴면과정

앞서 설명한 바와 같이 휴면현상은 변화하는 환경조건하에서 계절적인 자원을 이용할 수 있게 하고 추운 겨울이나 심한 건조, 기타의 불리한 환경조건에 견디낼 수 있게 하는 적응적 현상이다.

휴면이 일어나는 시기는 배자발육기, 여러 가지 유충기, 번데기 시기 그리고 성충기 등 다양하다. 휴면 발육단계는 종에 따라 정해져 있는 것이 보통이다. 곤충류 중에는 세대마다 특정 발육단계가 되면 환경조건과 무관하게 휴면을 하는 것이 있기는 하나 대부분은 일장과 같은 상징성 환경조건을 신호로 이용하여 휴면을 일으킨다. 즉 온대지방에서 늦은 여름 일장이 짧아진다는 것은 앞으로 추운 겨울이 다가올 것을 예고하는 것으로 이것을 받아 에너지의 축적 그리고 월동할 장소를 찾아드는 등 월동을 위한 준비를 한다.

휴면 문제와 관련 생태학적으로 중요한 것은 휴면자극에 대한 감수성 시기와 여러 가지 휴면 단계에서의 환경조건에 대한 곤충류의 반응이고 생리적으로는 자극의 수용, 뇌에서의 수용정보의 저장, 발육의 정지, 대사 작용의 억제 그리고 발육이나 생식의 재개 등에 따르는 생리기능의 특성변화 등이 있겠다.

휴면이란 정적인 것이 아니고 역동적인 것으로 휴면과 관련된 현상들은 예정된 과정을 밟아 질서정연하게 진행되는 생물학적과정이다.

1. 휴면발육단계

곤충류에서 휴면은 특정 생활사 단계에서 일어나며 일어나는 계절 역시 정해져 있다. 분류학적으로 근연종들 간에 휴면발육단계가 다를 수는 있으나 휴면발육단계가 변화한다는 것은 실내의 선발실험에서나 새로 침입한 종이 침입지에서 자연선택에 의하여 변하였다는 예가 보고된 일이 없는 것으로 보아 어떤 종의 휴면발육단계는 유전적인 것으로 생각된다.

Beck(1980)은 물벼룩 1종, 응애류 3종 그리고 곤충류 254종 등 총 258종의 절지동물의 휴면발육단계를 정리하여 난휴면 33종, 유충휴면 98종, 번데기 휴면 60종 그리고 성충휴면 67종 등을 보고한 바 있다.

알로 휴면하는 종의 경우 발육이 정지되는 배자발육단계 즉 휴면배자발육단계는 종에 따라 정해져 있다.

성충태 휴면에 대하여는 수컷에 관한 것이 있기는 하나 대부분이 암컷에 관한 것이며 일부 곤충류의 경우 교미한 암컷만이 휴면에 들어가고 수컷은 교미 후 죽어 버린다(예; 숲모기류, 학질모기류, 벌류).

생활사가 긴 곤충류의 경우에는 한 개 발육단계 이상에서 휴면한다. 예를 들면 알파알파의 해충인 *Otiorhynchus ligustici* 바구미는 2년 1세대의 생활사를 갖고 있는데 첫 해 겨울은 노숙유충으로 월동하고 다음해 겨울은 성충으로 월동한다(Lincoln과 Palm 1941). 또 *Ectobius lapponicus* 바퀴벌레도 2년 1세대의 생활사를 갖고 있는데 첫 해 겨울은 알로 월동하고 다음해 겨울은 휴지상태의 2~3령충 또는 휴면상태의 4령충으로 월동한다고 한다(Brown 1973). 미국의 13년 또는 17년 매미류나 알래스카의 *Chironomus* 깔따구류(7년 1세대) 그리고 청동잠자리(*Cordulia aenea amurensis*)(5년 1세대) 등과 같이 생활사가 긴 곤충류에 대하여는 휴면발육단계가 몇 개이고 그 기간이 얼마나 되는지 등 상세한 내용은 알 수 없다.

한편 1화성인 *Aedes sierrensis* 숲모기는 여름철에는 알로 하면하고 겨울철에는 유충으로 동면하여 휴면발육단계가 두 가지가 있으며(Jordan 1980) 이런 예는 토고숲모기(*Aedes togoi*)를 비롯한 몇 종의 숲모기에서도 알려져 있다. *Ephippiger cruciger* 때까치는 알로 휴면하는데 그의 발육단계는 전분절원기시기(배자발생 시 아직 형태적으로나 기능적으로 성숙되기 전 배자)와 후기배자시기 등 두 개의 배자발육기에서 일어난다(Dean과 Hartley 1977).

이상에서 보는 바와 같이 곤충류에서 휴면은 어떤 발육단계에서도 일어날 수 있는듯하나 그의 휴면발육단계는 종에 따라 정해져 있어 그것은 유전적인 것이다. 휴면상태에 있는 곤충은 저온이나 건조, 기타의 불리한 환경조건에 대한 저항성이 크다. 그러나 발육단계에 따르는 불리한 환경조건에 대한 저항성에는 큰 차이가 없는 듯하다. 즉 어떤 곤충의 휴면난의 내한성은 휴면유충이나 번데기로 휴면하는 다른 곤충의 그것과 차이가 없고 내한성과 직접관계가 있는 과냉각점(액체가 그의 응고점 이하가 되어도 액체 상태를 유지하는 것)이나 냉동방어물질의 축적에도 발육단계에 따르는 차이는 없다고 한다(Asahina 1969). 휴면은 생리학적으로는 신경내분비계의 활동과 밀접한 관계가 있으며 곤충류는 모두가 같은 신경내분비계 체계를 갖고 있다는 점에서 생각할 때 곤충류는 모두가 어떤 발육단계에서나 휴면 할 수 있는 잠재력을 갖고 있다고 볼 수 있다. 실제로 누에(*Bombyx mori*)는 알로 휴면하는데 용화 후 4시간 이내에 뇌(뇌신경 분비세포가 있다)를 제거하면 "인공적 휴면" 상태로 25℃에서 100일 이상 생존하였다고 한다(Kobayashi 1955). 따라서 휴면발육단계는 불리한 환경조건에 대한 저항성이 그 발육단계에서 특별히 크기 때문이라기보다는 그 종의 생존전략 진화와 관련이 큰 듯하다. 이것은 휴면이 한 분류군내에서도 여러 차례에 걸쳐 독립적으로 발달하였으나 특정 발육단계에 치우쳐 있는 경향으로도 짐작할 수 있을 듯하다. 그러나 곤충류 전체에 있어서의 휴면발육단계는 알에서부터 성충까지 모든 발육단계에서 휴면하고 있으나 계통학적으로 가까운 종들은 휴면발육단계가 같은 경향이 있다. 예를 들면 귀뚜라미과의 곤충류는 알로 월동하는 것이 대부분이며 유충으로 월동하는 종이 몇 종 있으나 성충으로 월동하는 종은 없다. 메뚜기과 곤충류도 대부분이 알로 월동하며 유충이나 성충으로 월동하는 종은 극히 적다. 그런데 노린재과, 잎벌레과 그리고 무당벌레과의 곤충들에는 성충으로 월동하는 것이 대부분으로 유충이나 알로 월동하는 예는 극히 적다.

이와 같이 곤충의 분류군에 따라 월동발육단계가 편중되어 있다는 것은 계통학적 문제가 관련되어 있음을 뜻한다. 표 4-4는 나비류 각 과의 월동발육단계이다.

표 4-4. 나비류 각 과의 월동발육단계 (Shirozu와 Hara 1960)

과	알	유충	번데기	성충
팔랑나비	1	18	5	0
부전나비	32	13	8	5
네발나비	3	28	3	12
뱀눈나비	1	22	1	2
흰나비	0	5	9	4
호랑나비	3	0	15	0
계	40	86	41	23

표에서 보는 바와 같이 나비류 전체에서는 월동발육단계는 생활사의 각 발육단계에 분산되어 있고 가장 많은 월동발육계인 유충의 경우도 전체의 약 45% 정도이다. 알 월동과 번데기 월동이 각각 20% 정도이고 성충 월동은 10% 정도로 적다. 그러나 이와 같은 비율은 과에 따라 차이가 있어 팔랑나비과, 네발나비과 그리고 뱀눈나비과에서는 유충월동, 흰나비과와 호랑나비과에서는 번데기 월동 그리고 부전나비과에서는 알 월동을 하는 종이 많아 과에 따라 월동충태에 편중성이 있으며 네발나비류는 다른 과에 비하여 성충태 월동이 특히 많다. 그리고 각 과 나비류에서 같은 속내의 종 월동태를 보면 표 4-5에서 보는 바와 같이 속내에서의 월동충태는 거의가 같으며 다른 경우는 극히 적어 계통학적인 연관성을 짐작할 수 있다.

표 4-5. 나비류 각 과에서의 속내 월동발육단계 (Masaki 1974)

과	같은 속 수	다른 속 수
부전나비	9	0
네발나비	12	2
팔랑나비	3	1
흰나비	6	0
호랑나비	4	1※
뱀눈나비	5	1※
계	39	5※

※ : 한 세대에 두 번 월동하는 종을 포함하고 있음

분류학에서는 형태적인 특성을 주로 하고 있으며 형태적으로 비슷하다는 것은 생리적으로도 비슷할 것인 고로 이들은 공통된 조상에서 분화하였을 것인 고로 종들 간에 공통된 유전자를 많이 갖고 있을 것은 짐작할 수 있겠다.

같은 생활사를 유지하면서 지리적으로 격리된 종이 분화한 경우는 위와 같은 추론은 가능하겠으나 같은 분류군에 속하는 곤충의 생활사가 같다고 하여 그들이 휴면발육단계를 공통적으로 조상에서 이어 받았다고 하는 추정은 맞을 수도 있으나 맞지 않을 수도 있겠다.

귀뚜라미류나 메뚜기류는 알로 휴면하는 것이 많은데 이것은 이들이 땅속에 산란하여 온도나 습도가 땅속의 경우는 안정되어 있고 천적류로부터 보호를 받고 있는 것과 관계가 있는 듯하다. 그런데 귀뚜라미류 중에서도 약충이 땅속 생활을 하는 경우에는 약충으로 휴면하는데 이것은 땅속이라는 환경조건과 관계가 있는 것으로 짐작된다.

딱정벌레류의 성충은 딱딱한 외골격이 몸을 쌓고 있는데 이들은 성충태로 땅속이나 낙엽 밑에서 휴면하는 수가 많다. 예를 들면 알이나 유충이 노출되어 있는 잎벌레류나 무당벌레류에는 땅속에서 성충으로 휴면하는 것이 많으나 유충이 땅속에서 활동하는 풍뎅이류 중에는 유충으로 휴면하는 예가 많다.

나비류 중 나무를 숙주로 하는 종들에서는 번데기로 휴면하는 것이 많은데 이것은 번데기가 딱딱한 외골격을 갖고 있으며 고치속에 들어있는 것과 관계가 있는 것으로 생각되며 나비류 중에도 식물체내에서 생활하는 종들 중에는 유충태로 휴면하는 것이 많다.

이와 같은 곤충류의 휴면발육단계와 그들이 생활양식 사이의 밀접한 연관은 서로 멀리 떨어져 있는 곤충류(예; 미국과 일본의 귀뚜라미류)에서도 발견되는데 이런 현상은 계통학적인 해석보다는 각 지역의 유사한 환경하에서의 비슷한 선택작용을 받은 평행현상으로 해석해야 할 것으로 생각된다.

곤충의 종류에 따라 휴면발육단계는 정해져 있는 것이 일반적인 현상이나 휴면발육단계에 종에 따라서는 변이가 있는 것도 있다. 예를 들면 야외에서 월동하는 북방방울벌레(*Pteronemobius nitidus*)에는 5개 이상의 령충이 발견되며 실내의 정해진 광주기 조건하에서도 령기를 달리하는 약충에서 발육이 중단된다 (Tanaka 1979). 이런 현상은 *Spilarctia imparilis* 불나방, 애모무늬잎말이나방(*Adoxophyes orana*), *Platynota idaeusalis* 잎말이나방 등에서도 보고된 바 있다.

어떤 경우에는 휴면전 조건이 휴면발육단계와 관계가 있는 수가 있다. 예를 들면 *Tetrix undulata* 모메뚜기의 경우 광주기를 받은 감수성발육단계의 시기에 따라 휴면발육단계는 4령 또는 5령기가 되며 토고숲모기(*Aedes togoi*)의 경우는 유충을 LD 12:12 광주기 조건에서 사육하면 성충이 우화하여 휴면난을 낳으나 LD

10:14 광주기 조건에서 사육하면 유충이 휴면에 들어가 성충의 우화가 늦어진다(Mogi 1981).

애명주잠자리(*Myrmeleon formicarius*)는 보통 1령 유충으로 월동하나 광주기 조건에 따라 세 개의 령충 모두에서 휴면이 일어날 수 있다. 광주기가 점차적으로 길어지는 것이 이 곤충의 유충발육에 필요한데 이와 같은 광주기의 변화양상에 대한 령충간의 반응차이로 성충의 우화시기가 조절되어 이 곤충은 1화성을 유지한다.

같은 종이라도 지방계통에 따라 휴면발육단계에 차이가 있는 곤충이 있다. 예를 들면 *Aedes triseriatus* 숲모기는 미국의 북부나 캐나다 남부 계통은 모든 개체군이 알로 휴면하나 미국 남부 개체군은 일부는 알로 휴면하고 일부는 유충으로 휴면한다(Holzapfel와 Bradshaw 1981). 따라서 이 종의 경우는 조건에 따라 휴면발육단계를 달리 할 수 있는 잠재적 능력을 갖고 있다고 하겠다. 또 어떤 곤충은 휴면발육단계는 하나이나 월동발육단계에는 여러 가지가 있는 경우가 있다. 당근의 해충인 *Psila rosae* 파리는 여러 가지 발육단계의 유충으로 월동하나 월동번데기만이 휴면상태이다(Stadler 1970). 영국의 *Pararge aegeria* 뱀눈나비의 경우도 월동발육단계가 여러 가지인데 이 경우 일부는 계속 발육하여 12월이 되면 용화하는데 일부는 2령 또는 3령 유충기에 휴면에 들어가 발육이 중단된다. 이와 같은 변이를 통하여 이 나비는 분포영역을 확대하는 것으로 생각된다(Lees와 Tilley 1980).

2. 휴면유기자극에 대한 감수성

곤충류에서 휴면발육단계와 휴면을 일으키게 하는 자극을 수용하는 발육단계는 같을 수도 있으나 앞선 단계인 경우가 많아 한 세대내의 몇 단계 앞선 발육단계 때로는 몇 세대 앞선 생활사 단계에서 받은 자극에 의하여 휴면이 결정되는 수도 있다. 따라서 휴면문제와 관련 어떤 종류의 자극이 원인이 되며 어느 발육단계에서 받은 자극이 문제가 되고 얻은 정보는 어떻게 저장되고 그 정보는 어떻게 이용되며 휴면을 일으키게 되느냐는 일차적인 중요성을 갖게 되겠으며 그의 저장과 활용문제는 휴면유기나 진행과정 규명에 필수적인 것이라고 하겠다.

곤충류의 휴면발육단계가 종에 따라 정해져 있는 것과 같이 휴면유기자극을 수용하는 발육단계도 종에 따라 정해져 있다. 그림 4-3은 알로 휴면하는 곤충류에서의 휴면유기요인에 대한 감응시기의 예이다.

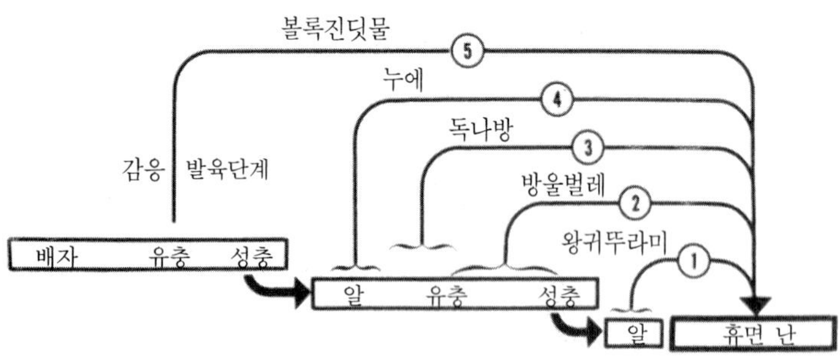

그림 4-3. 알로 휴면하는 몇 가지 곤충류에서의 휴면유기자극 수용 발육단계 (Tauber 등 1986)

1. *Teleogryllus* 왕귀뚜라미 : 감응기는 초기배자기이고 휴면은 후기배 자발육기, 2~4. *Pteronemobius* 방울벌레, *Orgyia* 독나방, *Bombyx* 누에 : 전 세대의 여러 가지 발육단계가 감응기, 5. *Megoura* 볼록진딧물과 *Myzus* 혹진딧 물 : 감응기(양성충의 생산과 월동휴면난 생산)는 2세대전

그림에서 보는 바와 같이 휴면이 일어나는 발육단계는 알로 같다하여도 휴면 유기자극을 수용하는 시기는 왕귀뚜라미류에서와

같이 같은 배자시기의 서로 다른 발육단계일 수도 있고 감응기가 독나방류와 같이 유충기일 수도 있으며 누에와 같이 전세대의 알일 수도 있다. 그리고 감응발육단계가 *Pteronemobius* 방울벌레와 같이 약충기와 성충기 두 발육단계에 걸쳐 있는 수가 있고 *Megoura* 진딧물과 같이 두 세대 앞의 광주기 경험이 알 휴면의 직접적 원인이 되지는 않으나 유성형의 생산을 통하여 휴면난을 생산하는 경우도 있는 등 곤충의 종류에 따라 차이가 있다.

휴면유기자극 감응기가 어미시기(전세대)일 때 흔히 모성효과(Maternal effect, 母性效果)라고 하며 이런 예는 기생벌, 쉬파리류, 모기류 등에서도 알려지고 있다.

휴면시기가 유충이거나 번데기 또는 성충인 경우에도 감응기와 휴면발육단계간에는 알로 휴면하는 경우와 대체적으로 비슷하겠다. 그런데 성충의 경우에는 감수성을 휴면강도(휴면기간)을 기준으로 해석하는 수가 많다. 휴면유기자극에 대한 감수성지속기간은 종간이나 종내에서 차이가 있어 짧은 것은 수일에 불과하나 어떤 종은 거의 일년에 가까운 것이 있다. *Teleogryllus* 귀뚜라미의 한 종은 알로 휴면하는데 그의 감수성기간은 산란 후 5일과 6일로 불과 2일로 대단히 짧으며(Hogan 1960) *Aedes atropalus* 숲모기는 알로 휴면하는데 그의 지역개체군 중에는 4령 유충과 번데기시기에 걸쳐 4~9일간만 감수성이 있다고 한다(Beach 1978). 그리고 *Megoura* 볼록진딧물의 경우는 2세대 전 세대 전체가 거의 감수성기간이다. 사과해충인 *Platynota idaeusalis* 애기잎말이나방의 경우는 유충기 전체가 감응기간이어서 유충기간 중 4령기 까지만 단일조건에 놓이면 39%가 휴면에 들어가나 5령기 전체가 단일조건에 놓이면 100% 휴면한다(Rock 등 1983).

그런데 감응기간 중의 휴면유기자극에 대한 감수성 정도는 변하기도 한다. 예를 들면 같은 휴면유기자극이라도 감응기간 중의 어느 시기에 받느냐에 따라 반응에 차이가 있는 것이 *Manduca sexta* 박각시나방, *Chrysopa carnea* 풀잠자리, 붉은뺨검정파리(*Calliphora vicina*) 등에서 알려지고 있다. 그리고 어떤 경우에는 감응기간이 환경조건에 따라 달라지는 수도 있다. 예를 들면 누에의 경우 뽕을 먹었을 때는 전 세대의 알이 겪은 온도와 광주기에 따라 휴면여부가 결정되며 유충기간동안의 온도나 광주기는 휴면과 무관하다. 그러나 인공사료로 사육할 때는 광조건에 따라 휴면을 않을 수도 있다(Shimizu 1982).

야외에서 휴면유기시기와 자극감응발육단계와의 관계는 종에 따라 차이가 있을 뿐 아니라 휴면유기기간 동안 휴면유기자극의 효과는 질적으로나 양적으로 달라질 수도 있다. 예를 들면 늦가을이 되어 일장이 휴면유기임계광주기에 가까워지고 임계광주기를 넘어 더욱 짧아질 때 그들이 휴면유기에 미치는 영향은 달라질 수 있겠다. 즉 어떤 종에서는 아주 짧은 일장이 임계광주기보다 약간 짧은 광주기보다는 깊은 휴면을 일으키게 되나 다른 종에서는 반대가 되는 경우도 있을 수 있겠다.

야외개체군에서 휴면개체의 비율이나 휴면심도는 감수발육단계와 휴면유기자극의 시기적 일치성과 휴면유기자극의 효과에 의하여 결정된다. 그리고 시기적 일치성은 개체군의 연령구성과 성장률과 관계가 있겠으며 휴면유기자극의 효과는 해에 따라 또는 계절에 따라 변할 수도 있고 변하지 않을 수도 있겠다. 따라서 이와 같은 개체군 관련 요인들과 관계가 있는 모든 조건들은 휴면유기자극과 상호관계가 있으며 이것은 개체군의 유전적 특성과 더불어 어떤 시기의 휴면개체율이나 그의 심도에 영향을 미칠 것이다.

3. 휴면의 진행과정

휴면유기자극을 받은 곤충은 신경내분비계의 활동, 대사 작용, 행동 그리고 형태적인 변화가 일어나는데 이와 같은 변화를 휴면증후군(Diapause syndrome, 休眠症候群)이라고 한다. 휴면증후군에는 대사 작용의 감퇴와 같이 모든 휴면현상에 공통적인 현상이 있는가 하면 생식력의 감퇴와 같은 특정발육단계에 한정된 현상이 있다. 그리고 계절적 다형성과 같은 현상은 종에 고유한 현상이다.

휴면과 관련된 생리, 형태, 행동 등의 현상은 역동적이며 각각의 현상은 서로 밀접한 연관을 갖고 질서 정연하게 이어지는 현상이다. Tauber 등(1986)은 곤충류의 계절성을 휴면증후군과 관련 전휴면기, 휴면유기기, 휴면유지기, 휴면후전환기 그리고 비휴면기 등 5개시기로 분류한 바 있다. 전휴면기부터 휴면유지기까지는 상징자극의 영향을 받으나 휴면 후 전환기 이후에는 그 영향은 상실되고 일반적 환경요인의 영향을 받게 된다. 여기서는 전휴면기, 휴면기, 휴면 후의 전환기 그리고 휴면종료후의 발육기 등에서의 현상을 설명하려 한다.

휴면현상의 공통적 특성의 하나는 호흡의 저하와 더불어 대사기능의 저하이다. 그러나 실제로는 이 밖에도 중요한 변화가 내부적으로 일어나고 있다.

누에알의 휴면은 산란 후 약 25시간 경부터 시작되는 것으로 알려져 있으며 이 시기가 되면 갑자기 호흡율이 저하된다. 그리고 산란 직후의 휴면난에는 10% 정도의 Glycogene이 에너지원으로 포함돼 있다. 그런데 휴면이 개시되면 Glycogene은 급속히 감소하여 4일 후에는 약 1/2, 10일 후에는 1/5, 끝에 가서는1/10 이하가 된다. 이런 낮은 수준은 휴면 중 지속되는데 장기간 알을 저온에 처리하면 Glycogene은 증가하며 처음 수준의약 80% 정도까지 회복하는데 Glycogene이 다시 증가하는 시기와 휴면이 끝나는 시기는 일치한다(Chino 1957).

그 후 휴면 중에 감소한 Glycogene은 두 종류의 당 알콜 즉 Sorbitol과 Glycerol로 전환하는 것이 알려져 그의 소장관계를 추적하고 이와 같은 현상은 에너지 이용과 깊은 관계가 있다고 하였다(Chino 1958). 이와 같이 휴면 중에는 생리적으로 중요한 현상이 진행된다.

(1) 전휴면기

이 시기는 휴면 전에 휴면을 위한 준비를 위하여 섭식량이 증가하여 저장물질을 증대시키고 생장율이 변화하게 되며 생리적으로는 신경내분비계의 활동이 변하는 시기이다.

곤충은 휴면에 들어가기 전에 휴면할 발육단계에 도달하여 알맞은 시기에 휴면에 들어가야 하고 휴면을 위하여 알맞은 장소로 이동해야 한다. 이것은 휴면 전에 생장이나 생식을 조절하여 불리한 계절의 도래에 앞서 휴면 할 발육단계에 도달하고 휴면기간 중이나 휴면 후에 생존에 필요한 대사물질이나 기타의 물질을 축적하고 월동장소로의 이동이나 월동 중에 필요한 방어수단에 도움이 될 행동이나 형태적 변화가 필요하겠다. 즉 이 시기는 휴면 전에 생장이나 발육을 조절하여 적절한 시기에 휴면 할 수 있게 하고 휴면 중의 생존에 유리한 행동이 발달하는 시기이다.

휴면 전의 생장이나 생식과 관계가 있는 요인은 여러 가지가 있다. 여러 가지 곤충 특히 세대기간이 짧은 다화성 곤충에서는 휴면으로 생활사 진행이 중단될 때까지는 발육이 계속된다. 그런데 어떤 곤충은 상징자극으로 휴면 전 발육이 영향을 받는다. 예를 들면 귀뚜라미류에는 약충의 발육속도나 약충의 탈피횟수가 광주기의 영향을 받는데 단일조건은 발육을 촉진하고 장일 조건은 지연시킨다. 이와 같은 반응은 추워지기 전까지 휴면에 들어갈 수 있는 발육단계를 맞추는데 도움이 되는 듯하다. 그런데 이 경우와는 달리 단일조건이 휴면 전 발육을 지연시키는 경우도 있는데 이 경우에는 또 다른 한 세대를 갖지 못하게 하여 다음 세대가 환경조건 때문에 완료하지 못하여 받게 될 불이익을 막는데 도움이 될 것이다.

한편 발육 지연이 섭식활동이 활발한 기간 중에 일어나는 수가 많으며 이 때 섭식율도 커진다. 이것은 휴면을 위한 에너지의 다량 축적으로 이어진다. 실제로 휴면이 시작되면서 지방체나 기타의 저장조직이 증가하고 내한성이나 내열성 그리고 내건성과 관련이 있는 물질이 증가하는 것은 이것을 뒷받침하고 있다.

섭식활동의 증가와 더불어 알맞은 월동처의 선택이나 그로의 이동과 관련된 행동의 변화도 일어난다. 이런 변화는 이동에서 뿐 아니라 휴면난의 산란행동에서도 일어난다. 또 이런 행동변화는 날개의 크기나 체색의 변화와 같은 형태적 변화를 동반하는 경우도 흔히 있다. 이와 같은 것은 휴면발육단계에 일어나기도 하나 진딧물류의 가을철 월동숙주로의 이동의 예에서와 같이 몇 세대 앞 세대에서 일어나기도 한다. 이와 같은 현상들은 계절적 변화를 예고하는 상징적 자극에 의하여 일어나는데 이것은 생활사의 특정 발육단계에 생기는 것으로 이와 같은 변화는 휴면하는 발육단계일

수도 있으나 훨씬 앞선 발육단계일수도 있다.

(2) 휴면기

이 시기는 휴면증후군이 완전히 발현되어 상징자극으로 그것이 유지되는 시기로부터 상징자극에 대한 반응력이 상실되어 온도에 대한 반응이 정상적인 수준으로 회복되는 시기를 말한다.

생장이나 발육이 정상적인 환경조건에 대한 반응을 하지 못하게 되는 시기로부터 정상적인 반응이 회복될 때까지를 휴면기간이라고 할 수 있겠다. 휴면이 시작되면 섭식이나 생장이 현저히 감소된다. 이와 같은 외형적인 변화와 더불어 생리적으로는 대사 작용이 현저히 감퇴하고 환경조건에 대한 저항성이 증대하고 체색의 변화나 이동이 일어나게 된다. 이와 같은 현상은 휴면기간 중에 처음에는 강화되어 그 상태가 한 동안 유지되고 최종적으로 휴면상태가 끝나게 되겠다. 따라서 이 시기는 휴면이 시작되어 강화되는 시기와 강화된 휴면상태의 유지기간 그리고 휴면성이 약화되면서 휴면이 끝날 때까지의 시기 등으로 구성되어 있다고 하겠다. 그러나 그의 진행은 연속적이어서 그들 간의 구별은 어렵다.

이와 같은 변화는 휴면기간 중의 산소소비량의 변화로 보통 짐작할 수 있다. 즉 산소소비량은 휴면이 시작되어 휴면심도가 강화되면서 크게 감소하여 그 상태가 한동안 계속되다 휴면에서 깨어나기 시작하면서 다시 증가한다. 그 외에도 휴면기간 중에는 RNA 합성, 근육의 전기 자극에 대한 반응, 호르몬에 대한 반응, 저온이나 고온에 대한 저항성의 증가, 온도에 대한 반응, 체색 그리고 장일곤충류에서의 임계광주기의 감소 등 여러 가지가 알려지고 있다.

이와 같은 특성의 변화는 서로 연관을 갖고 동시에 일어나는 수가 많아 한 가지 특성으로 다른 것의 변화를 짐작할 수 있는 수가 많다. 예를 들면 남쪽풀색노린재(*Nezara viridula*)의 경우 휴면기간 중에 산소소비량이 감소하는데 이것은 여름철 비휴면시의 체색이 녹색인 것이 겨울철 갈색으로 변하는 것과 때를 같이 하여 일어난다. 그리고 봄이 되면 체색이 녹색이 되면서 산소소비량이 증가한다(Michieli 1968). 그런데 이런 각각의 휴면징후는 휴면기간 중의 특정시기에 각각 특색을 갖고 나타나며 그 특징은 특이한 외적요인과 내적요인의 영향을 받는다.

이와 같은 다양한 현상과 관련요인의 복잡성은 휴면초기의 환경조건이 휴면의 유기나 그의 강도에 미치는 영향에 잘 나타난다. 예를 들면 감응기 직전이나 직후의 온도조건이 광주기가 휴면에 미치는 영향에 큰 영향을 미치는 수가 많아 흰점박이초파리(*Drosophila auraria*)의 경우 이 시기의 이상 고온이나 저온이 휴면에 미치는 광주기의 영향을 완전히 뒤바꾸는 일이 있다고 한다(Kimura와 Minami 1980).

곤충의 휴면기간은 종이나 같은 종에서도 계통 간에 차이가 있으며 그 기간은 짧은 것은 수주일이나 긴 것은 수년인 것이 있다. 휴면기간 중의 휴면강도나 외부조건에 대한 반응양상도 종이나 계통에 따라 차이가 있다. 동면을 하는 곤충들은 휴면기간 중에 휴면유지요인에 대한 감수성은 감소하고 휴면강도도 약해져 늦은 가을 또는 초겨울에 휴면을 종료하는 경우가 많다. 그러나 동면하는 곤충 중 일부 특히 휴면종료자극을 요하는 곤충에서는 휴면의 강도나 환경조건에 대한 반응이 휴면초기에 약간 변하고 그 후에는 겨울동안 비교적 안정상태를 유지하다 봄 또는 초여름에 갑자기 변화하는 것이 보통이다.

휴면기간이 1년 이상으로 긴 곤충들도 많다. Powell(1874)은 이런 곤충류에는 사막에 서식하는 먹점뿔나방류와 같이 전체 개체군이 휴면상태를 유지하다가 환경조건이 유리해졌을 때 일제히 모두가 휴면이 종료되는 경우도 있고 개체군내의 일부 개체들만이 이런 장기휴면을 하여 일종의 양다리걸치기성 전략을 가진 것이 있다고 하였다.

휴면기간은 유전적인 것이나 휴면강도와 관련된 환경요인, 감수성 그리고 휴면발육관련요인 등 여러 가지 요인의 영향을 받는다. 어떤 종은 휴면이 유기되는 시기의 광주기가 휴면심도를 결정한다. 예를 들면 담배해충인 *Manduca sexta* 박각시나방은 번데기로 휴면하는데 알과 유충이 단일조건에서 자라면 대부분의 개체가 비교적 짧은 휴면기간을 갖게 되나 유충을 장일에서 단일조건으로 변하는 조건에서 사육하면 휴면기간이 길어진다. 그런데 이와 같은 광주기조건 정보의 저장은 뇌의 이식실험결과로 보아 뇌에서 이루어지는 것으로 보인다(Denlinger나 Bradfield 1981).

휴면기간 중에 일장에 대한 감수성과 발육임계온도는 변화하는 것이 보통이다. 광주기의 영향을 받아 유지되는 휴면은 일장에 대한 감수성이 휴면기간 동안에 점점 감소한다. 그리고 온도에 대한 반응도 변한다. 두 가지 이상의 요인이 휴면유지에 관련되어 있는 경우에는 경우에 따라서는 서로 다른 생리기능이 관련되어 있는 수도 있다. 예를 들면 *Lestes disjunctus*와 *L. unguiculatus* 실잠자리의 경우 초가을의 배자휴면은 낮은 발육임계온도가 관계가 있으나 10월 말이 되면 휴면에 대한 온도의 영향은 소실되고 이때부터는 짧은 광주기의 영향을 받는 제2의 휴면상태로 되어 12월말까지 이 상태가 지속된다(Sawchyn과 Church 1973). 또 *Chrysopa* *carnea* 풀잠자리의 어떤 계통은 가을의 휴면은 일장에 의하여 유지되나 겨울철에서 초봄의 휴면은 먹이의 결여로 지속된다(Tauber와 Tauber 1973). 따라서 이 풀잠자리의 경우는 기온이 증식에 유리하여도 먹이가 충분하여 질 때까지는 휴면상태로 있겠다. 그리고 *Pterostichus nigrita* 먼지벌레는 성충으로 휴면하는데 첫 번째 휴면기의 난소는 난자분화(난자형성)가 전혀 일어나지 않은 상태이고 두 번째 휴면기의 난소는 난자형성이 진행되어 전나황형성기의 상태에 있어 난소내의 난자의 발육단계에 차이가 있다(Thiale 1966).

실제로 휴면기간 중의 변화단계를 구별하기는 쉽지 않은 것이 보통이다. *Aedes triseritus* 숲모기는 알로 월동을 하는 것이 보통이다. 그리고 상당한 기간의 저온을 겪은 후 온도가 상승하면 부화하는데 부화한 유충의 발육은 광주기나 온도의 영향을 받는다. 이 모기의 경우 한 겨울에 부화하였을 때는 4령까지는 발육이 진행되나 이때에는 단일조건과 저온으로 제2의 휴면에 들어간다. 그런데 봄에 부화하면 장일조건 때문에 휴면에는 들어가지는 않으나 유충의 발육은 온도의 영향을 받는다. 일장이 아직 짧은 초봄에는 낮은 온도 때문에 유충의 발육은 느리다. 그러나 일장이 긴 늦은 봄에는 유충의 발육은 온도의 직접적 영향을 받게 된다. 이런 일장과 온도와이 복잡한 상호관계 때문에 이 모기의 지역개체군 간에는 휴면종료기에 상당한 차이가 있다.

곤충류의 휴면 종료와 환경요인과의 관계는 대단히 복잡하다. 예를 들면 실내나 자연조건에서 가을에 유도된 휴면은 장일 조건으로 종료시킬 수 있고 휴면 곤충류의 광주기에 대한 반응은 휴면이 진행되면서 감소한다. 따라서 일장이 휴면 초기에 휴면을 유기한다고 하여 그것이 야외에서 휴면 후에 휴면을 종료케 한다고 생각하는 데에는 문제가 있겠다. 그리고 어떤 종의 휴면은 저온처리로 휴면기간이 짧아지는 예가 있는데 그렇다고 저온이 휴면을 종료시킨다고 단정하기는 어려운 일이다.

지금까지 온대지방에서 휴면상태로 월동을 하는 대부분의 곤충류에 대하여 그들의 휴면유지와 관련된 환경조건을 겨울철에서부터 봄철까지에 걸쳐 조사한 것을 보면 휴면 종료에 관련된 특별한 환경조건이 밝혀진 것은 없고 겨울철의 어느 시기가 되면 곤충은 휴면유지요인에 대한 반응이 소실되면서 늦은 가을철이나 초겨울에 휴면이 서서히 자동적으로 끝난다. 물론 휴면유지요인에 대한 반응상실의 속도는 그 종의 유전적 특성과 환경요인에 따라 차이가 있으며 휴면종료시기와 일치하는 환경신호도 없는 고로 휴면은 긴 시간에 걸쳐 서서히 종료된다고 하겠다. 이런 관계로 휴면 후의 내한성 상실과 발육의 재개와 같은 휴면특성의 변화는 기온이 발육임계온도를 넘을 때까지는 억제된다. 이와 같이 휴면의 연속적이고 점진적인 진행과정은 휴면종료와 그의 관여요인에 관한 보다 용의주도한 실험을 요구하게 된다. 지금까지 여러 가지 곤충류에 대한 연구결과를 보면 명백한 휴면특성의 소실과 봄철의 발육이나 생식 시기는 휴면 후 발육의 임계온도 이상의 온도가 축적되고 먹이, 습도 또는 부화자극 등과 같은 발육에 필요한 요인들이 생기면서 개체군 내의 개체들 전체에 제일성이 생기는 것과 시기적으로 일치하게 되는 것으로 보인다.

가을에서 겨울철에 걸친 휴면의 종료에 특별한 요인이 관여하고 있는 예가 몇 가지 곤충류에서 알려지고 있는데 그것은 광주기, 먹이, 습도, 숙주곤충으로부터 기생곤충, 반대로 기생곤충으로부터 숙주가 받는 내적자극이 그것이다. 이들의 경우 휴면은 두 개 단계가 있는 듯하다. 첫째 단계에서는 휴면심도가 점점 감소하는 단계이고 이어지는 둘째단계는 휴면종료자극이 있을 때까지는 정체상태가 유지되는 단계이다.

휴면심도는 종에 고유한 것으로 전휴면기, 휴면유기기간 그리고 휴면강화기간 동안의 환경조건의 영향을 받는다. 일단 휴면이 유기되면 그 기간은 휴면의 심도나 휴면유지조건에 의하여 결정되며 때로는 휴면종료에 관여하는 특별한 조건의 영향을 받는 수도 있다.

자연 상태에서 휴면기간과 관련하여 가장 중요한 것은 광주기와 온도에 대한 반응의 변화이다. 휴면기간 중 휴면유지요인에 대한 감수성은 서서히 변하는 경우도 있고 단번에 크게 변하는 경우도 있다.

휴면은 특별한 별도의 자극 없이도 서서히 저절로 끝나는 수가 많으나 휴면종료에 특별한 자극을 필요로 하는 것도 있는데 이것은 종의 특성이나 모두가 나름대로의 생물학적 의의가 있는 듯하다. 휴면종료에 특별한 자극을 요구하는 경우 다른 조건들이 유리하여졌다고 하여도 발육촉진요인(휴면종료관련요인)이 생길 때까지는 휴면 시 갖는 내한성이나 내건성은 그대로 유지되겠다. 겨울철이 따뜻하기는 하나 기후조건의 변동이 심한 지역에서는 이와 같은 적응현상은 휴면이 일찍 종료할 때 생기는 부담을 줄일 수 있겠다. 이런 경우 휴면종료와 관련된 반응이 선택작용을 받겠다. 그러나 겨울철의 기온이 비교적 낮은 지역에서는 휴면 후의 곤충은 휴지상태에 있으면서 휴지상태가 갖는 내한성과 같은 장점을 유지한다. 이 경우에는 발육과 그에 필요한 조건 간의 시간적 일치는 휴면종료 후의 문제가 되는 고로 이때에는 휴면 후의 반응성이 휴면종료에 대한 반응보다 더 큰 선택작용을 받는 것으로 생각된다.

(3) 휴면종료 후의 전환기

휴면이 끝나서 상징적 자극으로 생장이나 발육이 억제되는 일이 없고 온도나 기타에 대한 반응이 비휴면상태(정상적상태)로 회복될 때 까지를 휴면종료 후의 전환기라고 할 수 있겠다. 따라서 이 때의 곤충은 유리한 조건에 접하면 곧 발육을 회복할 수 있겠다. 이 시기는 발육에 명백한 변화가 일어나는 시기로 발육이 다시 시작되고 휴면체색이 상실하고 환경에 대한 저항성은 감소하고 대시율은 높아진다.

휴면을 종료하였더라도 조건이 불리하면 상당히 긴 시간 휴면징후가 유지되면서 남아 있을 수도 있다. 따라서 이 시기는 휴면 후 아직 휴면징후가 유지되면서 발육이 억제된 휴면 후 휴지기와 휴면징후가 소실되고 다음 발육단계로의 형태적 발육이 이루어지는 휴면 후 형태발육기로 나누어서 생각할 수 있겠다. 휴면징후군의 상실이나 형태발육은 직접 접하고 있는 온도나 습도 그리고 먹이와 같은 환경조건의 영향을 받으나 상징자극의 영향을 받는 것은 아니다.

휴면 후 전환기의 발육은 접하게 되는 환경조건과 직접적인 관계가 있는 고로 불리한 조건으로 발육이 지연될 수도 있고 경우에 따라서는 발육이 일시적 정지로 나타날 수도 있겠다. 그리고 이때의 곤충은 생리적으로 휴지상태이며 이와 같은 휴면 후 휴지는 휴면이 늦은 가을이나 초겨울에 끝나고 겨울철의 불리한 조건이 발육을 억제하고 있는 곤충류에서 흔히 볼 수 있다. 이런 경우 휴면 후 곤충은 비대한 지방체나 내한성 그리고 휴면체색 같은 휴면증후는 대부분이 그대로 유지되나 이때의 곤충은 환경조건에 대하여 비휴면곤충과 같은 반응을 갖는다. 이때는 상징자극의 영향을 받지 않는 고로 환경조건이 유리해지면 휴지상태를 끝내 곧 휴면 후 발육을 시작하겠다. *Chrysopa harrisii* 풀잠자리는 광주기의 영향을 받아 휴면하는데 그것은 12월이면 끝나고 그 후 약 3개월간 저온으로 발육이 억제된다. 그러나 봄의 기온이 11℃ 이상이 되면 곧 발육을 시작한다.

겨울이 되기 전이나 겨울동안에 휴면을 끝내는 모든 곤충류가 휴면 후 휴지를 하는 것은 아니다. 알파알파바구미(*Hypera postica*)는 장일 조건으로 하면하고 가을에는 하면이 끝난다. 하면을 끝낸 성충의 난소는 가을철의 기후가 온화하면 일부 암컷은 곧 산란한다. 그런데 가을 산란율은 지역개체군에 따라 차이가 있어 Wisconsin주 개체군에서는 가을에 산란하는 암컷은 전체 암컷의 37% 이하이고 산란수는 연간 산란수의 2% 이하다. 그런데 겨울이 보다 따뜻한 South Carolina에서는 대부분의 개체군에서 가을철과 겨울철에 난소가 발달하고 산란이 일어난다.

곤충이 휴면을 끝내는 시기와 관련 외부조건의 영향을 받는 정도나 휴면을 끝내는데 관여하는 조건은 종에 따라 다양하다. 예를 들면 휴면이 진행되면서 휴면 중인 곤충의 광주기에 대한 반응은 감소하는 것이 보통이며 가을철에 휴면에 들어간 곤충은 봄이 되어 일장이 길어지면서 휴면을 종료하는 고로 일장은 휴면 초기에는 그의 심도를 강화하나 월동 후에는 휴면종료를 촉진하다고 할 수 있겠다.

휴면상태로 월동하는 많은 종류의 온대성 곤충류에서 휴면기간 중의 휴면유지와 관련된 환경조건을 조사한바 특별한 휴면종료요인이 알려진 예는 없고 휴면기간 중 어느 시기가 되면 휴면유지요인에 대한 반응이 소실되면서 늦은 가을이나 초여름이 되면 휴면은 서서히 끝나는 것이 보통이다. 따라서 휴면의 종료에는 특별한 자극 없이 상당히 긴 기간에 걸쳐 자연적으로 일어난다고 하겠다. 휴면이 끝나게 되면서 내한성을 비롯한 휴면의 전반적 징후가 소실하고 온도가 상승하여 발육임계온도 이상으로 되어 그 상태가 얼마간 지속되어 유효온도량이 증가하여 어느 한계를 넘으면 다음 단계로의 발육이 진행되겠다. 전반적 휴면징후의 상실이나 봄철의 발육이나 생식의 시기는 휴면 후 발육임계온도 이상의 온도량이 축적되고 먹이, 습도, 기타의 조건에 따라 전체 개체군에서 거의 동시에 일어나게 된다.

(4) 휴면의 휴면 후 발육에 미치는 영향

휴면이 끝나면 탈피나 변태가 다시 시작되고 성충으로 휴면하는 곤충에서는 생식이 재개된다. 그러나 곤충류 중에는 휴면이 끝난 후 출현하는 발육단계 또는 다음 세대에 그의 영향이 나타나는 것이 있다. 현재까지 알려진 바로는 행동이나 생식력 또는 표현형 등에서 변화가 생기는 것이 알려지고 있다.

휴면이 끝나면 휴면을 유기하는 자극이나 유지하는 조건에 대한 감응력은 차차 약해지고 결국은 소실된다. 그리고 이와 같은 감소된 감응기는 휴면 후 상당한 기간 지속되는데 그 길이는 종에 따라서나 환경조건에 따라 달라진다. 휴면 후의 곤충과 비휴면 곤충은 행동면에서 차이가 있는 수가 있다. 산누에나방(*Antheraea pernyi*)의 경우 휴면 후 저온을 겪은 수컷 성충은 휴면 후 저온을 겪지 않은 수컷에 비하여 밤의 활동시기가 빠르며 암컷의 경우에는 휴면 후 저온을 겪은 암컷은 성페로몬 분비시간이 빨라진다 (Truman 1973). 또 미국흰불나방(*Hypantria cunea*)도 휴면 후 출현하는 암컷과 비휴면 번데기에서 우화한 암컷은 성페로몬 방출 시각에 차이가 있다. 이 곤충은 번데기로 월동하는데 휴면 후 암컷과 비휴면 암컷은 25℃의 암조건에서는 모두가 교미행동을 보이지 않으나 온도를 25℃에서 15℃로 떨어뜨리면 비휴면 암컷의 약 2/3는 교미행동을 보이나 휴면 후의 암컷은 18개체 중 한 개체만이 교미행동을 나타내어 그들 간에는 큰 차이가 있었다. 그런데 만약 온도를 낮추기 전에 광선을 2시간 조명하면 휴면 후의 암컷에서도 13개체 중 10개체가 교미행동을 나타냈다(Hidaka 1977). 또 년2회 발생하는 곤충 중에는 휴면 때문에 먹이나 먹이식물의 종류가 달라지는 종류가 있다. 예를 들면 *Cucullia boryphora*, *Dyscia malatyana*, *Casignetella polynella* 등 사막지대 나방류의 봄세대 유충은 잎을 먹이로 하나 하면 후의 가을세대 유충은 과실을 먹이로 하며 *Hysterosia subfumida* 잎말이나방의 경우는 가을세대와 봄 세대의 유충은 분류학적으로 과가 다른 식물의 과일을 먹이로 한다. 그러나 이런 현상이 이용할 수 있는 식물의 계절적 차이 때문인지 또는 휴면과 직접적으로 관련이 있는지는 아직 확실치 않다.

한편 휴면의 종료가 휴면 후의 생장이나 생식 그리고 다음 세대의 생물학적 현상의 진행을 환경조건이 유리한 시기에 일치시키는 것과 깊은 관계가 있는 경우가 많이 알려지고 있다. 이것은 대단히 중요한 것이나 생활사의 여러 가지 형질에 미치는 휴면 후의 영향에 대한 상세한 것이 밝혀진 예는 별로 많지 않다. 성충으로 월동하는 곤충류에서는 휴면 후 생식력이 감소하는 예가 몇몇 곤충에서 보고된 바 있으나 어떤 곤충에서는 생식력에 차이가 없거나 비휴면 개체보다 큰 경우도 알려지고 있는데 이런 예들은 휴면전의 생장율 감소나 섭식량 증대가 월동세대의 유충 크기에 영향을 미치거나 휴면 후 성충의 저장물질 증대를 통한 간접적 영향일 가능성도 있겠다.

Shapiro(1982)는 흰나비류, 네발나비류, 호랑나비류 등에서 월동 후의 춘형과 휴면을 거치지 않은 여름형간의 차이를 보고한 바 있다. 예를 들면 거꾸로 여덟팔나비(*Araschina levana*)의 경우 춘형은 오렌지색에 흑색띠를 갖고 있고 여름형은 백색띠를 갖고 있는데 장일 조건으로 휴면을 방해하면 여름형이 생긴다. 휴면과 일장간의 생리학적 연관이나 휴면 후의 다형성과의 관계에 관한 상세한 내용은 아직 밝혀진 바가 없으나 휴면을 유기하는 상징성 자극이 휴면 후의 성충에 영향을 미치는 것은 명백하다. 또 미국흰불나방(*Hypantria cunea*)의 경우 월동 후 휴면용에서 우화한 수컷은 흑색반점이 많으나 여름의 비휴면 번데기에서 우화한 수컷의 날개는 백색이다. 유충기의 단일조건과 번데기와 성충기의 저온이 흑색 반점의 출현과 관계가 있으나 온도가 보다 중요한 영향을 미친다. 즉 저온에서는 비휴면 번데기에서도 흑색반점이 있는 수컷이 생기나 휴면중인 번데기를 고온(25℃)에 처리하면 흑색반점이 없는 것이 우화한다(Umeya와 Miyata 1979).

한편 휴면이 끝난 후 다시 휴면유기자극에 감응할 수 있게 되는 시기 문제는 상당히 복잡하다. 많은 곤충 특히 자극에 대한 감응기간이 휴면발육단계와 명백하게 구별되어 있는 경우에는 휴면 후 다시 감응발육단계까지 발육이 진행되는 시기가 그것이 되겠다. 예를 들면 *Chrysopa oculata* 풀잠자리의 경우 휴면유기 일장에 대한 감응 시기는 2령과 활동성인 3령기 전기유충으로 노숙 3령 유충은 고치속에서 휴면한다. 따라서 휴면유기자극에 대한 감응반응은 휴면이 끝나서 다음 세대의 2령과 3령기 유충 출현으로 회복된다.

다화성 곤충류에서는 휴면 후 몇 세대를 경과한 후에 비로써 휴면유기자극에 반응을 일으킬 수 있는 발육단계가 출현한다. 진딧물류에서는 유성충에 의해서만 휴면난이 생산되는데 Lees(1960)는 *Megoura viciae* 볼록진딧물의 경우 휴면 후의 세대가 유성충을 생산하는 광주기 조건에 대한 감수성을 다시 얻는 데에는 세대수가 문제가 아니라 일정한 시간적 간격이 필요하다고 하였다. 이와 같은 사실은 다른 진딧물류에서도 알려져 있는데 이와 같은 관계 때문에 봄철의 진딧물류는 가을철과 마찬가지로 단일조건에서 자라지만 양성충을 생산하지 않아 여름철에서부터 가을철 하지에 태어나는 세대들은 숙주를 이용하여 계속 증식할 수 있겠다. 이런 시간적 간격은 지리적으로 분포를 달리하는 개체군에서 차이가 있어 이것이 각 지역에서의 활동시기의 기간적 차이에 대한 적응을 보이고 있다(Azaryan 1966).

한편 *Sarcophaga bullata* 쉬파리는 번데기로 휴면하는데 이 곤충의 경우는 감응성의 회복에 일정한 기간이 필요한 진딧물류와는 달리 휴면 후 휴면을 유기하는 단일조건에 대한 감응성을 갖게 되려면 단일조건 전에 장일조건 처리를 필요로 한다. 이 경우 장일조건 처리가 휴면을 유도하는 단일조건에 반응할 수 있는 능력을 회복하게 하는 것으로 이것은 어미를 통하여 그의 자손에 계승되는 셈이다.

제 3 장 휴면과 환경조건

휴면현상은 종에 따라 다양하여 1차적으로는 유전적인 것이나 같은 종에서도 여러 가지 환경조건의 영향을 받아 휴면 여부나 휴면의 심도 즉 휴면증상이 결정된다.

여러 가지 곤충류 중에서 휴면에 미치는 유전적 요인과 환경적 조건간의 상호작용관계를 보면 그들의 반응양식은 다양하다. 그래서 어떤 경우에는 휴면이 전적으로 환경조건에 의하여 결정되는 수가 있는가 하면(예; 휴면이 환경조건에 의하여 결정되는 다화성 곤충) 유전적인 것(비휴면성 다화곤충이나 매 세대마다 휴면하는 1화성 곤충)이 있다. 이런 현상에 대하여 전자를 외인성 휴면(Facultative diapause, 外因性 休眠), 후자를 내인성 휴면(Obligatory diapause, 內因性 休眠)이라고 불러왔다. "외인성 휴면"은 환경조건에 따라 휴면여부가 결정되는 경우를 말하는데 이 경우는 휴면을 좌우할 수 있는 요인이 알려지고 그런 방법으로 휴면을 조절할 수 있는 때를 말하는 고로 1화성곤충이나 다화성 곤충이거나를 막론하고 휴면을 좌우할 수 있는 요인이 알려진 경우에는 모두에 적용할 수 있겠다.

내인성 휴면이란 환경조건과는 관계없이 세대마다 모든 개체들이 휴면에 들어가는 경우를 말한다. 어떤 사람들은 내인성 휴면을 실내에서 실험적으로 휴면을 좌우할 수 있느냐 없느냐와는 관계없이 자연상태에서 세대마다 휴면이 일어나는 계절적 주기성이라고 생각하는 사람도 있다. 그런데 내인성 휴면은 대부분의 경우 휴면에 미치는 환경조건의 영향이 깊이 연구되지 않은 경우가 많고 연구가 진행되면서 1화성곤충의 경우도 그렇지 않은 경우가 점점 많이 알려지고 있으며 하나의 연속적 변이계열의 한 쪽 극단을 말하는 경우가 많아 이와 같은 분류는 문제가 있다. 따라서 여기서는 외인성이나 내인성이라는 용어 대신 다화성과 1화성이라는 용어를 대신하려 한다.

1. 광주기

거의 모든 환경요인이 계절성을 갖고 있으나 그들의 연간 변동상은 상당한 특성이 있다. 그리고 온도나 습도 같은 환경조건은 계절이나 해에 따라 상당한 변이가 있다. 무생물적 환경 중 광주기의 변화는 가장 규칙적인 변화를 한다. 따라서 광주기는 가장 믿을 수 있는 계절적 변화의 전조구실을 하겠다. 일장의 계절적 변동은 적도지방에서는 적으나 다른 지역에서의 일장은 계절적으로 규칙적인 변화를 하며 적도에서 멀리 떨어짐에 따라 그 차이는 현저해진다.

많은 곤충들은 광주기의 변화를 계절적 변화를 예측할 수 있는 믿을 수 있는 징조로 이용할 수 있는 능력을 갖고 있다. 이것은 식물에 기생하는 곤충이나 포식성인 곤충은 물론 내부기생곤충류나 사회 생활성 곤충, 땅속 생활을 하는 곤충, 식물체내에 기생하는 곤충 그리고 수중생활을 하는 곤충류 등에서도 발달하고 있는 일반적 현상이다. 특히 온대지방에 분포하는 곤충류는 발육과 밀접한 관계가 있는 온도나 습도, 먹이, 기타의 조건이 일장의 계절적 변동과 깊은 관계가 있어 광주기는 그들의 계절성에 큰 영향을 미친다. 일반적으로 온대지방에서는 온도나 기타의 환경조건은 광주기의 곤충에 미치는 효과에 영향을 미치는 수가 많다. 적도지방이나 열대지방의 곤충류는 광주기보다는 온도나 습도의 영향을 더 많이 받는 것이 보통이다. 그러나 이 경우에 있어서도 일장의 계절적 작은 변화를 이용하는 곤충들이 있다. 따라서 광주기는 계절적 징후로 대단히 중요한 요인이라고 하겠다.

광주기의 식물의 개화에 미치는 영향에 관하여는 19세기말 경부터 여러 식물학자들의 관심사였으며 Garner와 Allard(1920)는 여러 가지 식물의 개화가 일장조건에 의하여 결정됨을 보고한 바 있다. Marcovitch(1923, 24)는 *Aphis forbesi* 진딧물을 일장 7시간 하에서 사육하면 한 여름에도 가을철과 같이 양성충을 생산할 수 있으며 9월에도 장일 조건하에서 사육하면 단성생식충을 출현시킬 수 있음을 보고하였다.

일본의 Kogure(1933)는 누에를 자료로 단일조건은 휴면난을 낳게 하며 광도나 광파장의 영향에 관한 연구결과를 보고하였다. 또 Sabrosky 등(1933)은 *Acrydium arenosum* 메뚜기는 항속광하에서는 휴면을 않는다고 하였다. 그 후 곤충 뿐 아니라 갑각류, 거미류, 새, 포유류 그리고 파충류 등 다른 여러 동물에서도 그들의 활동에 계절성이 있음이 보고되었다. 곤충과 관련하여서는 휴면의 유기와 종료 그리고 계절형 등과 광주기의 관계가 많이 연구되었으며 특히 온대지방의 동물들을 대상으로 한 것이 많다. Danilevskii(1965)는 100여 종의 곤충류에 관한 그때까지의 광주기 관련 연구결과를 검토하고 특히 광주기 문제 연구에 있어서의 지리적 분포측면의 중요성을 강조한 바 있다. 그 후 Beck(1980)은 150종, Saunders(1982)는 15개 분류목에 걸친 320종 그리고 Nishizuka 등(1998)은 17 분류목 곤충 500여 종의 휴면관계 연구결과를 정리한 바 있다.

광주기가 생활사에 미치는 영향은 곤충의 종류에 따라 차이가 있다. 예를 들면 *Forficula tomis* 집게벌레나 애명주잠자리(*Myrmeleon formicarius*)의 경우 거의 연중 계절과 관계없이 여러 가지 발육단계에서 광주기의 영향을 받는다. 그러나 다른 곤충류에서는 생활사의 특정발육단계에서만 광주기의 영향을 받고 그 후에는 광주기에 대한 감수성이 감소하거나 소실되어 다른 환경조건들이 주동적 역할을 하는 수도 있다. 사실 휴면현상은 복잡하여 여러 가지 기능이 엉킨 역동적인 것이다. 예를 들면 어떤 곤충에서는 어떤 특정 광주기의 영향을 받아 휴면 전에 생리작용이나 행동에 변화를 일으키나 이런 자극이 내한성이나 내고온성과 같은 휴면에 따르는 특성에 미치는 영향은 별로 크지 않다. 또 *Chrysopa oculata* 풀잠자리와 진디기류는 휴면직후부터 광주기에 대한 감수성이 감소하며 *Ostrinia nubilalis* 조명나방이나 *Chrysopa carnea* 풀잠자리는 휴면이 진행되면서 광주기에 대한 감수성은 점점 감소한다. 그리고 *Lestes disjunctus*나 *L. unguiculatus* 실잠자리의 경우는 저온으로 휴면이 유지되나 10월 말이 되면 온도의 영향은 끝나고 12월말까지는 광주기의 영향을 받아 휴면이 유지된다. 그리고 어떤 곤충에서는 휴면기간 전체에 걸쳐 광주기에 대한 감수성이 유지되어 광주기 조건에 의해서만 휴면이 끝난다. 그런데 톱다리개미허리노린재(*Riptortus clavatus*)의 경우는 휴면이 끝난 후에도 광주기에 대한 감수성은 유지된다(Numada와 Hidaka 1982). 이와 같이 곤충의 광주기 반응은 곤충의 종에 따라 극히 다양하며 이런 반응은 외적조건의 계절적 변동에 대하여 중요한 적응기능을 갖게 한다.

(1) 광주기와 휴면유기

곤충류에 있어서 휴면과 광주기와의 관계는 다양하다. 곤충류의 광주기에 대한 반응은 여러 가지 광주기 조건하에서 50%의 개체가 휴면에 들어가는 임계일장(Critical photoperiod, 臨界光周期)을 기준으로 평가하는 것이 보통이다.

휴면유기광주기는 종에 따라 차이가 있을 뿐 아니라 같은 지역에 분포하는 분류학적으로 근연종간에도 차이가 있다. 그림 4-4는 미국 New York주 Ithaca 지역에 분포하는 3종 풀잠자리의 휴면과 광주기와의 관계이다.

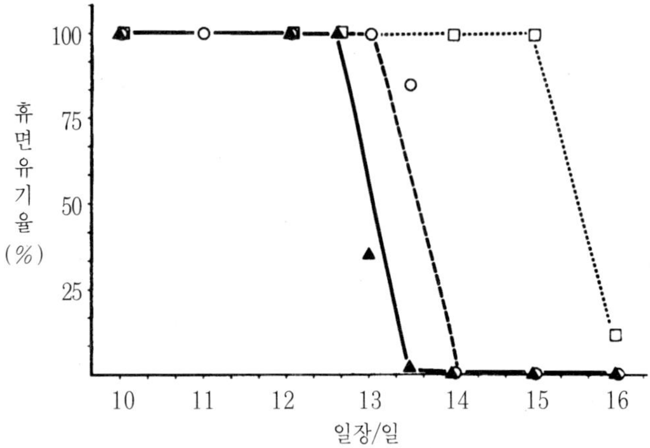

그림 4-4. 미국 New York주 Ithaca 지방에 분포하는 3종 풀잠자리의 광주기에 대한 휴면 반응 ▲ : *Chrysopa oculata*, ○ : *C. carnae*, □ : *Meleoma signoretti* (Tauber 등 1986)

이들 3종 풀잠자리는 모두가 장일성곤충이나 그들의 휴면유기임계광주기는 종에 따라 13~15시간으로 차이가 있다. 즉 24℃에서 *Meleoma signoretti* 풀잠자리의 휴면유기임계광주기는 15~16시간이나 *Chrysopa oculata*와 *C. carnae*는 그것이 각각 $12\frac{3}{4}$시간과 13.5시간이다.

광주기에 대한 유기반응에는 2가지 대표적인 것이 있다. 즉 장일형 곤충은 늦은 봄과 여름철 동안 장일 조건하에서 생장이나 생식을 하고 가을철이 되어 단일조건을 맞으면 휴면하는 종을 말하고 단일형 곤충류는 단일조건하에서 생장이나 생식을 하고 장일조건이 되면 휴면하는 종을 말하는데 그 예는 많지 않다.

앞서의 3종 풀잠자리류는 대표적인 장일형 곤충류로 이런 곤충류에서는 저온은 단일효과를 증대시키는 경향이 있으며 고온은 반대로 단일효과를 감소시키는 경향이 있다. 단일형 곤충류는 하면하는 곤충류로 온도의 영향은 장일성 곤충류의 경우와는 반대인 경우가 많다. 그런데 휴면유기와 광주기간의 관계가 계절에 따라 달라지는 곤충이 있다. 예를 들면 누에(*Bombyx mori*)는 단일조건에 반응하여 알로 휴면하나 가을철에서 겨울철의 휴면은 전세대의 난기와 유충초기의 장일조건으로 일어난다.

곤충의 종류에 따라서는 하면은 장일 조건으로 일어나고 동면은 단일조건으로 일어나 발육은 봄이나 가을의 중간 광주기하에서만 일어나는 것이 있다. 예를 들면 도둑나방(*Mamestra brassicae*)은 번데기로 휴면하는데 하면은 장일조건(〉LD 15:9)에서 일어나고 동면은 단일조건(〈LD 13:11)에서 일어나며 그 중간인 LD 14:10 정도의 조건하에서는 휴면하지 않는 번데기가 상당히 있다(Masaki 1956). 한편 실내에서 2화성인 *Coccinella novemnotata* 무당벌레를 10, 12,18시간 등의 광주기 조건에서 사육하면 대부분의 성충이 휴면에 들어가고 그 중간인 14시간과 16시간 조명하에서는 휴변하지 않고 생식을 한다. 그런데 California 북부에서는 일장이 18시간을 넘는 일이 없어 약 16시간 정도의 일장조건을 겪게 되어 휴면은 없을 것인데 2화성을 나타내는 것은 아마도 이 곤충은 약한 광도에도 반응할 수 있어 저녁의 약한 광선에 감응할 수 있거나 아니면 다른 요인이 관여하였을 수도 있겠다.

한편 Beck(1980)은 극단적인 단일조건(예; 0~8시간)하에서와 극단적인 장일조건(예; 16시간 이상)하에서는 휴면이 일어나지 않고 휴면은 특정 광주기조건(예; 10~14시간)하에서만 일어나는 단일-장일형과 이와는 대조적으로 극히 제한된 범위의 비교적 장일조건(18시간 정도)하에서 휴면하고 그보다 긴 장일 조건에서는 휴면이 없는 장일-단일형을 제시한 바 있다. 그러나 Tauber 등(1987)은 이 두 형과 장일형은 자연 상태에서는 구별이 힘들고 모두가 생태학적으로는 장일형이고 현상학적으로는 장일 조건인 여름철 활동형이라고 하였다. 그리고 도둑나방의 경우 하면은 장일하에서 일어나고 동면은 단일조건하에서 일어나는데 이들의 생리적 상태는 명백한 차이가 있어 이들의 온도에 대한 반응에는 큰 차이가 있다고 한다(Masaki 1959). 따라서 이 두 휴면은 반응면에서 두 가지로 보는 것이 옳을 것이라고 Tauber 등(1987)은 말하고 있다.

한 개체군내의 개체들에서의 휴면유기와 휴면종료에 미치는 임계광주기는 같은 것으로 생각하는 것이 보통이다. 그러나 톱다리개미허리노린재(*Riptortus clavatus*)의 경우 휴면유지와 종료에 대한 임계일장은 휴면유기의 그것에 비하면 약간 짧으며(Numata와 Hidaka 1983) *Meleoma signoretti* 풀잠자리의 경우는 휴면유기의 임계일장이 휴면유지와 종료에 대한 그것보다는 2시간 정도 길다. 반면에 *Pyrrhocoris apterus* 별노린재의 경우 실내에서는 휴면유지의 임계일장은 휴면유기임계일장보다 길다. 이런 사실들은 휴면현상의 복잡성과 역동성을 말하는 것으로 임계일장이란 특정조건하에서 일어나는 반응에 대해서만 적용할 수 있음을 뜻하는 것이다. 예를 들면 *Meleoma signoretti* 풀잠자리의 경우 24 ℃에서는 휴면유기임계일장이 LD:15:9와 LD 16:8 사이이나 이것은 온도나 다른 환경조건에 따라 달라진다.

이상에서 설명한 바와 같이 임계광주기 개념을 포함 일장에 대한 반응곡선은 휴면과 광주기간의 관계를 이해하는데 많은 도움이 되나 다음과 같은 문제점이 있어 그의 이용에는 주의가 필요하다. 휴면개체와 광주기간의 양적관계는 그의 반응곡선으로 알 수 있으나 여러 가지 광주기가 이르키는 휴면심도의 차이에 대한 것은 이것으로는 알 수 없다. 즉 어떤 곤충류에서의 광주기와 휴면과의 관계는 실무율(All or None, 悉無律)적인 것이어서 어느 한계 이하의 일장은 같은 심도의 휴면을 일으킨다. 그러나 어떤 곤충들에서는 임계일장에 가까운 일장은 약한 휴면을 일으키고 임계일장보다도 훨씬 짧은 일장은 강한 휴면을 일으키는가 하면 이와는 반대로 육식성인 *Aphidoletes aphidimyza* 혹파리의 경우는 임계일장 바로 밑의 짧은 일장이 이보다 더 짧은 일장보다 더 강한 휴면을 일으킨다(Habelka 1980). 또 *Chrysopa carnea* 풀잠자리의 경우 휴면심도는 일장에 따라 달라진다. 또 다음으로 중요한 문제는 이 반응곡선은 실내에서 일정한 광주기를 이용하여 얻은 결과인 고로 일장이 변하는 자연계에서 일어나는 반응과는 다를 수도 있겠다. 이런 문제점들은 광주기에 대한 반응곡선을 이용할 때 고려해야 할 점이다.

(2) 변화하는 일장

온대지방에서 일장은 동지를 지나면 점점 길어져 하지 전후에서 최장이 되고 그 후에는 점차로 짧아져 동지전후에 가장 짧아진다.

자연계의 이와 같은 광주기 변화는 곤충류의 휴면과도 깊은 관계가 있으며 곤충의 광주기 변동과 휴면현상간의 관계에는 다음과 같은 4가지 양식을 볼 수 있다.

① 임계광주기 결정형

곤충류 중에는 휴면이 전적으로 임계일장에 의하여 결정되며 광주기의 변동과는 무관한 것이 있다. 사과응애(*Panonychus ulmi*)는 단일조건하에서 휴면에 들어가는데 이 때 일장의 변화와는 관계없이 임계일장이하의 일장이 되기만 하면 휴면하다. *Meleoma signoretti* 풀잠자리와 *Wyeomyia smithii* 숲모기의 경우도 휴면 중의 일장변화는 휴면 유기에 영향을 미치지 못 하고 휴면종료에 대한 임계일장 이상의 일장조건만 되면 휴면은 끝난다. 이런 종류들에서는 휴면의 개시나 종료를 일장을 바탕으로 예측할 수 있겠다.

② 장일-단일형

이 경우는 감수성 발육단계가 장일 조건에서 임계일장을 거쳐 단일조건으로 일장이 감소하는 변화가 있을 때 휴면이 일어나거나 유지되고 변화가 없는 장일 조건이나 단일조건에서는 휴면율이 극히 낮은 경우를 말한다.

Heliothis zea 밤나방은 21℃에서 광주기 조건이 변하지 않는 LD 10:14, LD 12:12, LD 14:10 등의 조건에서는 번데기의 휴면율은 극히 낮다(Wellso와 Adkisson 1966). 그러나 암컷 성충과 알이 장일 조건 LD 14:10에서 지나고 유충기를 단일조건인 LD 10:14에서 경과하면 휴면율이 높아진다. 이 해충의 경우 휴면을 위하여는 유충기의 일장이 13시간 이하여야 한다. 이와 같은 광주기 반응특성은 같은 단일조건을 겪게 되어도 단일조건에서 장일조건으로 변하는 여름철에는 휴면하지 않으나 반대로 장일 조건에

서 단일조건으로 변하는 가을철에는 휴면에 들어가게 된다. 물론 이 때 광조건의 변화와 더불어 일어나는 온도의 변화도 이런 차이와 관계가 있을 것이다.

Heliothis punctigera 밤나방은 일장이 변하지 않을 때는 일장이 12~12.5시간의 좁은 일장범위에서 휴면이 일어나고 이 범위를 벗어난 장일이나 단일조건에서는 휴면율이 낮은데 1령 초기의 일장이 이런 임계광주기를 낀 LD 14:10에서 LD 10:14로 장일 조건에서 단일조건으로 감소하는 조건을 겪으면 휴면율이 높아진다.

그리고 *Spilarctia imparilis* 불나방의 경우 여러 가지 광주기 조건에서 자란 유충은 번데기가 되었을 때 휴면하는데 이런 번데기 모두를 암조건에서 같은 온도하에 처리하면 휴면상태를 유지할 수 있는데 이것으로 보아 휴면유기광주기가 번데기 휴면의 심도에 미치는 영향과 번데기에 미치는 휴면유지광주기는 확실히 다른 듯하다(Kimura 등 1982).

어떤 경우 충분한 휴면심도가 발전하는 데에는 변동하는 광주기 조건이 요구되는 수가 있다. 남아프리카의 *Nomadacris septemfasciata* 메뚜기는 LD 12:12 불변광주기 조건에서 사육하면 성충이 약한 휴면을 하나 약충기를 일장이 13시간 또는 그 이상의 긴 광주기 조건에서 지내면 휴면기간이 상당히 길어진다. 그런데 광주기 LD 13:11에서 사육할 때도 이에 앞서 단일조건을 거친 것은 휴면하지 않는다. 이와 같은 특이한 광주기 반응 때문에 이 메뚜기가 서식하는 지역의 광주기는 LD 13:11과 LD 12:12 정도의 좁은 변이폭을 갖고 있으나 생존과 깊은 관계가 있는 건기와 우기에 그들이 생활사 진행을 일치시킬 수 있을 것이라고 Norris(1965)는 말하였다.

한편 담배의 해충인 *Manduca sexta* 박각시나방의 휴면은 일장시간 그 자체나 그의 변동이 문제가 아니고 상당히 긴 광주기 감응발육단계기간 중의 계속되는 단일조건의 기간(일수)이 문제가 된다고 한다(Denlinger와 Bradfield 1981). 이 해충은 번데기로 휴면하는데 그의 광주기 감응기간은 부화 전의 배자발육기에서부터 유충발육기간 전체로 상당히 긴데 이 기간 동안의 불변 단일조건은 휴면기간은 짧으나 높은 휴면율을 나타낸다. 그런데 유충기 후기에 장일 조건에 있던 유충을 단일조건으로 옮기면 번데기의 휴면율은 낮으나 그의 휴면기간은 길어진다. 이런 사실은 야외의 조건과 비교할 때 흥미 있는 일이다. 야외에서 9월 중의 유충은 8월 중의 그것에 비하면 짧은 일장조건에 놓이게 되겠다. 따라서 9월 중의 유충은 8월 중의 유충에 비하면 번데기가 되었을 때 짧은 휴면기간을 거치게 되며 9월에 휴면에 들어간 번데기도 겨울이 되기 전에 한 세대를 끝낼 수 있겠다. 그런데 8월에 자란 유충의 번데기는 휴면기간이 길어 그대로 겨울을 날 수 있어 어느 경우나 모두가 생존에 유리하다고 하겠다.

이 박각시나방과는 달리 도둑나방(*Mamestra brassicae*)의 경우는 20℃에서 4령기 까지에 LD 12:12의 단일조건에서 LD 16:8의 장일 조건으로 옮겨주면 번데기는 짧은 하면을 한다. 그런데 1령기나 2령기에 반대로 LD 16:8에서 LD 12:12의 단일조건으로 옮겨주면 긴 동면에 들어가나 휴기유충에 같은 처리를 하였을 때는 휴면하지 않는다(Yagi 1975). 이 해충은 앞서의 박쥐나방과는 달리 중기 이후의 유충이 14시간의 불변 광주기를 겪거나 광주기가 감소하는 조건에서 경과하면 모두가 하면이나 동면을 하지 않는다. 이런 광주기 반응특성 때문에 이 해충은 짧은 일장으로 휴면하게 되는 시기 전까지에 휴면하지 않고 또한 세대를 끝낼 수 있는 것이다. 이것은 휴면이 진행되는 동안 광주기에 대한 반응이 변하는 것을 의미하는 것으로 이것은 휴면이란 역동적인 과정임을 전제로 연구가 진행되어야 함을 의미하는 것이다.

③ 단일-장일형

이 경우는 어떤 불변일장하에서 사육하면 거의 100%의 개체가 휴면하나 감수성 발육단계의 일장이 임계광주이하에서 그 이상으로 변화하는 조건하에서는 휴면이 일어나지 않거나 종료되는 경우로 휴면의 억제나 종료에 단일-장일 조건을 필요로 하여 앞서의 범주와는 반대의 경우이다.

Stenocranus minutus 멸구는 1화성으로 성충으로 휴면하는데 불변광주기 LD 16:8 또는 그 이상의 장일 조건에서 전체 생활사를 경과하면 성충은 초기 난소발육단계에서 휴면한다. 그런데 우화직후의 성충을 단일조건에 처리하면 일부 난자가 발육하나 난황이 형성되고 산란이 일어나려면 단일처리 후 장일 조건이 필요하다. 다만 유충기에 단일조건을 겪었을 때는 몸이 작아지고 휴면은 일어나지 않는다. 이 밖에도 먼지벌레류나 매미충류, 기타 몇가지 곤충류에서 그 예를 볼 수 있는데 이들은 여름철의 장일 조건으로 휴면에 들어가 가을과 겨울동안을 휴면상태로 지내고 다음해 봄에 생식이 일어나는 것이 보통이다.

일본에서 북방방울벌레(*Pteronemobius nitidus*)는 약충으로 휴면하는데 그의 임계광주기는 LD 14시간과 14시간 45분 사이의 좁은 범위 내에 있다. LD 10:14의 조건에서 LD 14:10으로 옮겼을 때는 휴면을 억제하는데 효과가 없으나 같은 4시간이라도 $14\frac{3}{4}:9\frac{1}{4}$로 옮기면 휴면한다. LD 14:10에서 사육한 약충을 LD $14\frac{3}{4}:9\frac{1}{4}$로 옮기면 휴면을 막진 못하나 LD 16:8로 옮기면 효과적이다.

이런 것으로 보아 휴면을 막는 데에 임계광주기와 변하는 일장 모두가 관련되어 있는 것으로 보인다.

남부 핀란드 북방소금쟁이(*Gerris odontogaster*)의 경우 초기 유충기에 증가하는 광주기를 겪고 4령기에 LD 18:6 이상의 장일 조건을 겪으면 비휴면 단시형이 출현하나 그렇지 못하면 휴면장시형이 생기는 고로 단시형 비휴면 개체는 이런 조건이 충족되는 초여름에만 생길 수 있다.

이와 같은 광주기 반응을 하는 곤충류는 대부분이 봄철에 증식하는 곤충류들이다. 하면을 하고 가을철이나 겨울철에 증식하는 곤충류에 있어서는 휴면을 앓거나 끝내려면 임계광주기를 거치는 일장변화가 필요하여 "휴면의 억제나 종료에 장일-단일조건을 요구 한다." 예를 들면 민줄긴더듬이잎벌레(*Galeruca tanaceti*)의 하면종료에는 긴 광주기에서 임계광주기를 거쳐 짧아지는 변화하는 광주기가 필요한 듯하다.

④ 곤충류 중에는 특정 광주기와는 무관하고 다만 광주기의 변화 그 자체가 휴면과 관계가 있는 경우가 있다. 이것은 위의 세 가지 범주에 속하는 곤충들은 일장의 길이 뿐 아니라 일장의 변동이 휴면과 관계가 있으며 이들의 경우는 임계광주기라는 특정광주기가 관련되어 있다. 따라서 광주기의 변동자체가 휴면과 관련이 있는지 여부는 또 다른 문제가 되겠다.

Chrysopa carnea 풀잠자리는 휴면임계광주기를 가진 곤충인데 임계광주기 범위 밖의 일장이라도 일장이 갑자기 변하면 휴면이 일어나는 것이 알려져 있다. 즉 LD 18:6과 LD 14:10의 광주기 조건은 임계광주기를 벗어난 긴 광주기인 고로 유충과 성충을 이런 조건에서 사육하면 휴면현상은 없다. 그런데 LD 18:6의 장일

조건에서 사육하던 유충을 LD 14:10의 광주기 조건으로 옮기면 29%가 휴면에 들어가며 반대로 임계광주기보다 짧은 광주기인 LD 8:16에서 LD 12:12로 옮기면 휴면은 일어나지 않는다(Tauber와 Tauber 1970). 이 곤충은 아직 휴면유기임계광주기에 달하기전인 8월 말에 휴면에 들어가는데 이것은 이 시기의 일장감소 자체가 휴면유기에 영향을 미쳤을 수 있겠다. 그리고 이 곤충의 휴면은 가을철과 겨울철의 단일조건에서 유지되고 광주기 조건의 자극 없이도 휴면이 종료된다.

톱다리개미허리노린재(*Riptotus clavatus*)의 경우 일부개체들(23~25%)은 일장변화의 영향을 받으며 *C. carnea* 풀잠자리와 마찬가지로 계절의 진행을 임계광주기와 일장의 변화로 짐작하는 것으로 보인다(Numada와 Hidaka 1983). 그러나 그의 생태학적 의의는 분명하지 않다.

한편 애알락수수렁이(*Anthrenus verbasci*)는 2년 1회 발생하며 그의 발육에는 개년성(Circannual rhythm, 概年性)이 있는데 이 경우 일장변화 자체가 계절성과 밀접한 관계가 있는 것은 사실이나 이 경우는 일장변화가 휴면의 유기나 종료에 대하여 상징 자극적 역할을 한다기보다는 생활사기간의 조절을 통한 이종의 동조화기능(Zeitgeber)을 하는 것으로 보인다.

(3) 광주기가 기타 휴면형질에 미치는 영향

광주기는 휴면의 유기 뿐 아니라 휴면 전의 발육이나 휴면기간, 휴면종료 그리고 휴면후의 생장이나 발육에도 다양한 영향을 미친다.

생활사와 관련 적절한 시기에 휴면할 수 있는 발육단계까지 발육하여 불리한 환경조건을 맞기 전에 생장이나 발육이 정지되고 이때까지 불리한 환경조건에 대비하여 대사 작용이나 기타의 생리 생태적인 준비가 완료되어야 한다. 알로 월동하는 귀뚜라미류에서는 유충의 발육속도나 탈피횟수가 광주기의 영향을 받으며 성충기의 단일조건은 난자발육을 촉진하고 장일 조건은 반대로 지연시키는데 이런 발육의 조절로 겨울이 되기 전에 성충이 출현하여 휴면난을 산란하게 한다(Masaki 1972). 이런 예는 *Gryllus campestris* 귀뚜라미, *Crambus tutillus* 포충나방, *Manestra genistae* 밤나방, *Pyrrhocoris apterus* 별노린재 등에서도 알려지고 있다. 반면에 *Amathes c-nigrum* 밤나방은 휴면을 않을 경우에는 5~7령으로 되어 있는 유충 발육기간을 21~33일내에 끝나는데 단일조건으로 휴면이 일어날 때는 휴면전 4령까지의 기간이 약 27일이고 휴면 5령 기간은 약 26일이며 휴면 후 6령에서 8령까지 발육하는데 14일을 요한다고 한다(Honek 1979).

Ostrinia nubilalis 조명나방 휴면유충의 가을철에서부터 다음해 이른 봄까지의 광주기에 대한 반응을 보면 가을철의 휴면종료는 짧은 광주기에 의하여 억제되고 있으며 휴면이 진행되면서 일장에 대한 감응력을 상실하게 되어 12월 중순에는 온도는 아직 임계온도보다는 훨씬 낮은 때인데도 불구하고 광주기에 대한 반응은 끝나고 있었다고 한다(McLeod와 Beck 1963). 또 *Tetragoneuria cynosura* 잠자리의 유충은 하면을 하는데 초기에는 장일조건이 휴면을 유기하나 추분이 지나면 단일조건이 대신하여 휴면을 유지하게 하며 겨울동안에는 광주기에 대한 반응은 감소한다(Lutz와 Jenner 1964). 따라서 이 잠자리의 유충은 추분을 중심으로 광주기에 대한 반응이 바뀐다.

Tauber와 Tauber(1973)는 자연 상태에서의 광주기의 변화에 대한 휴면곤충의 반응을 조사하기 위하여 시기별로 채집한 *Chrysopa carnea* 풀잠자리를 대상으로 여러 가지 광주기 조건의 휴면에 미치는 영향을 조사하였다. 채집시기별로 24℃, 광주기 조건 LD 9:15에서의 휴면종료일수를 보면 10월 25일 채집충과 2월 23일 채집충에서 각각 약 80일과 10일로 채집시기간에 현저한 차이가 있어 가을철 휴면은 가을철의 변화하는 단일조건에 억제되어 있음을 알 수 있었다.

휴면이 진행됨에 따라 광주기에 대한 반응이 점점 감소하는 경우에는 별문제이겠으나 광주기에 대한 감수성이 휴면기간 중 계속 유지된다면 광주기는 휴면유지에 필요한 요인이 되겠으며 적정한 광주기적 자극이 없으면 휴면기간이 비정상적으로 길어지는 경우가 있겠는데 이런 경우에는 광주기는 휴면종료와 직접적인 관계가 있겠다. 참나무산누에나방(*Antheraea yamamai*)는 1화성곤충인데 휴면난으로 월동하고 번데기는 하면한다. 유충기를 장일조건(LD 16:8)에서 경과하면 번데기는 하면한다. 하면 중인 번데기를 단일조건에 처리하면 수일 내에 휴면이 종료한다. 그러나 하면용을 장일 조건에 처리하면 휴면은 3개월 이상 지속된다(Kato와 Sakate 1981). 따라서 휴면기간 중의 광주기 조건이 휴면종료와 직접적인 관계가 있다. 자연조건에서 성충이 출현하는 것은 용화 후 1~2개월 후인 8월말에서 9월 중인 고로 자연 상태에서는 광주기가 번데기의 하면유지와 그의 종료에 영향을 미치는 것으로 생각된다.

광주기가 휴면종료에 미치는 영향에도 *Meleoma signoretti* 풀잠자리의 경우와 같이 광주기가 임계광주기를 넘으면 휴면이 종료되는 경우가 있고 *C. downesi* 풀잠자리와 같이 겨울철의 일장 증가가 휴면발육을 촉진하여 일장증가율이 가장 큰 춘분전후에 휴면이 끝나는 경우가 있다.

앞서 설명한 바와 같이 광주기는 전부는 아니지만 대부분의 곤충류에서 휴면에 들어가는 시기를 결정하고 그의 강화에 복잡하고도 미묘한 영향을 미친다. 그러나 이와 같은 결과는 거의가 실험실내에서 얻은 결과로 야외개체군에 대한 휴면유기 예측에 이용하는 데에는 문제가 많다. 이것은 야외개체군의 경우 각 발육단계가 갖는 광주기에 대한 감응성의 차이, 임계광주기 전후 광주기에 대한 곤충의 종에 따르는 반응 차이, 변화하는 광주기에 대한 반응의 차이, 곤충이 겪은 광주기 경험의 차이, 저녁 황혼기 광도에 대한 감응력 차이 그리고 광주기와 다른 환경요인의 상호작용의 차이 등 여러 가지 복잡한 문제가 포함되어 있기 때문이다. 따라서 이런 문제의 해결을 위해서는 앞으로 보다 많은 연구가 이루어져야 하겠다.

2. 온도

광주기 다음으로 휴면과 깊은 관계가 있는 환경요인이 온도이다. 연중 특정 날짜의 온도는 예측할 수는 없으나 온도조건은 계절성을 갖고 있어 곤충류는 그들의 생활사를 조절하는데 온도의 계절적 변동을 신호로 이용하고 있다.

온도는 휴면과정에 여러 가지 영향을 미치며 그 양식에는 상징자극적인 것과 휴면율이나 발육율 그리고 휴면 후 발육에 영향을 미치는데 그 영향은 다양하며 광주기의 경우와 마찬가지로 온도변화에 대한 곤충의 반응은 계절에 따라 큰 차이가 있다.

(1) 휴면유기자극으로서의 온도

대부분의 절지동물에서 광주기는 휴면유기와 관련 가장 중요한 환경자극이나 일부 절지동물들에 있어서는 광주기가 휴면유기에 미치는 영향은 별로 중요하지 않거나 관련이 없는 수도 있으며 대신 온도가 휴면유기의 주요자극으로 작용하는 경우가 있다. 이런 것들에 있어서 온도는 생장이나 발육속도에 직접적으로 영향을 미칠 뿐 아니라 앞으로 다가올 계절변동에 대응하게 하고 휴면징후 발달에 중요한 영향을 미친다. 이 때 온도는 감수성 발육단계에서 수용되어 상징자극의 구실을 하고 그 영향은 휴면발육단계가 될 때까지는 나타나지 않는다.

휴면유기에 온도가 1차적 중요성을 갖는 것으로 알려진 예는 온대곤충류에서는 별로 많지 않다. *Chortophila brassicae* 파리의 유충은 지중생활을 하는데 광주기의 휴면에 미치는 영향은 거의 없으나 유충기 지중온도는 번데기의 휴면유기와 깊은 관계가 있다. 즉 유충기 지중온도가 15℃이하로 유지되면 번데기의 휴면율이 높아진다. 이 때의 번데기는 20℃로 옮겨도 오랫동안 번데기 상태로 있는 것으로 보아 이 때의 번데기는 저온 때문에 발육이 억제되어 있는 것이 아니고 휴면상태에 있는 것으로 생각된다 (Missonnier 1963).

지중과 비슷한 환경조건을 재질가해 해충류나 저곡해충 또는 가옥 내 서식곤충류가 겪고 있다고 볼 수 있는데 이들에서 온도가 휴면과 깊은 관계가 있는 경우를 볼 수 있다. 그러나 재질가해 곤충류의 경우 광조건을 완전히 배제하는 것은 실험상 어려운 점이 많으며 저곡해충의 경우 광주기는 극히 좁은 온도 범위 내에서만 영향이 있어 온도가 보다 중요한 역할을 한다고 생각되는 경우가 있는 등 이들 곤충류에서의 휴면유기와 온도와의 관계는 종에 따라 상당히 복잡하다.

열대지방에서는 일장의 계절적 변화가 극히 적어 휴면유기에 온도가 영향을 미치는 경우가 있다. *Poecilometopa punctipennis* 파리의 경우 유충과 번데기를 20℃에서 사육하면 휴면없이 발육한다. 그런데 18℃에서 사육하면 소수의 번데기가 휴면하며 온도가 낮아지면 휴면율이 높아진다. 초기 번데기를 저온에 옮기면 유충을 저온 처리하였을 때와는 달리 휴면 않는 것으로 보아 이 경우는 저온 때문에 발육이 억제된 것이 아니고 휴면 때문으로 생각된다(Denlinger 1974).

고온으로 휴면이 일어나는 예는 거미류, 메뚜기류 그리고 파리류 등에서 알려져 있는데 *Locustana pardalina* 메뚜기의 경우 32.5℃의 항온에서 알을 사육하면 알은 휴면 않으나 45℃에서 2시간 처리하면 5% 정도가 휴면하고 같은 온도에서 30시간 처리하면 75%정도의 알이 휴면한다(Matthée 1978).

유충의 발육기간이 긴 곤충류에서는 온도에 의하여 휴면발육단계가 영향을 받는 경우가 있다. 왜콩풍뎅이(*Popillia japonica*)의 경우 25℃에서 사육하면 3령 유충으로 휴면하나 20℃에서 사육하면 2령 또는 3령 유충으로 휴면하고 15℃에서는 1령 유충으로 휴면한다. 이런 예는 *Orgyia gonostigma* 독나방, *Reduvius personatus* 침노린재, 북방방울벌레(*Pteronemobius nitidus*) 등에서도 보고되고 있는데 이것은 자연 상태에서 발육이 늦은 개체들도 이른 변태과정에서 휴면에 들어갈 수 있어 불리한 환경에서의 생존율을 높이는 효과가 있겠다. 만약 휴면발육단계가 정해져 있다면 그 발육단계까지 발육하지 못한 개체는 죽어버릴 것이나 휴면에 들어가는 발육단계가 여러 발육단계이기 때문에 생존에 도움을 받는다고 하였다.

Leptophyes punctatissima 때까치의 경우 알로 휴면하며 그의 휴면은 두 개의 배자발육단계에서 일어나며 첫째 휴면발육단계는 온도의 영향을 받는데 산란 직후의 알을 30℃에 유지하면 배자발육초기의 휴면이 생략되고 완전히 발육한 배자단계로 휴면한다. 이 때에는 다음해 봄에 알이 부화하여 그 해에 한 세대를 끝낸다. 그런데 산란 직후의 알을 25℃에 처리하면 배자발육의 시작이 지연되는데 1차 휴면은 16~20℃에서는 그 기간이 대단히 길어진다. 이런 이유로 늦은 여름에 산란된 알들은 초기배자발육단계의 휴면을 방해하는 고온의 영향을 받지 않아 그의 배자발육은 봄까지는 일어나지 않고 완성된 배자발육단계에 일어나는 제2차 휴면으로 생활사는 2년에 걸치게 되겠다(Deura와 Hatley 1982).

(2) 광주기의 효과에 미치는 온도의 영향

온도가 휴면유기의 주요인이 아닌 경우 온도는 후면에 미치는 광주기의 영향을 여러 가지로 변화시키는 수가 많다. 생태학적 측면에서 보면 온도는 광주기에 대한 감수성 생육단계의 출현 시기나 기간과 관계가 있으며 휴면유기에 요구되는 광주기가 온도에 따라 변하기도 한다.

온도와 곤충의 생장속도 사이에는 밀접한 관계가 있는 고로 휴면유기일장에 달하기 전 또는 그 후에 곤충류의 발육단계가 감수성 발육단계까지 발육하였느지 여부 또는 개체군내의 적절한 발육단계에 달한 개체의 비율은 온도에 의하여 결정되겠다. 이런 관계는 광주기로 유도된 휴면 개체수 뿐 아니라 유도된 휴면의 심도와도 밀접한 관계가 있겠다.

휴면과 관련 광주기와 온도와의 관계에 관한 연구는 대부분이 곤충의 임계광주기에 대한 온도의 영향에 관한 것이다. 장일곤충류(장일 조건에서는 휴면 않고 단일조건에서 휴면하는 곤충류)의 경우는 저온이 휴면유기를 돕고 고온은 휴면을 방해하는 경향이 있다. 예를 들면 배저녁나방(*Acronycta rumicis*)은 장일성 곤충인데 휴면유기임계일장은 사육온도가 5℃ 떨어질 때 마다 약 1.5시간씩 길어지는데 이것은 휴면을 피하는데 저온일수록 보다 장일조건을 필요로 함을 뜻하는 것이다(Danilevsky 1965). 이와 같은 예는 대단히 많으나 임계일장에 미치는 온도의 영향은 곤충의 종류에 따라 상당한 차이가 있다. 예를 들면 위의 배저녁나방의 경우 15℃에서 25℃로 사육온도가 높아지면 임계일장은 3시간의 차이가 있으나 Leningrad의 *Pieris brassicae* 흰나비는 같은 온도 범위에서 그 차이는 1시간이다(Danilevsky 1965). 어떤 곤충에서는 온도가 임계광주기를 변화시키는 일은 없으나 광주기에 대한 반응 여부에 중대한 영향을 미치는 경우가 있다. *Sarcophaga argyrostoma* 쉬파리는 단일조건에서 사육하면 번데기로 휴면하는데 25℃에서 사육하면 광주기와 관계없이 휴면하지 않는다. 그런데 15℃와 20℃에서 유충을 사육하면 임계광주기는 각각 13.5시간과 14시간으로 온도에 따라 임계일장이 달라진다. 복숭아순나방(*Lesperyresia*(*Grapholitha*) *molesta*)은 21~26℃간 에서는 단일로 휴면하나 12℃ 또는 30℃에서와 같이 극히 낮은 온도나 극히 높은 온도에서는 휴면하지 않는다(Dickson 1949).

변화하는 온도가 휴면유기에 미치는 영향에 관한 연구는 별로 많지 않다. *Sarcophaga argyrostoma* 쉬파리의 경우 번데기 초기에 16℃에서 28℃로 옮겨주면 휴면율이 감소되나 22℃에서 16℃로 고온에서 저온으로 옮겨주면 휴면율이 높아져(85%→96%) 옮기는 방향에 따라 차이가 있다(Gibbs 1975). 자연계에서는 온도와 광주기가 여름에서 가을로 가면서 모두 감소하는 고로 온도저하의 영향은 더욱 커지는데 *Heliothis zea* 밤나방 같은 것에서 그 예를 볼 수 있다(Roach와 Adkison 1970). 북아프리카의 *Orthomus barbarus atlanticus* 먼지벌레의 경우는 일장이 짧아지고 온도가 낮아지면서 생식서의 성숙이 반대로 촉진된다.

온도는 휴면종료기간에 미치는 광주기의 영향과도 관계가 있어 고온은 동면곤충에 대하여는 장일의 발육촉진작용을 증대시킨다. *Drosophila transversa* 초파리의 경우 5℃, 10℃ 그리고 15℃에서는 휴면종료에 대한 장일효과가 증대되나 0℃에서는 장일의 촉진효과는 없다. 그런데 *Plathemis lydia* 잠자리의 경우 휴면 중인 최종령충은 15℃~20℃ 사이의 온도에서는 휴면종료에 대한 장일효과가 크나 20℃ 이상에서는 장일효과는 감소하여 고온에서장일효과가 오히려 감소한다. 이런 전략은 수온이 아직 낮은 봄철에 유충발육을 끝낼 수 있는 생활사를 가짐으로써 공중온도가 성충활동에 유리하여질 무렵에 곧 우화할 수 있게 하는 것과 유관한 것으로 생각된다(Skepard와 Lutz 1976).

단일곤충류는 하면하는 것들인데 온도의 역할은 동면하는 곤충류에서와는 반대이다. 즉 이들 곤충류에서는 고온이 휴면유기를 촉진하고 저온이 휴면종료와 생장을 촉진한다. 도둑나방(*Mamestra brassicae*)나 *M. oleracea* 밤나방은 유충을 장일조건에서 사육하면 하면하는데 고온은 휴면율이나 휴면기간을 증대시킨다(Masaki와 Sakai 1965). 또 *Oedipoda miniata* 메뚜기도 하면하는데 북부지방에서 저온은 장일의 영향을 억제하여 일찍 휴면에서 깨어나게 하고 고온인 남쪽에서는 휴면기간을 길게 한다. 이것은 휴면종료 임계일장에 지리적 계통 발달 없이도 이 메뚜기는 전체 분포지역내의 국지적인 계절조건에 휴면종료시기를 일치시킬 수 있게 하고 있다(Pener와 Orshan 1980).

(3) 휴면기간 중의 온도의 영향

자연 상태에서 온도는 광주기와 마찬가지로 밤과 낮 그리고 계절에 따라 변화한다. 온도의 개일 주기나 계절적 변동 자체가 휴면유기와 직접적인 관련이 있는 것은 아닌 듯하나 그것은 휴면유기시기나 내한성이나 기타의 여러 가지 휴면증후군의 발달과는 밀접한 관계가 있다.

온도주기는 광주기의 영향을 증대시키기도 하고 감소시키기도 한다. 일반적으로 밤의 저온은 장일성 곤충류에 대하여는 휴면율을 증대시키는데 이런 온도의 영향은 임계광주기 전후조건에서 더욱 명백하다. 예를 들면 유럽조명나방(*Ostrinia nubilaris*)의 경우 광주기 조건 LD 15:9에서 유충은 21℃ 항온조건이나 낮에는 31℃, 밤에는 21℃의 변온조건에서나 모두 높은 휴면율을 나타낸다. 그런데 같은 광주기 조건에서 반대로 밤에 31℃, 낮에 21℃의 조건에서 사육하면 휴면율은 극히 낮아진다(Beck 1962). 완전한 암조건에서 같은 온도주기가 낮은 휴면율을 유기하는 경우가 유럽조명나방을 비롯한 몇 가지 곤충류에서 보고되고 있다. 이런 경우는 온도주기의 영향이 아니고 밤의 온도가 휴면유기에 미친 영향이라 보아야 할 듯하다.

한편 어떤 곤충들에서는 감응발육단계가 광주기 자극을 받아들

였으나 아직 완전히 휴면상태가 발달하기 전이면 그 영향이 온도에 따라 변하는 것이 있다. 전휴면기나 휴면초기에 받은 온도의 영향에는 두 가지가 있다.

첫 번째 경우는 온도의 영향으로 광주기 효과가 완전히 소멸되는 경우로 예를 들면 *Heliothis* 밤나방 중에는 후기 유충을 단일, 저온조건에서 사육하면 번데기시기에 휴면하는데 휴면전 유충을 유충-번데기 표피층분리기(Apolysis : 表皮層分離期 : 표피세포가 증식분열하여 큐티클층과 표피조직이 분리하는 시기)부터 탈피할 때까지의 짧은 시기에 고온에 접하게 하면 유충기의 광주기 조건과는 관계없이 번데기는 휴면하지 않는다(Browning 1979).

두 번째 경우는 초기 휴면기의 온도가 휴면심도에 영향을 미치는 경우이다. *Teleogryllus commodus* 귀뚜라미의 경우 휴면심도는 휴면유기기간 중의 온도에 의하여 결정되며(Hogan 1960), *Neodiprion sertifer*과 *N. abietis* 솔잎벌의 휴면충에는 늦은 여름이나 초가을에 성충으로 우화하는 것과 그렇지 않고 겨울을 지나 다음해까지 성충의 우화가 늦어지는 것이 있는데 이 경우 광주기와 온도가 관련이 있다(Sullivan과 Wallace 1967). 미국흰불나방(*Hypantria cunea*)은 번데기로 휴면하는데 그 휴면심도는 휴면초기온도가 15℃인 경우가 0℃인 경우보다 깊다. 그리고 왕귀뚜라미(*Teleogryllus emma*)의 난 휴면심도는 휴면직전이나 직후 2~3일간 알을 30℃ 처리하면 길어진다.

한편 정도에 차이는 있으나 휴면의 유지나 종료가 온도의 영향을 받는다. 일반적으로 휴면개체와 비휴면 개체는 온도에 대한 반응에 차이가 있어 가을철의 휴면기간 동안의 휴면발육에 필요한 최적온도나 최하온도와 최고온도는 비휴면 개체의 그것에 비하여 낮은 것이 보통이다. 예를 들면 *Rhagoletis indifferens* 과실파리의 휴면발육최적온도는 3℃이고 0, −3 그리고 6℃ 이상의 온도는 휴면발육에 별 영향이 없으나 휴면 후 발육의 임계온도는 약 8℃로 이보다는 높다(Van Kirk와 Aliniazee 1981). 휴면발육의 온도범위가 휴면개체에서 비휴면개체에 비하여 상당히 낮은 것은 사실이나 그것은 종에 따라 상당한 차이가 있는 것 또한 사실이다.

동면하는 곤충의 경우 휴면의 종료를 위하여 저온과의 접촉이 필요하며 이것은 휴면 후의 발육이나 활동을 변화하는 계절적 조건과 일치시키는데 중요하다는 주장을 하는 학자들이 많다. 이것은 상당히 수긍이 가는 주장이다. 그런데 이런 주장은 휴면이 갖는 생리적 적응문제나 생태학적 의의와 관련 고려해야 할 문제도 있다. 지금까지의 연구결과를 보면 휴면 중의 낮은 발육임계온도의 적응적 의미는 휴면의 유지에 중요한 것으로 이런 특성이 겨울철의 뜻하지 않은 고온으로 너무 일찍 발육하는 것을 막는데에 의미가 있다(Tauber와 Tauber 1976). 이 시기의 고온은 낮은 발육임계온도를 가진 곤충류의 경우에는 휴면발육이 억제되고 때로는 휴면발육을 되돌리는 경우까지 있는데 모든 경우 미숙한 상태로 휴면에 들어가는 것을 막고 있다. 따라서 이때의 저온은 휴면에 영향을 미치지 않고 미숙상태의 발육을 막고 월동 중 내한성의 유지나 휴면 후 발육촉진에 필요한 대사물질의 불필요한 소비를 억제하고 개체들 모두가 휴면 후 균일한 발육을 할 수 있도록 하는데 유용한 것이다. 따라서 일반적으로 저온은 휴면종료를 가져오는 것이라기보다는 휴면 발육의 진행에 영향을 미친다고 보아야 하겠다. 휴면상태로 월동을 하는 곤충들이 실제로 휴면이 끝나는 것은 늦은 가을이나 초겨울인데 이때의 곤충들에 대한 저온의 역할은 미숙한 상태로 겨울철을 맞는 것을 막고 휴면 중의 불필요한 대사 작용으로 저장물질의 소비를 막고 곤충들의 휴면 후 발육을 고르게 하는데 도움이 되고 있는 것이다.

그런데 온도와 휴면종료와의 관계는 대단히 복잡하다. 예를 들면 *Teleogryllus commodus* 귀뚜라미는 알로 휴면하는데 20℃에서는 휴면기간이 대단히 길다(60~80일). 그런데 알을 단기간 고온에 처리하면 알기간은 놀랄 정도로 짧아진다. 그런데 휴면종료에 미치는 고온의 영향은 온도에 따라 차이가 있다. 알을 10℃에서 60일간 처리한 후 20℃에 유지하면 부화가 빨라지는데 10℃에서 60일간 처리한 알을 20℃에 옮긴 경우와 20℃에 옮기기 전 30℃에서 3일간 처리한 알에서의 알 기간은 30℃에서 단기간 처리한 경우가 더욱 빨랐고 휴면종료에 미치는 영향은 30℃가 25℃보다 컸다. 따라서 고온이 휴면종료를 촉진함을 알 수 있다. 휴면은 짧은 기간 동안이고 휴면후의 곤충은 월동후의 고온을 휴면종료 상징 신호로 이용한다고 하겠다. 그림 4-5는 저온(10℃)처리기간과 고온처리와의 관계이다(Masaki 등 1979).

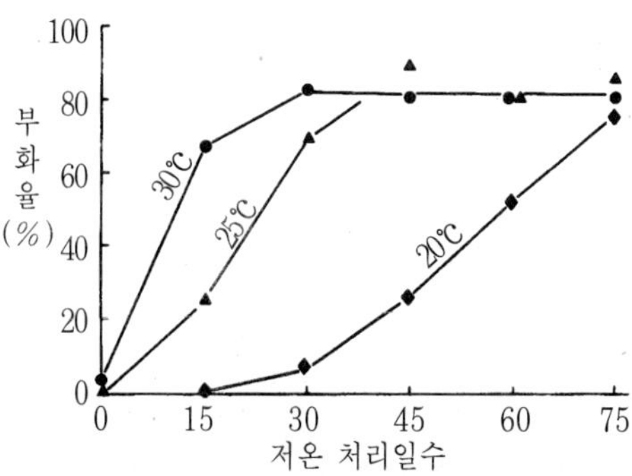

그림 4-5. *Teleogryllus commodus* 귀뚜라미 휴면난의 부화에 미치는 저온(10℃)처리기간과 처리온도와의 관계 (Masaki 등 1979)

그림에서 보는 바와 같이 저온처리를 않은 경우는 휴면이 장기간 유지되나(처리기간 0일) 저온처리기간이 길어지면서 고온의 효과는 커지는데 20℃ 처리에서는 저온처리 60일 후에 부화율이 겨우 50%를 넘으나 25℃나 30℃에서는 80% 이상의 부화율을 보였고 30℃에서는 저온처리 15일의 알에서도 70% 가까운 부화율을 보이고 있다. 이와 같이 저온은 휴면기간을 단축하는 효과가 크며 그 효과는 처리온도와도 관계가 있음을 알 수 있다.

온도는 하면하는 곤충의 휴면종료에도 영향을 미친다. 예를 들면 애호랑나비(*Luehdorfia puziloi inexpecta*)는 발육이 대단히 빨라 6월까지는 알에서 부화한 유충은 발육을 끝내고 휴면번데기 상태로 여름과 가을 그리고 겨울을 지낸다. 그 간 번데기는 두 발육단계에서 휴면한다. 용화 직후의 휴면은 여름 동안 성충으로 변태하는 것을 억제하고 가을철의 휴면은 가을의 저온으로 종료되어 성충으로의 변태는 가을 동안에 거의 끝내고 날개의 색상도 완료된 상태이나 용각내에서 제2의 휴면상태로 월동하여 봄에 온도가 10℃ 전후가 되면 우화한다(Kimura 1975).

숫검은밤나방(*Agrotis tokionis*)은 2~3령 유충으로 월동하며 7령 유충으로 하면한다. 김과 현(1983)은 이 해충의 유충을 15℃, 20℃, 25℃ 그리고 30℃ 등 여러 가지 온도조건하에서 사육하여 발육속도에 대한 회귀직선식을 구하고 각 령충의 발육임계온도를 추정한바 월동에 들어가기 전의 1령충에서 2.18℃로 가장 낮고 2~6령충은 9.77°~10.78℃로 상당히 높으나 하면령기인 7령충의 그것은 4.81℃로 다시 낮음을 알 수 있었다. 그리고 유충의 발육은 온도와 광주기의 영향을 받는데 그 영향은 월동유충과 월동 후의 유충에서 차이가 있었다. 즉 2~3령 유충으로 월동한 유충은 봄이 되어 기온이 상승하면 그에 따라 정상적인 발육을 하는데 이 때의 장일조건은 발육을 촉진한다. 1980년 수원과 전주에서 야외채집

유충의 연령분포를 조사한바 두 지역 모두에서 7월 하순에는 100%가 7령충 이었으나 5월 중순의 그것은 각각 20%와 45%로 차이가 있었다. 그리고 8월 중, 하순의 생리적 활성기에는 단일과 저온이 발육을 촉진하여 호르몬의 활성화를 통하여 용화할 것이라고 추론하였다(김과 현 1983).

무고자리파리(*Hylemyia floralis*)의 하면도 온도의 영향을 받아 종료한다. 이 해충의 성충은 일본 북부에서는 9월 중에 출현하여 산란한다. 유충은 땅속에서 자라 10월에 용화하여 휴면한다. 휴면번데기는 월동 후의 고온에도 발육을 않고 여름 동안 휴면상태로 있다. 이런 번데기를 고온 상태로 유지하면 우화하지 않으나 가을철에 저온에 접하면 성충으로 변태한다(Ishitani와 Sato 1981).

당근 등의 해충인 *Psila rosae* 파리는 월동태가 비휴면유충과 휴면용 두 가지가 있다. 가을철 유충이 10℃~16℃의 온도조건을 겪으면 휴면용이 생기는데 번데기가 고온을 겪으면 발육이 촉진되어 우화하여 온도조건이 유리하면 한 세대를 더 갖게 된다. 비휴면 월동유충은 온도에 의한 휴면유기기능이 없어 그대로 월동하여 봄에 지중온도가 상승하면 우화한다. 이와 같이 이 해충은 비휴면 유충태와 휴면용을 생활사 과정에 갖고 있다.

열대 곤충류 중에는 저온이 휴면유지와 관련이 있는 것이 있다. 열대의 *Sarcophaga spilogaster* 쉬파리는 저온으로 휴면이 유기되고 유지된다. 그런데 고온으로 옮겨주면 3일 이내에 휴면발육이 일어난다. 열대곤충의 경우 휴면발육임계온도와 최적온도가 모두 상당히 높아 여름철의 최고온도시기 이전까지 휴면이 끝나지 않게 된다.

휴면 중인 곤충의 온도에 대한 반응은 휴면기간 중 변하는 것이 보통으로 휴면초기 휴면심도가 커지는 기간 동안은 온도에 대한 반응은 적어지는 것이 보통이다. 예를 들면 외잎벌레붙이(*Atrachya manetriesi*)는 알로 휴면하는데 알을 25℃에 유지하다가 저온처리를 하였을 때의 휴면발육 최적온도는 약 7.5℃로 0℃나 15℃는 휴면발육 촉진작용이 7.5℃보다 훨씬 약하다. 그런데 7.5℃에 10일 이상 처리한 후에는 0℃는 휴면을 끝내는데 극히 효과적이다(Ando 1978).

침엽수 종자를 가해하는 *Megastigmus spermotrophus* 꼬리좀벌은 유충태로 휴면하는데 휴면유충을 저온처리하면 처음 15주 동안은 높은 온도로 옮겼을 때 휴면상태로 남아 있는 유충의 비율과 우화까지에 필요한 일수는 감소한다. 그런데 15주간의 저온처리 후가 되면 높은 온도에 처리하였을 때 휴면유지 유충율과 우화까지에 필요한 일수가 증가한다.

휴면이 끝나면 휴면 중의 특징이 소실되고 발육이 다시 시작되는데 그 속도는 주로 온도의 영향을 받는데 이때의 발육임계온도와 온도와 생장율과의 관계는 종에 따라 다르다. 이때의 발육임계온도나 발육에 미치는 온도의 영향은 실내실험으로 얻은 결과를 이용하여 야외에서의 과정을 대체로 예측할 수 있다. 그러나 휴면발육의 임계온도와 휴면 후의 그것은 겹치는 경우가 많아 주의가 필요하다. 따라서 자연 상태에서 휴면이 끝나는 시기나 휴면 후 발육의 온도에 대한 반응에 관한 확실한 정보가 필요하겠다.

이상에서 보는 바와 같이 온도는 휴면의 유지에 중요한 영향을 미치며 그 영향은 복잡하여 종에 따라 다양하다. 즉 어떤 곤충에서는 휴면이 온도와 깊은 관계가 있고 휴면 중에 복잡한 온도반응을 나타낸다. 그러나 어떤 곤충에서는 온도가 광주기나 기타의 요인과 상호작용을 통하여 동시 또는 선후하여 휴면유지에 영향을 미치고 있다.

일반적으로 휴면기간 중에는 온도에 대한 반응이 낮아져 고온에 접하여도 발육은 시작되지 않는다. 그런데 가을철이 되어 저온에 접하게 되면 휴면발육이 일어나 생장이나 발육에 필요한 온도보다 낮은 시기인 초겨울이나 한겨울까지는 온도반응이 비휴면 곤충의 상태로 회복되는 것이 보통이다. 따라서 이 시기의 대사 작용의 감퇴나 내한성 그리고 휴면 특유의 체색 같은 휴면의 특성은 휴면 때문이라기보다는 저온 때문이라고 생각된다.

3. 기타의 환경요인

계절적 적응과 관련 휴면에 미치는 외부환경조건에 대한 연구는 광주기와 온도와의 관계가 대부분이나 먹이나 개체군 밀도 그리고 습도 등도 상당한 관계가 있음이 알려지고 있다.

(1) 먹이

곤충의 종류에 따라서는 먹이 조건이 주요한 계절적 의미를 가져 먹이의 질이나 양의 변동이 휴면에 영향을 미치는 경우가 있다. 특히 온도나 광주기의 변동이 거의 없는 열대곤충에서 먹이는 계절적으로 변하는 주요요인이다. 이런 경우 먹이는 휴면유기요인으로 중요한 요인의 구실을 하나 보다 중요한 것은 먹이가 다른 요인의 작용에 영향을 미치는 경우가 많다.

먹이가 휴면유기와 관련 1차적 중요성을 갖는 경우는 별로 많지는 않으나 이런 경우란 대부분이 하면하는 곤충에서이다. 예를 들면 미국 California 원산인 *Chrysopa carnea* 풀잠자리는 장일조건에서 먹이가 충분하면 휴면하지 않는데 단일조건하에서는 100% 생식 휴면을 하며 이런 휴면상태의 것이 생식을 하려면 휴면종료 후 먹이가 있어야 한다. 그리고 휴면이 일어나지 않는 장일조건에서도 먹이가 없으면 60~80%가 휴면한다. 따라서 장일조건인 여름철이라도 먹이인 진딧물류의 밀도가 낮으면 상당히 많은 이 풀잠자리가 먹이부족으로 하면하게 된다(Tauber와 Tauber 1973). 물론 가을철에는 모든 개체들이 단일조건으로 휴면하게 되고 이것은 다음해 봄의 장일조건과 먹이조건의 회복으로 활동을 재개한다. *Hippodamia convergens* 무당벌레도 먹이인 진딧물 밀도가 낮으면 하면하는데 관개시설이 잘되어 있는 지역에서는 여름철 진딧물 밀도가 계속 높아 휴면하지 않는다고 한다(Hagen 1962). 먹이 부족이 *Semiadalia undecimnotata* 무당벌레에서도 휴면과 관계가 있는 것이 알려지고 있는데 이 경우에는 숙주식물의 노화가 여기에 발생하는 진딧물류에 영향을 미쳐 이것의 간접적인 영향을 받았을 가능성이 제기되기도 하였으나 사실여부는 명백하지 않다. 그런데 노화한 식물체상의 진딧물은 활발한 이동을 하기 때문에 어린 식물체 상의 진딧물보다 포식자의 포식을 잘 피할 수 있어 이것이 포식자인 무당벌레에 먹이부족을 초래하였을 수도 있겠다.

진딧물류의 숙주이동은 숙주식물의 조건과 밀접한 관계가 있는데 이 경우에는 숙주식물의 조건과 더불어 광주기나 온도 그리고 높은 밀도 등이 전체적으로 관련되어 있겠다.

몇 가지 곤충류에서는 휴면의 유기나 휴면기간에 미치는 광주기의 영향이 먹이조건 때문에 달라진다. 사과응애(*Panonychus ulmi*)의 경우 노화한 먹이로 사육하면 휴면이 일어나지 않는 광주기조건과 온도조건에서도 휴면난을 많이 낳는다(Lees 1953). 그리고 목화다래나방(*Pectinophore gossypiella*)의 경우는 휴면유기 단일조건에서 지방함량이 많은 먹이로 사육하면 휴면율이 지방함량이 낮은 먹이로 사육하였을 때 보다 높아진다.

미국흰불나방(*Hypantria cunea*)의 경우 침입지인 일본에서는 휴면이 일장조건의 영향을 받으나 원산지인 캐나다에서는 먹이조건도 다른 조건들과 더불어 영향을 미친다고 한다(Morris 1967).

유충태로 월동하는 곤충류에는 월동 후 섭식을 한 후에만 탈피를 하고 발육이 진행되는 것과 유럽조명나방(*Ostrinia nubilalis*)나 이화명나방(*Chilo suppresalis*) 등과 같이 휴면 후 섭식 없이 용화가 일어나 우화에 이어지는 것이 있다.

성충으로 월동하는 곤충에는 휴면 후 산란 전에 섭식을 필요로 하는 경우가 많으나 휴면 후 산란 개시에 섭식을 필요로 하지 않는 것도 있다. 그러나 이런 경우에도 산란이 계속되려면 섭식이 필요하다.

(2) 개체군 밀도

개체군의 밀도가 증가하면 먹이조건이 악화하는 것이 보통이다. 따라서 개체군 밀도가 휴면에 미치는 영향을 먹이조건과 분리하기는 어려운 수가 많다. 그러나 일부 곤충류 특히 저곡해충류에서는 개체군 밀도가 휴면유기의 중요한 요인으로 밝혀진 경우가 있다.

줄알락명나방(*Ephestia cautella*)의 경우 유충을 고밀도하에서 사육하면 유충으로 휴면하는데 이때의 고밀도 효과는 개체들 간의 상호작용에 의한 것이 아니고 사료에 남겨진 일종의 페로몬

(Pheromone : 동물이 생산하여 몸 밖으로 분비하여 같은 종의 다른 개체에 특별한 행동이나 발육분화를 일으키는 물질) 때문인 것으로 알려지고 있다. 이 해충의 이와 같은 습성은 이 해충의 서식처인 창고의 계절적 환경변화와 관련 중요한 적응적 의미가 있다. 창고가 비면서 먹이가 없는 동안에는 휴면유충만이 살아남을 수 있는데 다음해 봄에 창고가 채워지면 휴면을 끝내고 성충이 우화한다. 여름 동안 개체군이 증가하면 그에 따라 휴면유충의 비율은 증가하여 연말이 되면 휴면율이 극히 높아져 이것이 이듬해의 발생원이 되겠다. 또 다른 저곡해충인 화랑곡나방(*Plodia interpunctella*)은 저온(10℃)과 단일조건으로 휴면이 일어난다. 이런 조건하에서는 개체군 밀도의 영향은 받지 않는다. 그런데 유충을 30℃에서 사육할 때 유충 초기의 높은 밀도는 일부 개체를 휴면하게 한다. 따라서 이 해충은 낮은 온도조건에서는 밀도가 높아지면 그에 따라 휴면함으로써 사망률을 낮추고 있다. 이들과는 반대로 *Trogoderma variabile* 수수렁이의 경우는 유충을 높은 밀도에서 사육하면 휴면하지 않고 용화하나 유충을 개체별로 사육하면 휴면하는데 이것은 유충들 간의 상호접촉이 휴면을 끝내게 하는 것이라고 한다(Elbert 1979).

진딧물류에서 비휴면 개체들의 밀도가 높아지면 이동형인 유시충이 생기는데 이 경우 밀도가 휴면난을 낳게 될 유시충의 출현과도 관계가 있을 수 있겠다. 그런데 *Drepanosiphum platanoides* 알락진딧물도 다른 진딧물류와 마찬가지로 가을의 단일조건이 휴면 월동난을 낳는 유성충을 출현하게 하는데 이 진딧물에서는 다음해 여름에 두 번째의 생식휴면을 한다. 이때의 휴면은 숙주인 플라타너스의 잎이 노쇠하여 영양가가 나빠질 때와 때를 같이 하고 있다. Dixon(1975)에 따르면 이때의 휴면세대는 형태적으로나 생리적으로 하면에 유리한 조건을 갖고 있다고 한다. 즉 이때의 진딧물은 복부의 크기가 작고 창자가 길며 지방체가 보다 크고 난소는 미숙상태이며 산란전기가 보다 길다고 한다. 약충기의 고밀도 조건이 휴면을 일으키게 하며 휴면성충기간이 길어진다.

(3) 습도

습도와 휴면과의 관계는 주로 난 휴면과 관련된 것이며 다른 경우에 관한 연구는 별로 없다. 여러 가지 곤충은 발육을 위하여 수분을 흡수하는 고로 그것이 휴면과 관련된 것인지 정상적인 활동을 위한 것인지를 구별하기는 힘들다.

건조가 원인이 된 휴지와 건조 이외의 외부자극으로 일어나는 휴면이 나타나는 생육단계가 서로 다른 경우에는 구별이 가능하겠으나 대부분의 경우는 건조가 휴면과 직접적인 관계가 있는지 여부는 판단이 힘들다. 예를 들면 외잎벌레(*Atachya menetriesi*)나 옥수수의 해충인 *Diabrotica virgifera* 잎벌레의 휴면난은 휴면 후 배자발육을 위하여 수분을 흡수하는데 휴면 후의 알이 수분부족에 접하면 발육을 끝내지 못하고 휴지상태로 발육이 중단되는데 이때의 발육단계는 휴면발육단계와는 다르다고 한다(Ando 1972, Krysan 1978).

일반적으로 알은 휴면 중에는 수분흡수량이 감소한다. Ando (1972)는 휴면난에는 ① 산란 후 수분흡수를 않는 것 따라서 배자발육이나 휴면종료에 수분흡수를 필요로 하지 않는 것(예; 누에, 짚시나방), ② 휴면 전에 휴면 후의 발육에 필요한 충분한 수분을 흡수하는 것(예; *Teleogryllus commmodus* 귀뚜라미, *Chorthippus branneus* 메뚜기) 그리고 ③ 휴면 후 발육을 개시하는데 수분흡수를 필요로 하는 것(예; 외잎벌레, *Diabrotica virgitera* 잎벌레) 등이 있다고 하였다. 그리고 호주의 떼메뚜기 *Chortoicetes terminifera*는 건조한 땅속에 산란하는데 배자가 1/4정도 발육한 상태에서 휴지상태에 들어간다. 이 상태에서 수분을 흡수하면 발육이 진행되나 이 시기에 다시 건조 상태를 맞으면 발육이 지연되는 제2의 발육단계에 들어간다. 이것은 아마도 이런 시간적으로 분리된 두 개의 임계습도가 있어 숙주식물의 출현을 돕는 충분한 강우량이 있을 때만 부화할 수 있도록 하는 것으로 생각된다 (Wardhaugh 1970). 이 메뚜기의경우 휴면여부는 암컷이 겪은 온도조건과 광주기에 의하여 거의 결정되나 낮은 습도가 휴면유기율을 상당히 감소시킨다.

한편 유럽조명나방(*Ostrinia nubilalis*)의 유충휴면은 광주기의 영향을 받으나 휴면 후의 용화에는 수분흡수를 필요로 하며 목화다래나방(*Pectinophora gossypiella*)의 경우에도 유충의 발육과 용화가 수분의 영향을 받게 되어 휴면의 종료나 휴면 후 발육이 수분과 관계가 있는 것으로 생각된다.

4. 휴면과 내분비기관

휴면곤충은 행동적으로는 섭식자극이나 생식자극에 대한 반응이나 휴면장소로의 이동이나 휴면장소로부터의 이탈 등에서 비휴면 곤충과는 차이가 있고 생리적으로는 대사기능이 약화되고 대사물질의 축적이나 이용양식에 차이가 있으며 내한성이나 내건성에도 차이가 있다. 그리고 형태적으로는 고치의 형태나 왁스의 분비 그리고 체색에 특색이 있는 등 여러 가지 생물학적 특성에 차이가 있으며 이런 특성들은 불리한 환경에 대한 적응적 의의를 갖고 있다.

휴면이란 단순한 성장이나 발육이 정지되어 있는 상태가 아니고 종에 고유한 특성이 있는 몇 가지 형질을 가진 생리적 상태로 이것은 규칙적으로 되풀이 된다. 그리고 이와 같은 특성들은 휴면 전이나 휴면유기기의 외부자극의 영향을 받아 발현되는데 그 과정은 내분비기관의 활동의 복잡한 영향을 받는다. 즉 여러 가지 환경요인과 생리적 기능간의 연계기능을 하는 것이 내분비기관이며 생장이나 발육 그리고 생식이나 행동은 내분비기관의 영향을 받으며 신경호르몬이나 내분비기관의 호르몬 합성이나 방출과 같은 그의 활동은 광주기, 온도, 먹이, 습도 그리고 밀도 등과 같은 환경조건의 영향을 받는다.

어떤 조직 또는 기관이 그 생산물을 도관을 통하지 않고 직접 혈액 속에 분비하여 특수한 조직의 활동에 영향을 미치는 물질을 호르몬(Hormone)이라고 하며 이런 기능을 가진 기관을 내분비기관이라고 한다.

곤충류의 내분비기관계는 뇌의 분비신경세포(Neurosecretory cell, 分泌神經細胞), 카디아카체(Corpora cardiaca, 카다아키體 또는 側心體), 알라타체(Copora allata) 그리고 전흉선(Prothoracic gland, 前胸腺) 등으로 되어 있다. 뇌의 신경분비세포와 카디아카체가 뇌신경분비계를 형성하게 되며 카디아카체는 신경혈관기관(Neurohaemal organ , 神經血管器官)(신경분비계의 저장방출기관) 구실을 겸하고 있다. 뇌의 분비신경세포에서 분비된 호르몬은 카디아카체 때로는 알라타체에 저장되었다 이것이 혈액 중에 방출되어 알라타체나 전흉선의 활동을 자극하고 난소의 발육을 촉진한다. 그리고 카디아카체는 자체 호르몬을 분비하는데 그 기능은 곤충의 종류에 따라 차이가 있다.

곤충이 발육하는 동안 뇌 분비신경세포는 탈피와 밀접한 관계가 있으며 그의 자극을 받은 전흉선이 분비하는 탈피호르몬(Ecdysone, 脫皮호르몬)과 알라타체가 분비하는 유약호르몬(Juvenile hormone, 幼若호르몬)은 탈피와 밀접한 관계가 있다. 즉 유충에서 유충으로, 유충에서 번데기로 그리고 번데기에서 성충으로 등의 탈피양상은 유약호르몬의 혈중 농도와 깊은 관계가 있다. 일반적으로 성충에는 전흉선이 없으며 뇌 분비신경세포와 알라타체는 성충 우화 후 유약호르몬을 다시 생산하게 되는데 이것은 암수에서의 성적성숙과 관계가 있다.

외과수술에 의하여 내분비기관을 제거하면 휴면에서 볼 수 있는 것과 같은 현상이 출현하는 사실로 초기의 학자들은 휴면상태는 생장이나 발육, 탈피 그리고 생식 등에 필요한 호르몬 분비기능의 억제 때문일 것이라고 생각하였다. 휴면 중에 생장이나 생식과 관련된 호르몬류의 결손이 일어나는 것은 사실이나 이런 결손징후로 모든 휴면징후의 진행과정이나 휴면기간 중의 진행시기 등을 충분히 설명 할 수는 없다. 특히 알의 휴면의 경우와 같이 휴면에 특별한 호르몬이 관련되어 있는 것의 설명이 어렵고 유충 휴면의 경우도 호르몬의 결여가 문제가 아니고 그의 활성의 수준이 문제가 되는 등 결손문제로는 만족스러운 설명을 할 수 없는 경우도 있다.

곤충의 내분비문제에 관하여는 많은 연구가 있었으며 특히 그의 생화학적 연구는 휴면과 관련된 생화학적 실태를 밝히는데 많은 도움이 되고 있다. 그러나 그 대상이 된 종은 극히 한정되어 있으며 더욱이 그것들은 주로 실내조건에서 진행된 실험이 대부분이어서 생태학적 해석에도 문제가 있겠다. 이것은 호르몬과 휴면발육단계관계를 보면 ① 알 휴면의 경우 휴면요인(예; 누에, 낡은무늬독나방), ② 유충휴면의 경우 호르몬 수준(예; 이화명나방), ③ 생장촉진신경분비호르몬의 기능 억제(예; 조명나방과 코드링나방의 유충 휴면, 산누에나방의 번데기 휴면, 콜로라도잎벌레의 성충 휴면) 등 종에 따라 관련 호르몬의 종류가 다를 뿐 아니라 휴면발육단계에 따르는 공통성도 없다.

이와 같이 휴면과 호르몬간의 관계는 극히 다양하다. 따라서 여기서는 일반적인 내용을 극히 간단히 설명하였다. 곤충의 휴면현상은 극히 다양하여 종이나 발육단계 그리고 내저온성을 비롯한 여러 가지 생리적, 형태적, 행동적 특성이 다양하다. 그런데 휴면에는 두 가지 일반적 특성을 찾아 볼 수 있는 듯하다.

그 첫째는 휴면발육단계는 종에 따라 고유한 것이나 발육과정의 어느 단계에서도 일어날 수 있을 뿐 아니라 한 발육단계내의 어느 시기에도 끼어들 수 있다는 것이다. 곤충류에 있어서 신경내분비기관계의 활동은 변태와 밀접한 관계가 있는 고로 휴면발육단계에 미치는 호르몬의 영향에 관한 연구는 휴면의 본질규명에 많은 도움이 되겠다.

둘째로 휴면현상과 관련된 신경내분비기관계의 기능의 다양성을 보면 휴면은 곤충들이 진화과정을 거치는 동안 여러 번에 걸쳐 각각의 종류에서 독립적으로 진화하여 왔음을 짐작할 수 있는데 분류학적으로 인연이 먼 종들간에도 신경내분비기관계의 조정 작용에 공통성이 있다는 것은 서로 다른 계통들 간에 수렴적인 진화가 있었음을 짐작할 수 있을 듯하다.

제 4 장 계절적 적응의 변이와 유전

곤충류는 휴면현상을 통하여 환경조건의 계절적 변화와 조화를 도모하고 있다. 그리고 많은 곤충류는 다양한 환경조건을 가진 넓은 지역에 걸쳐 분포하고 있으면서도 각 지역마다의 그의 환경조건에 알맞은 계절적 생활사를 갖고 있다. 그런데 한 지역에서도 해에 따라 계절적 조건은 차이가 있다. 따라서 이런 지역간이나 지역내 변이에 적절히 대응할 수 있는 능력은 이들의 생존에 대단히 중요한 것이라 하겠다. 여기서는 이와 같은 휴면현상의 다양성과 관련 계절적 적응의 변이와 그의 유전 문제를 살펴보려 한다.

1. 계절적 적응의 변이

분포지역이 넓은 곤충들은 지역적으로 서로 다른 기후조건의 영향을 받게 되며 한 지역 내에서도 해에 따라 차이는 있으나 변화하는 환경조건에 접하게 된다. 이와 같은 환경조건의 변이 때문에 지역개체군간은 물론 한 지역내개체군들 간에는 계절적 변이가 있다.

이와 같은 변이는 곤충류의 표현형가소성(Phenotypic plasticity, 表現型可塑性)과 유전적가소성(Genetic plasticity, 遺傳的可塑性) 그리고 환경조건 등이 관련되어 있다.

Coulson 등(1976)은 두 종 각다귀류, *Ripula subnordicornis*와 *Melophilus ater*의 계절성에 미치는 환경조건의 영향을 여러 지역 개체군을 대상으로 조사하였다. 고도를 달리하는 지역 개체군들의 휴면 후 우화시기를 보면 높은 고도의 개체군의 우화시기는 저지대 개체군의 그것에 비하면 확실히 늦다 그러나 그들을 서로 다른 고도에서 사육하면 이식한 지역의 온도 조건의 지배를 받으며 원산지의 조건과는 무관하였다. 따라서 이들의 경우는 용기나 전용기 발육율에는 개체군 간에 차이가 없는 것으로 생각된다. 이와 같은 비유전적 변이의 예는 *Oedipoda miniata* 메뚜기(Pener와 Orshan 1980), *Drosophila* 초파리의 기생벌 *Leptopiliana boulardi* 혹벌(Carton과 Claret 1982) 그리고 유럽에서 북미로 침입한 알파알파 해충인 *Agromyza frontella* 굴파리(Nechols 등 1983) 등에서도 알려지고 있으나 그 예는 다음에 설명하는 유전적 요인이 관련되어 있는 예에 비하면 별로 많지 않다.

계절성의 지역개체군간 생리 생태적 특성의 유전적 차이에 관한 연구는 러시아의 학자들이 많이하였으며 그 후 많은 연구결과가 발표되고 있다. 러시아학자들은 계절적 변동과의 일치를 위한 생리 생태적 특성들이 유전성을 갖고 있음을 밝혔다. 그들의 연구는 계절적 반응의 변이를 정량화하고 그런 변이의 유전관계를 분석하고 그 결과를 야외의 계절적 조건과 관련시켰다.

이와 같은 계절성의 유전적 변이는 계절적 특성에 대한 유전적 분석을 가능케 하였으며 동시에 진화와 관련된 자료를 제공하게 되어 계절성 진화의 과정을 이해하는데 도움이 되었다. 여기서는 계절성의 종내 변이와 관련 개체군내 변이와 지역개체군의 변이 특성을 살펴보고 그의 유전을 설명하려 한다.

1) 개체군내 변이

곤충류의 개체군내의 개체간 계절성 변이에는 다음과 같은 두 가지 형이 있다.

(1) 연속적 변이

곤충류의 광주기에 대한 반응을 보면 임계광주기를 중심으로 그 전후에서 급격히 변하여 하나의 정점을 보이는 단봉형 반응을 나타내는 수가 많다. 예를 들면 *Spilosoma menthastri* 불나방의 경우 광조건 LD 15:9에서는 100% 휴면하나 광조건 LD 16:8에서는 휴면율이 0%가 된다. 이와 같은 임계광주기 범위가 좁은 예는 다른 곤충류에서도 알려지고 있다. 그러나 *Anopheles maculipennis* 얼룩날개모기의 경우는 일장이 15시간에서 20시간으로 증가함에 따라 휴면 암컷수는 서서히 감소하여 이 곤충의 경우는 변이가 급격하지 않다. 이와 같은 임계광주기를 중심으로 한 변이가 갖는 적응적 의미는 확실하지 않다. *Colias alexandra* 노랑나비의 경우 휴면유기에 미치는 광주기와 온도의 영향은 종내에서도 변이가 심하여 휴면하지 않는 것에서부터 짧은 기간 휴면하는 것까지 여러 가지가 있다. 이와 같은 한 종내의 개체간 변이가 큰 경우 개체군내에 소수의 비휴면 개체 또는 짧은 휴면기간을 가진 개체가 생길 수 있겠다. 이런 예는 *Choristoneura fumiferana* 잎말이나방, 짚시나방, 외잎벌레붙이 등의 야외개체군이나 실내사육개체군에서 실제로 알려지고 있는데 이런 개체들은 야외에서는 살아남을 수 없으나 그들이 살아남을 수 있다면 *C. alexandra* 노랑나비와 같이 1화성 계통에서 다화성 계통이 선발될 가능성이 있겠다(Hoqes 1982).

휴면이 성의 영향을 받는 경우가 있다. 성충으로 휴면하는 경우 암수가 휴면관련요인에 대한 반응이 같아 암수가 동시에 출현하여 휴면 후나 전의 교미에 지장이 없는 수가 많으나 종에 따라서는 암수 간에 휴면관련요인에 대한 반응에 상당한 차이가 있는 경우도 있다. 예를 들면 *Pterostichus nigrita* 먼지벌레의 암컷은 휴면종료에 단일조건에 이은 장일 조건을 필요로 하나 수컷은 단일조건만으로 휴면이 종료할 수 있고 *Battus philenor* 호랑나비의 경우 수컷은 잘 휴면에 들어가지 않으며 휴면하여도 그 심도가 얕아 암컷에 비하여 빨리 우화하게 된다(Sims와 Shapiro 1983).

휴면 충태가 성충이 아닌 경우에도 성에 따라 휴면관련요인에 대한 반응에 차이가 있는 경우가 알려지고 있다. 예를 들면 옥수수의 해충인 *Diatrea grandiosella* 명나방은 유충으로 휴면하는데 휴면유기임계일장 부근에서 휴면 유기율이 암컷에서 수컷보다 훨씬 높다. 그리고 암컷이 될 유충은 수컷이 될 유충보다 1회 더 탈피하는 고로 늦게 휴면에 들어간다. 그러나 휴면 후의 발육회복은 암컷에서 빨리 시작된다(Takeda와 Chippedale 1982).

또 *Aedes geniculatus* 숲모기는 알이나 유충으로 휴면하는데 수컷은 휴면이 쉽지 않으며 휴면한다 하여도 그의 심도는 얕다. 그리고 *Aedes triseriatus* 숲모기는 일장의 영향으로 알로 휴면하는데 그 영향의 성에 따르는 차이는 많지 않으나 휴면 후 부화에 미치는 온도의 영향은 암수 간에 큰 차이가 있어 수컷은 봄의 낮은 온도에서도 발육하여 먼저 우화한다. 따라서 암컷이 될 알은 늦게까지 많은 수가 남게 되겠다(Shroyer와 Craig 1981).

임계광주기에 대한 반응 이외에도 휴면특성에는 종내에 연속적인 변이를 가진 것이 있다. Cranham(1973)는 영국의 Kent 지방 6개 과수원에서 사과응애 월동난의 부화상황을 조사한 바 그의 부화중앙치에 개체군 간에 큰 차이가 있음을 발견하였다. 실내에서 자세히 조사한 바 이와 같은 부화시기의 차이는 휴면의 심도와 휴면기간 중의 저온에 대한 반응에 차이가 있기 때문인 것으로 밝혀졌다.

한편 유럽의 *Nineta flava* 풀잠자리는 1화성으로 고치속에서 3령 유충으로 월동한다. 휴면 후 번데기와 성충이 단일조건을 경과하면 20일 이내에 모두가 산란한다. 그러나 장일조건에 접하면 여름철에 생식휴면에 들어가는데 이때의 휴면기간은 개체간에 차이가 심하여 그의 산란전기간이 11~111일로 변이가 심하여 여름철에는 여러 가지 충태를 볼 수 있다. 이런 변이의 적응적 의의는 명백하지 않으나 여름철의 불확실한 먹이 조건과 관련이 있는 듯하다.

고자리파리(*Delia antiqua*)는 번데기로 하면과 동면을 하는 해충이다. 야외에서의 동면세대 번데기의 용 기간을 보면 10월 30일 이전에 용화한 것은 152.0일이고 12월에 용화한 것은 120.0일로 늦게 용화한 것에서 용 기간이 짧다. 용기간은 30일 이상의 차이가 있으나 50% 성충우화일 에서는 5일 정도의 차이밖에 없어 늦게 용화한 것이 발육이 빨랐다.(박과 현 1989). 그리고 월동 후 제1세대 번데기의 우화상황을 보면 그들은 용화시기에 따라 우화 상황에 차이가 크다. 제1세대(월동다음세대) 번데기를 15℃에 처리하였을 때 용화시기가 5월 중순이전의 개체들에서는 66.7%가 우화하나 5월 하순 이후에 용화한 개체들에서는 우화율이 35.0%로 크게 떨어지는 것으로 보아 이들은 개체에 따라 일찍 용화한 것은 휴면하지 않으나 늦게 용화한 것들에서는 휴면(하면)하는 것이 있는 것을 짐작 할 수 있으며 비휴면 개체들의 용기간은 18.7일로 짧다.

실제 야외에서 채집한 번데기의 휴면율(20℃)을 조사한 것을 보면 휴면(하면)율은 5월 초 용화한 것들에서는 25.9%이나 6월 초에 용화한 개체들에서는 98%로 거의 가 휴면용이었으나 5월 하순에 용화한 것들의 그것은 55.6%로 중간 정도였다.

한편 동면 번데기의 휴면종료시기를 야외개체들을 대상으로 조사한 바 1985년과 1986년의 50% 우화일까지의 유효적산온도(우화일까지의 발육임계온도이상온도의 합계)는 222.7 일도와 211.1 일도로 거의 차이가 없었다. 그러나 1984년에는 2월과 3월의 지중최저 평균온도가 -2.7℃와 5.5℃로 1985년과 1986년의 -1.6℃와 6.7℃에 비하여 낮아 유효적산온도는 248.4일도로 차이가 있었는데 이것은 이 해충의 휴면 후 발육이 발육임계온도 이상의 온도에 대한 반응특성과 관계가 있는 것으로 항온조건과 변온조건하에서 얻은 값에 대한 편가에 유의해야 할 점을 시사하고 있는 것으로 생각된다(박과 현 1989).

(2) 단절적 변이

이런 변이는 연속적 변이가 단봉성인 것과는 달리 반응곡선이 다봉성이며 계절적 다형성을 가진 곤충에서 흔히 볼 수 있다. 이것은 환경조건이 불규칙적으로 변화하는 곳에서 휴면의 종료나 발육 또는 생식의 개시를 시간적으로 늘어놓음으로써 불리한 영향을 피하는데 도움이 되는 것과 유관한 듯하다. 즉 이것은 모두 알을 한 바구니에 담을 경우와 같이 모두가 어떤 불리한 조건에 동시에 접하게 되는 위험성을 피하는 전략이다.

단속적 변이의 가장 흔한 예는 우화시기를 달리하는 경우이다. 다봉성 휴면종료에는 계절내 변이와 연간 변이가 있겠다.

Hyalophora cecropia 산누에나방은 휴면태 번데기로 월동하며 성충의 우화는 다음해 봄과 여름에 2봉 또는 3봉형 우화곡선을 그리는데 이것은 휴면종료시기의 차이 때문이다(Waldbauer 1978). 양배추의 해충인 *Delia radicum* 고자리파리의 경우도 동면 후의 성충 우화에 단절형을 나타내는 개체군이 있다. 어떤 개체군에서는 4℃에 유지하다가 20℃로 옮겨주면 14일 이내에 대부분

이 우화하나 어떤 개체군은 20℃에서 100일 이상이 되어야 많은 개체들이 우화한다(Finch와 Collier 1983). 이런 개체들은 4℃와 같은 저온하에서는 전자의 경우와 달리 휴면이 끝나지 않았음을 뜻하는 것으로 이런 특성은 유전적인 것이어서 다음 대에 이어진다.

위의 경우와는 달리 월동충태가 다르기 때문에 우화시기가 2봉형으로 나타나는 수가 있다. *Anax imperator* 왕잠자리의 월동약충에는 겨울을 두 번 겪은 것(최종령)과 한 번 겪은 것(최종 직전령)이 있는데 봄에 우화하는 시기는 두 군 사이에 약 1개월의 차이가 있어 명백한 2봉형을 나타낸다.

Nigeria의 *Zonocerus variegatus* 메뚜기는 건기에는 대부분이 장시형이고 우기에는 거의 모두가 단시형인데 이와 같은 날개형은 최종령 약충기의 고밀도와 먹이의 질과 관계가 있는 것으로 알려져 있다(McCaffery와 Page 1978). 이 메뚜기의 산란 기간은 길어 9월에서 다음 해 4월에 걸쳐 있으며 9월부터 11월 사이(건기)에 부화한 군과 11월부터 다음 해 4월 사이(우기)에 부화한 것은 우화시기에 명백한 차이가 있으며 2월부터 7월 사이에는 두 군 성충이 혼재하며 서로 교잡도 한다고 한다(Iheagwam 1983). 그런데 고자리파리(*Delia antiqua*)의 월동 후 제1세대의 경우는 휴면하는 군과 휴면하지 않는 군이 있어 제1세대 휴면군과 제2세대의 우화시기가 일치하여 제2세대 성충출현은 단봉형이 된다(박과 현 1989).

또 곤충류 중에는 휴면기간이 1년 이상으로 긴 것이 있으며 때로는 12년 이상 걸리는 것이 있다. 이런 경우에도 극히 일부만이 이렇게 생활사가 길고 대부분은 그렇지 않은 수가 많다. *Ephippiger cruciger* 여치는 알로 휴면하는데 이 경우 휴면하는 배자발육단계가 두 가지가 있다. 개체군내의 일부 개체들은 첫 해 겨울의 저온으로 제1차 휴면을 끝내나 나머지 개체들은 1차 휴면 상태로 남는다. 1차 휴면을 끝낸 개체들은 발육하여 2차 휴면에 들어간다. 제2차 휴면에 들어간 개체들은 저온의 영향을 받아 다음 해 봄에 부화하나 제1차 휴면단계의 것들은 그대로 몇 년이고 휴면 상태로 지낸다. 따라서 제1차 휴면은 부화를 수년 간에 걸쳐 일어날 수 있게 하고 제2차 휴면은 유리한 조건에 맞춰 부화가 일어날 수 있게 하고 있는 것이다(Dean과 Hartley 1977).

한편 *Osmia montana* 가위벌은 휴면발육단계에 따라 1화성이 될 수도 있고 한 세대가 2년에 걸칠 수도 있다. 즉 1화성 개체들은 휴면상태의 성충으로 월동하는데 2년 1세대인 것들은 첫 해 겨울을 휴면상태의 성숙한 유충으로 지내고 다음해 겨울은 휴면상태의 성충으로 월동한다. 1화성인 것과 2년 1세대 개체의 비율은 변이가 심하여 공간적 시간적 이질성으로 간단히 설명하기는 어렵다(Torchio와 Tepedino 1982).

단절적인 변이가 휴면의 유기와 관련되어 있어 화성의 차이로 나타나는 경우도 있다. 온대지방에서는 거의 모든 개체가 동면을 하며 그렇지 못한 개체는 죽어버릴 것이다. 그러나 휴면개체와 비휴면 개체가 같이 월동하는 경우도 있다. 예를 들면 일본에서의 귤응애(*Panonychus citri*)에는 낙엽과수류에서 휴면난으로 월동하는 계통과 귤에서 월동하는 휴면하지 않는 것이 알려지고 있다(Uchida와 Shinkaji 1980).

일본의 Okinawa 지방에 분포하는 *Cavelerius saccharivorus* 긴노린재는 산란성인 성충으로 월동한다. 늦은 가을에 산란된 알은 고온과 저온 모두에 반응하여 휴면하나 초겨울 이후에 산란된 알은 저온으로 휴면한다. 그리고 이들 알은 봄에 모두가 동시에 부화하는데 이것은 늦게 산란된 알은 일찍 산란된 알보다 휴면심도가 얕기 때문이라고 한다(Hokyo 등 1983). 따라서 이 경우는 겨울동안 두 가지 발육단계가 공존하나 단절적인 다형성이라고는 하기 힘들겠다.

일본 중부지방에서 솔나방(*Dendrolimus spectabilis*)은 2년 3세대의 생활사를 갖고 있다. 년1세대충의 자손은 년2세대충의 자손에 비하여 발육이 빨라 보다 많이 발육한 유충태로 월동하게 되어 다음해에는 년2세대의 생활사 과정을 밟으며 년2세대충의 자손은 보다 어린 상태의 유충으로 월동하게 되어 년1세대의 생활사 과정을 밟게 되어 결국 2년 3세대의 생활사를 갖게 된다. 따라서 이 해충의 경우 휴면발육단계가 다음해이 생활사 과정에 영향을 미치는 것으로 생각된다(Habu 1969). 또 북방소금쟁이(*Gerris odontogaster*)의 경우 일시적인 물웅덩이에서 일부 장시형 개체들은 여름철에 이동전 생식휴면을 하나 단시형은 휴면 않고 생식한다. 이런 특성 때문에 장시형은 이동에 의하여 물이 마를 때를 피하고 단시형은 마르지 않는 곳에서 생식을 계속한다.

이상 종내 개체군의 휴면반응을 연속적인 것과 단절적인 것으로 분류하여 설명하였으나 실제로 많은 경우에 이런 구별은 어려운 수가 많다. 단절적 변이를 하는 경우 이것은 연속적으로 변하는 유전적 요인과 생리적 요인에 의한 수도 있겠다. 고로 휴면과 관련된 생리적 반응은 연속적인 것이나 실제로는 그의 임계치에 의하며 그 결과가 나타나게 되는 고로 임계치 이상에 놓인 개체들은 휴면하겠으나 임계치 이하에 놓여 있는 개체들은 휴면을 않을 수도 있겠다. 이와 같은 문제는 휴면의 종료에 관해서도 있을 수 있겠다. 따라서 단절성이란 개체군내의 반응역치의 분포와 환경조건 변화폭 간의 상호작용관계에 의한 것으로 볼 수 있겠다. 그리고 종내 개체간 변이는 계절적 변화의 특성과 생활사 특성간의 상호작용에 의한 것으로 그들이 생존이나 증식과 관련 보다 유리한 방향으로 진화한 결과임은 분명한다 하겠다.

2) 지역개체군간 변이

같은 종이라도 분포지역이 넓은 곤충들에서는 지역에 따라 연간 발생 횟수 즉 화성에 차이가 있는 경우가 많다. 이와 같은 화성의 차이는 환경조건의 지역적 차이 때문일 수도 있으나 그와 같은 화성의 차이는 지역개체군간의 유전적 차이가 보다 중요한 의미를 갖는 수가 많다. 지역개체군간의 유전적 특성 차이는 월동 후의 발생시기와 깊은 관계가 있다.

일반적으로 남부지방 개체군은 임계광주기가 북부지방 개체군에 비하여 짧고 연간 세대수가 많아지며 극단적으로는 휴면이 없는 생활사를 갖는 것이 보통인데 반하여 북부지방이 개체군은 임계광주기가 길고 1화성 비율이 높은 것이 보통이다. 몇 가지 예를 들면 배저녁나방(*Acronycta rumicis*)(밤나방의 1종)의 경우 러시아에서 위도 범위 약 20°의 지역개체군의 임계광주기는 남부에서는 14.5시간이었으나 북부에서는 19시간으로 약 4.5시간의 차이가 있었다고 하며(Danilevsky 1965) 도둑나방(*Mamestra brassicae*)은 위도 5°마다 1.5시간이 증가하였다고(Danilevsky 1965) 하며 숲모기류에서도 1시간/5° 정도이 차이가 있었다고 한다(Jordan과 Bradshaw 1978). 그러나 서부러시아의 *Pieris brassicae* 흰나비(Danilevsky 1965)나 미국이 *Toxorhynchites rutilis speptentionalis* 왕모기(Trimble와 Smith 1979)와 같이 넓은 지역에 걸쳐 개체군내의 임계광주기에 거의 차이가 없는 것이 있고 *Chrysopha carnea* 풀잠자리(Tauber와 Tauber 1982)는 위도 5° 증가에 0.62시간 정도의 증가가 있는 등 다양하다. 그리고 이런 변이는 같은 위도에서도 고도에 따라 차이가 있기도 하다. 따라서 지역개체군간의 차이는 복잡하며 위도 뿐 아니라 고도나 그 밖의 지역특성과 그 종의 유전적 특성이 복잡하게 관련되어 있다.

곤충류의 종내 계절성 특성의 지리적 특성에는 ① 임계광주기 ② 휴면기간(심도) ③ 감수성 발육단계의 기간 ④ 휴면발육에 미치는 온도의 영향 ⑤ 몸의 크기 ⑥ 휴면 전 발육속도 그리고 ⑦ 휴면 후 발육속도의 차이 등과 같은 것이 있는데 이런 양적문제와는 달리 ① 생육기말의 비휴면 개체율이 지역적으로 차이가 있거나 ② 휴면의 감수성 발육단계나 휴면종료시기의 지역적 차이 ③ 하면특성의 지역간 차이 그리고 ④ 월동 충태의 지역간 차이 등 지역개체군 간에는 여러 가지 차이가 있는 경우가 많다.

칠성무당벌레(*Coccinela septempunctata*)는 유럽에서는 단일로 휴면하나 일본에서는 장일로 하면한다(Okuda와 Hodek 1983). 그리고 *Chrysopa carnea* 풀잠자리는 미국 서부지역에서는 먹이 부족이나 광주기로 하면하나 그 비율은 지역적으로 차이가 있다. 즉 건조가 심하여 먹이 조건이 불안정한 지역의 개체군은 먹이 조건이 비교적 안정되어 있는 관계수리가 안정되어 있는 지역의 개체군보다 하면율이 높다(Tauber와 Tauber 1982). 이와 같은 현상은 휴면성 휴지에서 뿐 아니라 휴면과 관련된 이동이나 다상성에서도 그 예를 볼 수 있다.

벼의 해충인 이화명나방은 유충으로 휴면 월동하는데 월동 유충을 채집하여 2월 20일부터 25°에서 사육하면 용화까지 수원산은 17.2일 이리산은 20.6일 그리고 광주산은 24.7일로 남쪽산인 유충발육기간이 북부산보다 길다. 그리고 그들의 누적용화율을 보면 그림 4-6과 같았다(박과 현 1990).

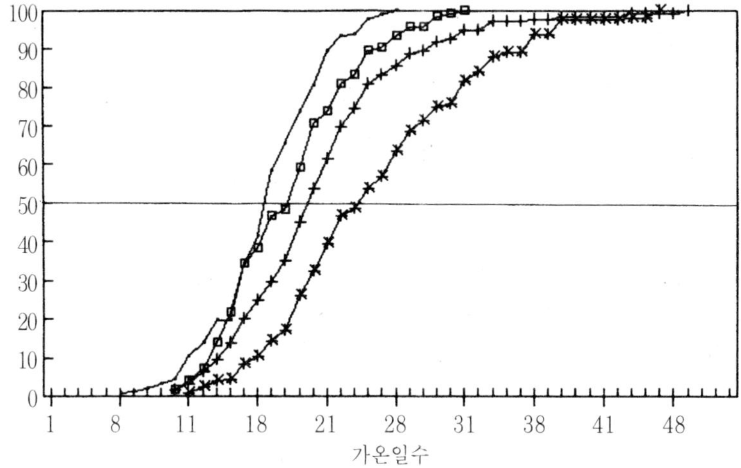

그림 4-6. 이화명나방 월동 유충을 25°에서 가온 하였을 때 누적용화율
- · - 수원, -□- 진주, -×- 광주, -※- 이리

그림에서 보는 바와 같이 수원산은 빨리 용화를 시작하며 용화율의 증가 속도도 다른 지역에 비하여 크다. 이것은 이 해충의 휴면유충의 온도에 대한 반응의 지역개체군간 차이를 뜻하는 것이다.

일본에서 Masaki는 전국에 분포하는 왕귀뚜라미(*Teleogryllus emma*)의 지역 개체군의 특성을 조사하였다. 이 귀뚜라미는 연평균 기온이 7℃인 북해도에서부터 16℃인 Kushu까지 넓은 지역에 분포하며 알로 월동하는 1화성 곤충이다. 산란 직후의 알을 25℃

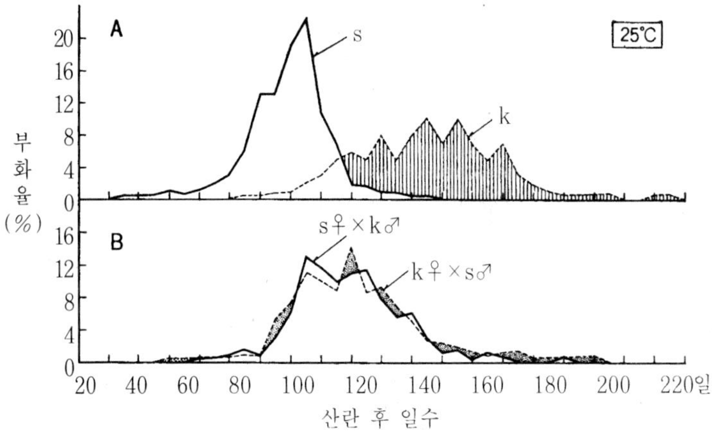

그림 4-7. 산란 직후의 알을 25℃에 보존하였을 때의 왕귀뚜라미 두 지역 개체군 (A)과 교 잡종(B)의 부화상황 S: Sappolo, K: Kochi (Masaki 1974)

에 보존하였을 때의 부화상황은 그림 4-7과 같다.

그림에서 보는 바와 같이 두 지역의 알은 고온 보존 후 상당한 시간이 지난 후에야 부화하는 것으로 보아 모두가 휴면함을 짐작할 수 있다. 그런데 북부지방(Sappolo) 개체군은 고온 처리 후 약 30일 경부터 부화를 시작하여 약 80일 경에 부화율이 최고에 달하는데 남부지방(Kochi) 개체군은 약 80일 경부터 부화를 시작하여 약 50%가 부화하는데 130일 정도가 걸렸으며 최종난의 부화는 220일이었고 난기간의 평균은 각각 112일과 209일로 남부개체군은 북부의 그것이 거의 2배나 되었다. 그런데 이들 알을 저온에 3개월 정도 저장하였다 고온으로 옮기면 거의 동시에 부화하는 것으로 보아 이런 차이는 남쪽의 알과 북쪽의 그것의 휴면기간(심도)의 차이에 의한 것으로 생각된다.

그림의 B는 두 지역개체군의 교잡종 알의 부화상황으로 알의 휴면기간은 대체로 두 지역개체군의 중간적 특성을 보이고 있다. 그러나 암컷이 어느 지역개체군인가가 약간의 영향을 미치는 것으로 보인다.

한편 5월 하순경 동시에 부화한 왕귀뚜라미 두 지역개체군의 약충을 실온(23°)에서 사육하였을 때의 각 개체군의 유충기간은 그림 4-8과 같다.

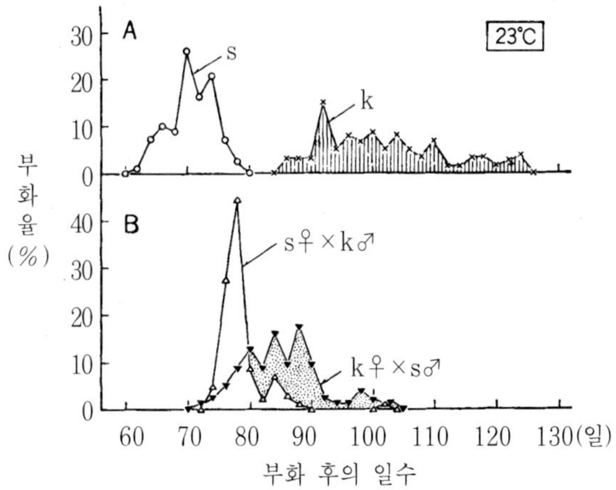

그림 4-8. 왕귀뚜라미 두 개체군과 교잡종의 유충기간(23℃) (Masaki 1974)
S: Sappolo, K: Kochi

유충기간의 평균치는 북방개체군이 70일이고 남방개체군이 100일로 두 개체군 간에 약 30일 정도의 차이가 있어 북방개체군의 우화가 남방개체군에 비하여 빠르다. 또 북방개체군은 7월말경이 되면 날개의 원기가 생기기 시작하고 8월 중순에는 거의가 우화하였으나 남방개체군은 8월 하순에 겨우 우화를 시작하여 9월 중순이 되어도 아직 우화하지 않는 것이 있었다. 이와 같은 약충발육의 차이 때문에 우화한 성충의 크기도 북방개체군이 남방개체군보다 명백하게 차이가 있어 우화한 성충의 두폭과 암컷의 산란관의 길이가 북부산이 명백히 작았다. 또 일본 여러 지역에서 채집한 왕귀뚜라미의 유충발육기간을 조사한바 그것은 북방개체군에서 나방개체군보다 짧았으며 알의 부화기간에 있어서도 같은 경향을 보였는데 알속에서 배자가 완전히 발육하는데 요하는 일수는 25℃에서 약 3주일인 고로 알기간이 지역개체군에 따라 70~130일로 차이가 있는 것은 대부분이 휴면기간의 차이 때문인 것으로 생각할 수 있으며 난기간의 지역개체군간 차이는 휴면기간(심도)과 관계가 있는 것으로 보아야 하겠다. 그리고 알의 발육과 직접적으로 관계가 있을 가을철에서 다음해 봄까지의 여러 가지 기후적 요인과 알기간과의 상관을 조사한바 가장 밀접한 상관관계가 있는 것이 월동기간의 일 최고온도였다고 한다(Masaki 1974).

위와 같이 왕귀뚜라미에서 북방개체군의 알기간(휴면심도)과 유충기간이 남방개체군의 그것에 비하여 짧다는 것은 계절의 진행에 따르는 기온의 변동과 관련 중요한 적응적 의의가 있다고 생각된다. 북방의 한지에서는 짧은 여름 동안에 발육을 끝내 겨울이 되기 전에 휴면난을 낳는 것이 중요하다 하겠다. 약충기간이 짧은 북방개체군은 발육이 빨라 이것이 가능하나 남방개체군은 여름이 짧은 북부지방에서는 겨울이 되었을 때 생육이 끝나지 않을 수가 있어 생활사를 끝내지 못할 수도 있겠다. 그리고 나방개체군 알의 휴면이 깊다는 것은 월동기간 중에 따뜻한 날이 계속되어도 휴면에서 깨어나지 않아 때 아닌 저온에 접하였을 때의 위험을 피하는데 도움이 될 수 있겠다. 또 알 때의 가장 큰 문제는 저온 그 자체보다는 봄이 오기 전에 휴면에서 깨어나는 것인데 특히 이 곤충의 알은 땅속에서 겨울을 나는 고로 휴면 중에는 안전하다. 그러나 휴면에서 깨어나면 다시 휴면상태로 되돌아갈 수는 없는 고로 봄까지 겪게 될 여러 차례의 한파로 피해를 보게 될 수 있겠다. 가을철이 비교적 길고 겨울동안에 따뜻한 날이 많은 남쪽에서는 휴면이 끝날 수 있는 확률이 크다. 그러나 가을이 짧고 겨울의 기온이 낮은 북쪽에서는 이런 위험성은 낮다. 따라서 남쪽에서는 휴면이 깊은 것이 유리하나 북극에서는 짧은 가을철은 휴면으로 지내고 겨울은 저온으로 발육이 억제되어 봄까지 알은 발육하지 않고 지낼 수 있어 휴면이 얕은 것이 유리하고 휴면이 깊으면 봄에 휴면에서 깨어나는 것이 늦어져 약충발육도 늦어져 가을까지에 성충이 출현하는 것이 늦어질 수 있겠다.

엄 등(1986)은 월동 중인 이화명나방 유충을 1월 15일과 2월 15일에 25℃에서 가온하였을 때 지역개체군에 따르는 용화 상황을 조사하여 그림 4-9와 같은 결과를 얻었다.

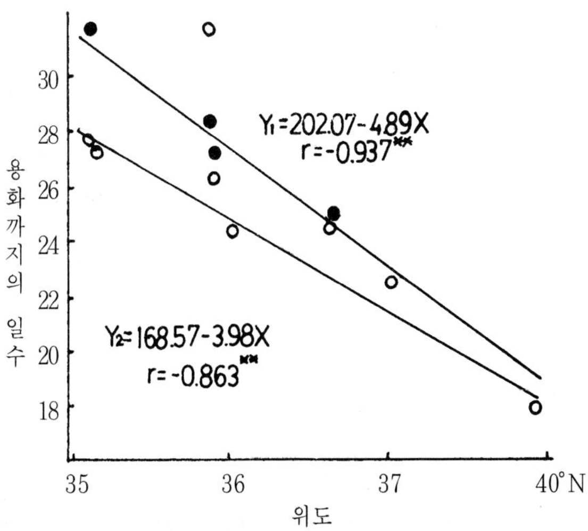

그림 4-9. 월동중인 이화명나방을 두 시기에 25°로 가온하였을 때의 용화 상황의 지역간 차이 (엄 등 1986)

●: 1월 15일 가온, ○: 2월 15일 가온

용화까지의 일수를 보면 가온을 시작한 시기와 관계없이 북부지방에서 남부지방보다 짧다. 실제로 2차 가온 시 춘성산은 17.9일이고 논산산이 24.2일 그리고 광산산은 27.7일이었으며 그의 유효적산온도를 계산한바 각각 447.5일도, 625일도 그리고 692일도로 차이가 있어 용화까지의 요구 온도량이 남쪽 것이 커 발육에 많은 온도량을 요구함을 알 수 있다. 또 1월 15일과 2월 15일 가온 시의 용화 상황을 비교할 때 그 차이가 남부지방에서 북부지방보다 큰데 이것은 지역개체군의 온도에 대한 반응의 차이(발육임계온도나 온도의 발육속도에 미치는 영향 등)를 시사하는 것이라고 하겠다.

곤충의 생활사를 보면 휴면발육단계가 어떤 특정 생활사단계에 한정되어 있는 것이 보통이다. 다화성 곤충류의 경우 생육 가능한 계절 내에 완전한 한 세대를 끝내지 못하는 것은 휴면발육단계까지 발육하지 못한 것들은 죽어버리게 될 것인 고로 곤충의 생활사가 그 지역의 계절진행과 일치하는 것은 대단히 중요한 일이다. 이런 적응은 낭비 세대를 막는 적응현상으로 환경조건이 연속적으로 변화하는 경우에도 지역개체군 간에는 단계적인 단절된 반응을 나타내는 수가 있다. 한 세대를 더 거치느냐 여부는 휴면을 촉진하거나 반대로 억제하는 휴면유기임계광주기, 휴면 전 생장이나 휴면심도, 휴면 후 발육 등에 영향을 미치는 광주기나 기타의 요인의 영향을 받는데 화성변화와 관계가 있을 때 특히 그러하나 이런 요인들은 지역적으로 비교적 가까이에 분포하는 개체군 간에도 갑자기 변화하는 경우를 흔히 볼 수 있다. 이와 같은 종내의 단절적 변이가 이들 곤충의 분포영역 전체에 걸친 각 지역간 연간 세대수로 나타나게 되겠다.

포유류나 조류와 같은 항온동물은 같은 종이나 근연종에서 생활양식이 비슷하면 한지에 분포하는 것이 난지에 분포하는 것에 비하여 몸이 크다(Bergmann의 법칙). 이것은 몸이 상사형인 경우 몸의 용적은 체장의 3승에 비례하나 몸의 표면적은 체장의 2승에 비례하여 몸이 커질수록 단위용적에 대한 표면적은 작아져 체온

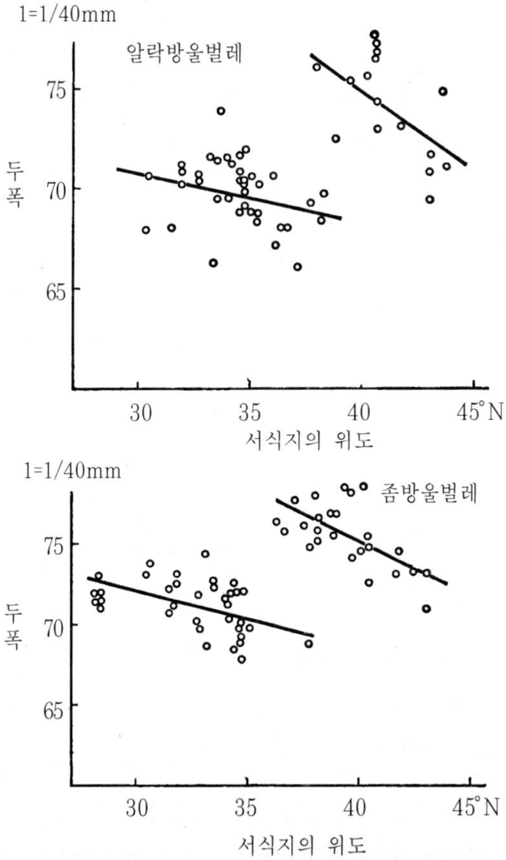

그림 4-10. 알락방울벌레(위)와 좀방울벌레(하)의 크기(두폭)와 위도와의 관계 (Masaki 1974)

상실은 몸이 작은 것에서 크기 때문에 한지 항온동물은 몸이 큰 것이 유리하기 때문으로 생각되고 있다.

변온동물인 곤충류에서는 항온동물의 경우와는 달리 같은 종에서도 북방종이 남방종 보다 몸이 작은 경우가 많이 알려지고 있다. 즉 1화성인 왕귀뚜라미(*Teleogryllus emma*)와 *T. ezoemma* 귀뚜라미는 일본 전국에 분포하는데 그 몸의 크기는 북쪽으로 갈수록 작아지는데 이것은 북부지방의 저온이 발육속도를 빨리하고 휴면의 심도를 얕게 하는 방향으로 선택하였기 때문일 것이라고 한다(Masaki 1978). 그런데 온도는 연속적으로 변화하여도 알락방울벌레(*Pteronemobius nigrofasciatus*)와 좀방울벌레(*P. mikado*)와 같이 북부에서는 1화성이고 남부에서는 2화성인 곤충에서의 몸의 크기와 산란관의 길이는 화성에 따라 명백한 차이가 있고 같은 화성내에서의 크기는 북부개체군에서 남부개체군의 그것에 비하여 작다(그림 4-10).

알락방울벌레와 좀방울벌레의 경우는 몸의 크기(두폭)가 왕귀뚜라미의 경우와 같이 남북으로 가면서 크기가 감소하는 현상이 뚜렷하지는 않으나 그림에서 보는 바와 같이 그 경향은 알 수 있다. 즉 분포의 북방한계에서부터 남쪽으로 가면서 몸의 크기는 점점 커지나 알락방울벌레의 경우에는 북위 37~38°, 좀방울벌레의 경우는 북위 36~37°에 끊어져 단층이 생기면서 이 부근에서 최소치를 나타내고 더욱 남쪽으로 가면 다시 몸이 커지고 있다(화성은 다르다). 이것은 북부의 1화지대와 남부의 2화지대의 개체군의 크기의 변화상을 나타내는 것으로 단층은 화성의 전환지대에 해당된다고 생각된다. 이 두 종 방울벌레에서 1화지대와 2화지대의 것에는 몸의 평균크기에 차이가 있으나 같은 화성지대 것의 몸의 크기는 북부개체군의 몸의 크기가 남부개체군의 그것에 비하여 작아지는 경향은 화성과 관계없이 같다.

Masaki(1974)는 여러 지역 알락방울벌레(*P. nigrofasciatus*) 개체군을 여러 가지 광주기 조건하에서 사육하면서 약충발육기간을 조사하였다(그림 4-11).

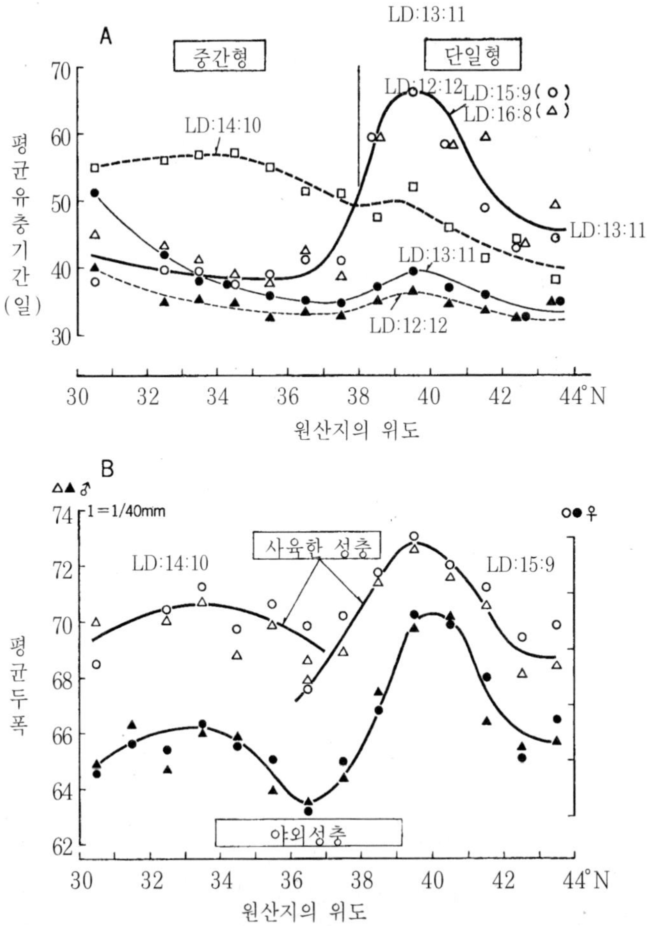

그림 4-11. 여러 가지 광주기 조건하에서의 알락방울벌레의 약충기간(A)과 서로 다른 광주 기 조건에서 자란 성충과 여러 지역 개체군 성충의 두폭(B) (Masaki 1974)

그림 4-11 A에서 보는 바와 같이 약충기간은 광주기가 짧을 때는 지역개체군간의 차이가 적으나 광주기가 길어지면 그 차이는 대단히 크다. 그러나 어느 광주기에서의 반응곡선도 야외성충의 크기 변이와는 일치하지 않는다. 이것은 1화지역과 2화지역에서 가을에 채집한 성충은 유충기를 서로 다른 광주기 조건에서 경과하였기 때문이다. 1화지역의 약충은 15시간을 중심으로 14~16시간 정도의 광주기 하에서 지냈고 2화지역의 가을에 채집된 성충은 두 번째의 성충으로 그 약충은 7월말~9월 중순사이의 14시간을 중심으로 13.5~15시간의 일장하에서 자랐다. 일장의 중앙치를 취하여 1화지역에서는 15시간 2화지역에서는 14시간의 광주기하에서의 유충기간 반응곡선을 묶으면 가을의 성충의 크기에 있어서의 지역적 변이와 관련된 지역개체군의 유전적 특성을 짐작 할 수 있겠다(그림 4-11 B). 물론 사육개체들은 야외의 것에 비하여 몸이 크다. 그러나 그림에서 두 곡선은 대체적으로 평행선을 그리고 있다. 성충의 크기는 발육과정 전체의 최종산물인 고로 발육기간 중의 여러 가지 환경조건의 영향을 받았을 것이다. 그러나 그림에서 보는 바와 같이 야외에서의 변이를 실험실에서 재현시킬 수 있었다는 것은 유전적 변이가 야외에서도 대단히 중요한 역할을 하고 있음을 시사하고 있다고 하겠다.

알락방울벌레는 특유한 광주기 반응을 통하여 1화성과 2화성의 지역개체군을 유지하고 있으나 이들 지역개체군은 별개의 종은 아니다. 이 종은 이와 같은 지역종의 분화를 통하여 분포지역을 확대하여 넓은 지역에 분포할 수 있게 된 것으로 생각된다.

2. 계절성의 유전

계절성과 관련된 생리 생태적 반응을 결정하는 유전적 요인은 종에 따라 차이가 있으며 그 내용은 복잡하나 기본적으로는 다인자적(Polygenic, 多因子的)인 것과 멘델유전적인 것으로 대별할 수 있겠다.

1) 다인자 유전(Polygenic inheritance)

휴면과 관련 다인자성 특성을 가진 것은 양적인 것으로 임계일장의 길이, 휴면발육속도 그리고 휴면기간의 장단 등이 있다.

밤나방의 1종인 배저녁나방(*Acronycta rumicis*)는 원칙적으로 단일조건하에서 휴면을 일으키는데 Leningrad 개체군과 Sukhumi 개체군은 휴면유기임계일장에 약 4시간의 차이가 있다(Danilevsky 1965). 잡종 F1 세대와 F2 세대 그리고 여교배 자손은 양친 개체군의 광주기에 대한 반응을 이어받으며 그의 임계일장은 양친의 그것의 중간이다. F1 세대 수컷은 반성유전성을 약간 보이기는 하나 F2나 여교배 자손에서 분리현상은 없다고 한다. 이와 비슷한 휴면유기임계일장의 다인자 관여의 예는 이 해충 외에도 여러 가지 나비목 곤충이나 딱정벌레목 곤충, 파리목 곤충, 메뚜기목 곤충 그리고 기생벌류에서도 알려지고 있다.

휴면기간이 다인자의 지배를 받는 예가 왕귀뚜라미나 *Diabrotica virgifora* 잎벌레 등에서 지역개체군간의 교잡시험을 통하여 알려지고 있으며 잡종의 휴면기간은 양친의 그것의 중간성을 띈다.

휴면특성이 반성유전을 하는 예가 꼬마버들독나방(*Leucoma salicis*), *Choristoneura orae* 애기잎말이나방, 코드링나방(*Cydia pomonella*), 미국흰불나방(*Hypantria cunea*), *Heliothis virescens*

밤나방, 유럽조명나방(*Ostrinia nubilalis*), 목화다래나방(*Pectinophora gossypiella*), 기타 여러 가지 곤충에서 알려지고 있다.

누에의 화성은 한 개의 성염색체상 유전자좌의 3개의 대립인자와 세 개의 체염색체상의 유전자좌의 대립인자의 지배를 받는데 반성유전인자는 Epistasis(상위성)(같은 유전자좌에 있지 않은 유전자가 어떤 유전자의 표현을 억제하는 것)을 갖고 있으며 체세포의 관련 유전인자는 상가적 기능을 갖고 있는데 교잡시 유전자의 여러 가지 배합상의 차이로 1화성에서 다화성까지의 여러 가지 화성이 생긴다.

휴면과 관련된 양적 특성에 대한 인위적 선발결과를 보면 이런 특성은 유전율(Heritability, 遺傳率)(어떤 집단 내의 표현형 분산 중 상가유전분산의 비율)이 대단히 높은 것으로 알려지고 있다. 장거리 이동의 예로 유명한 *Oncopeltus fasciatus* 긴노린재의 경우 휴면유기나 날개의 길이 등 여러 가지 생활사 특성은 상당한 상가성 유전변이를 갖고 있음이 알려지고 있다. 모집단의 여러 가지 상가성 유전변이는 그 자손에서 중간적 특성이 출현하게 되어 특성의 고정을 억제하게 된다. 이것은 특정 특성에 대한 선발이 해에 따라 영향을 달리하기 때문에 생길 수 있겠다. 이렇게 하여 유전적 변이가 유지되고 이동한 것이 당면하게 되는 다양한 계절적 변이에 대하여 조절된 휴면유기를 가능하게 하는 것이다.

2) 멘델 유전

휴면형질 중 다인자 유전을 하는 것은 잡종 제1세대에서 일부형질에 양적으로 중간적 형질 반응을 보이나 계절적 특성에는 멘델 유전을 하는 것도 있다. 휴면의 특성 중 멘델 유전을 하는 것이 상당히 많을 것이나 현재까지 알려진 예는 그리 많지 않으나 멘델 유전을 하는 경우는 그의 반응은 명백히 구별되는 반응이 보통이다.

Chrysopa carnea 풀잠자리는 불변 장일조건하에서는 휴면이 없는 다화성 곤충이며 *C. downesi* 풀잠자리는 단일조건에 이어 장일조건에서 사육하면 휴면이 없는 1화성 곤충이다. 이들의 이런 특성은 이들 종에서는 물론 그의 잡종에서도 중간형이 나타나는 일이 없어 명백한 멘델 유전을 한다. *C. carnea* 풀잠자리의 장일반응은 *C. downesi*의 단일/장일 반응에 대하여 우성인 고로 잡종 제1세대는 장일반응을 하며 잡종 제2세대나 여교잡 세대에서는 전형적인 멘델 유전법칙에 따르는 특성분리가 일어난다(Tauber 등 1977).

멘델 유전은 휴면성 휴지뿐만 아니라 계절적 다상현상이나 기타의 계절적 현상에서도 그 예가 알려져 있다. 복숭아혹진딧물(*Myzus persicae*)는 대개 숙주전환을 하는 고로 단일조건하에서는 암컷과 수컷이 생겨 교미 후 휴면 알을 낳는다. 그런데 숙주비전환계통의 암컷을 단일처리하면 극소수의 수컷이 생기기는 하나 대부분이 단위 생식성 암컷을 생산한다. 이들 단위생식 암컷은 겨울철 기온이 따뜻하면 월동이 가능하나 그렇지 않으면 죽어버린다. 숙주비전환계통 수컷과 숙주전환계통 암컷이 잡종 제1세대와 여교잡 제2세대에서의 특성을 보면 비휴면성을 결정하는 것은 한 개의 열성유전자의 단일인자유전임을 알 수 있다(Blackman 1972). 이 유전자는 양성생식을 하게 될 환경조건에서는 양성 생식성 암컷의 출현은 완전히 억제하고 수컷의 생산도 부분적으로 억제한다.

한편 집모기류에는 성충이 우화 후 흡혈 또는 고단백질 먹이를 섭취한 후에 산란하는 섭식 생식종(Anautogeny)과 우화 후 섭식을 않고도 산란하는 무섭식 생식종(Autogeny)이 있는데 전자는 성충이 휴면하지 않으나 후자는 휴면하다. 예를 들면 빨간집모기(*Culex pipiens*)의 북부계통종 *C. p. pipiens*는 섭식 생식종으로 성충은 단일조건하에서 휴면하나 남부계통종 *C. p. molestus*는 무섭식종으로 휴면하지 않는다. *C. p. molestus* 암컷과 *C. p. pipiens* 수컷간 교잡종에서 보면 휴면성은 열성으로 그것은 단일인자로 결정됨을 알 수 있으며 무섭식성도 열성인 단일인자유전을 하는 것으로 생각된다(Vinogradova 1961).

짚시나방의 기생봉 *Apanteles melanoscelus* 고치벌은 지역개체군간에 휴면성에 차이가 있다. 유럽개체군은 일장이 16시간 이하에서는 고치속에서 휴면하는데(Weselh 1982) 인도개체군은 여러 가지 일장조건에서 거의 휴면하지 않는다. 유럽개체군과 인도개체군간의 잡종 제1세대는 인도개체군과 마찬가지로 휴면하지 않는다. 이 두 개체군간의 임계일장의 차이는 다인자성유전을 하는 것이 확실하나 인도개체군의 일장반응은 멘델 유전의 가능성이 있다.

같은 기능을 가진 몇 개의 유전자가 마치 하나의 유전단위와 같은 유전양식을 가질 때 이들을 초유전자(Super gene, 超遺傳子)라고 하는데 이런 초유전자는 멘델 유전을 한다. 북위 42°~69° 사이에 분포하는 *Drosophila littoralis* 초파리는 휴면을 않는 계통에서부터 임계일장의 차이에 따라 1화성인 것과 다화성인 것이 있다(Lumme 등 1975). 다화성 계통과 1화성 계통간의 교잡종에서의 화성유전을 보면 다화성이 우성이며 임계일장 관여 유전인자들은 하나의 체염색체상에 있어 멘델 유전을 한다.

제 5 장 곤충류 계절성의 진화

휴면은 일종의 생리학적 현상이며 그 내용 특히 계시나 기억 등에 관하여는 아직 밝혀진 바가 별로 없으며 휴면과 관련된 신경내분비학적 문제는 몇 가지 곤충류를 대상으로 연구된 바 있으나 여러 분류군을 대상으로 한 비교생리학적 확증을 제시하기에는 충분한 것이 못된다.

생물의 진화는 생물의 유전적 특성과 환경조건간의 오랜 시간에 걸친 상호작용의 산물이다. 따라서 그의 진화과정을 재현한다는 것은 불가능한 일이라고 하겠다. 휴면의 진화과정을 추론하는 데에는 실험실내에서의 인위적 선발, 어떤 지역에 침입한 종의 적응적 변화 그리고 계절적 적응의 분류군간 비교 등의 방법을 이용할 수 있겠다. 이런 각 분야의 연구결과는 계절적 적응과 관련된 여러 가지 생태학적 문제에서부터 그의 유전학적 문제에 이르기까지 광범위한 문제들을 포함하고 있으며 이를 통하여 계절성 진화에 대한 상당히 중요한 정보를 얻을 수 있겠다. 그러나 이런 연구들은 계절성과 관련된 유전학적 문제와 생태학적 현상간의 생리학적 문제나 신경내분비학적 문제의 연관관계는 깊이 다루지 못한 경향이 있어 휴면성의 진화를 직접적으로 밝히는 데는 충분치가 못하여 휴면의 생리학적 내용에 관한 진화과정을 명백히 하지는 못하고 있다. 그러나 이런 연구는 연구의 대상을 명백히 하는 동시에 앞으로 비교생리학적 연구에 도움이 될 가능성이 큰 분류군을 보다 명백히 제시하는데 중요한 길잡이가 될 수 있겠다. 그리고 진화학적 측면에서는 계절성에 대한 선택작용의 양식이나 그의 변화에 대한 중요한 정보를 얻을 수도 있겠다. 또 계절적 적응의 내용은 여러 가지 것들이 상호작용하고 있어 한 가지 특성의 변화는 정도의 차이는 있으나 다른 것과 관련이 있어 전체적 생활사의 진화방향에 영향을 미치게 마련이다. 여기서는 계절성의 진화문제를 위와 같은 3개 분야를 중심으로 살펴보려 한다. 첫째 인위적 선발과 관련하여서는 계절성과 관련된 특성들 중 선발을 통하여 쉽게 변화시킬 수 있는 특성은 무엇이며 선발을 방해하는 것은 무엇이며 관련된 문제에는 어떤 것이 있는지 등을 주제로 하겠다. 둘째로 침입종에 관한 연구는 침입한 종에 대한 자연선택작용이 그 종의 계절적 적응에 어떤 변화를 이르켰는지를 분석하는 것으로 이것은 침입종은 침입지에서는 원산지에서와는 다른 환경조건에 접하게 되어 그의 선택작용을 받을 것이기 때문이다. 셋째로 여러 가지 분류단위에서 계절성의 특성을 비교하여 계절성 진화와 관련 가장 중요한 것이 무엇인가를 밝힘으로써 앞으로의 연구방향 설정에 도움을 주겠다.

1. 인위적 선택

곤충류의 계절적 적응은 휴면과 그의 광주기 반응이 주축을 이루고 있으며 휴면성은 변이성이 큰 유전적 성질로 그것은 한 종에서 흔히 볼 수 있는 지리적 변이로 확실히 알 수 있다. 즉 기후조건이 다른 여러 지역에서 채집한 같은 종의 개체들을 조사해 보면 그들의 휴면율, 임계일장, 휴면기간(심도) 등은 지역적인 차이가 있다. 이와 같은 차이는 지리적인 경사를 나타내고 있어 기후적 조건의 선택작용을 받은 결과임을 짐작하게 한다.

휴면현상의 선택과정은 인위적 선택으로 쉽게 재현할 수 있다. Tauber 등은 점박이응애(*Tetranychus urticae*)를 포함한 50여

종에서의 인위적 선택에 의한 휴면성의 변화를 보고한바 인위적 선발은 대부분이 휴면이 꼭 필요한 지역에 서식하는 개체군에서 비휴면 개체군을 선발하는 경우로 불과 몇 세대의 선발로 휴면조건에 접하여도 거의 휴면하지 않는 개체군을 얻을 수 있다. 짚시나방(*Lymantria dispar*)과 같이 안정성이 큰 내인성 휴면을 하며 분포 전지역에서 1화성인 곤충에서도 비휴면계통의 선발에 성공하고 있다(Hoy 1977).

인위적 선발의 겨우 휴면 관련 특성 중 어떤 특성이 변하였는지는 명백하지 않으나 밝혀진 예에서 보면 휴면유기의 임계일장이나 휴면기간 모두가 선발되는 것이 밝혀지고 있다. 예를 들면 *Oncopeltus fasciatus* 긴노린재의 경우 휴면이 유기되고 지속되는 일장조건 하에서 초산연령을 앞당기는 방향의 선발은 휴면기간이나 휴면유기 임계일장을 감소시킨다(Dingle 1974). 그런데 선택효율은 처음 몇 세대 동안은 비교적 높으나 그 후에는 낮아지며 휴면유전자를 완전히 제거하기는 힘들다. 외잎벌레(*Atrachya menetriesi*)는 1화성으로 알로 휴면하는데 약 15세대의 선발로 알 휴면율을 10~20%까지 감소시킬 수 있으나 그 이상은 선발하여도 휴면율의 저하는 극히 낮아 36세대 후에도 휴면을 완전히 제거할 수는 없었다(Ando 1978). 그리고 선발에 대한 반응속도는 지방 개체군에 따라 차이가 있어 남방계(북위 35° 부근)는 휴면율이 포화수준에 달하는데 4세대 정도면 충분하나 북방계(북위 40° 부근)에서는 같은 포화수준에 달하는데 15세대를 필요로 한다. 이와 같은 사실은 휴면 잠재성이 다인자계의 지배 하에 있음을 시사하는 것이며 이와 같은 사실은 교배시험으로 명백히 뒷받침 되고 있다(Ando 1978).

저장곡물의 해충인 화랑곡나방(*Plodia interpunctella*)의 휴면에 대한 선발은 일장이나 온도 그리고 밀도에 대한 휴면의 반응을 동시에 변화시키는 것으로 알려져 있다. 그림 4-12는 온도 25℃, 광주기 LD 16:8 조건에서 38세대를 사육한 계통과 자연개체군의 휴면과 여러 가지 일장과의 관계이다(Masaki 1981).

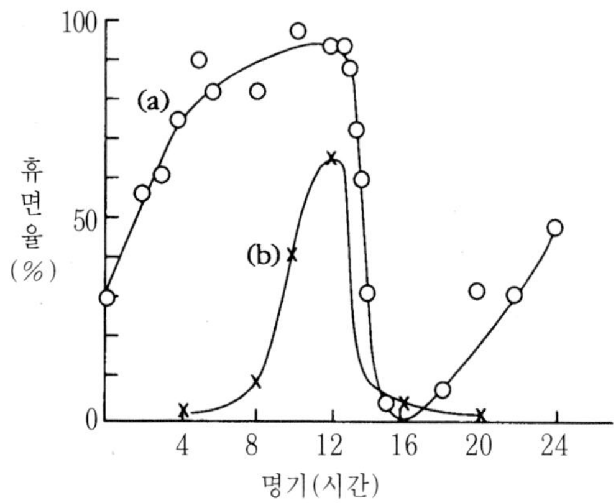

그림 4-12. 일정한 환경(25℃, LD 16:8)에서 38세대를 사육한 화랑곡나방 계통과 자연개 체군의 일장과 휴면유기와의 관계 (Masaki 1981)
(a) : 자연개체군, (b) : 38 세대 선발 후 개체군

휴면율은 38세대 후에 전반적으로 감소하고 있으며 그의 반응 양상도 많이 달라지고 있다. 이때의 실험실 조건은 휴면을 완전히 저지시킬 수 있는 조건이었던 고로 휴면은 없고 따라서 휴면성에 대한 선택작용은 최소한도로 억제되어 있었을 것이다. 그럼에도 불구하고 휴면성이 변하였다는 것은 휴면유전자의 다면효과(Pleiotropic effect, 多面效果)(한 유전자가 두 개 이상의 형질발현에 관련되는 것) 때문인 듯하다.

이 해충을 고온하에서 높은 밀도로 사육하면 휴면하나 30℃의 고온하에서 3년간 사육하면 밀도에 따르는 휴면유기율은 감소한다(Tsuji 1960). 그리고 초기부화유충을 20℃에서 사육하면 밀도 반응을 상실한 비휴면 계통이 생긴다. 그러나 이들 두 계통의 중기 유충을 20℃에서 30℃로 옮겨주면 휴면한다.

한편 송 등(1982)은 1966년부터 1979년까지 14년간에 걸쳐 조사된 이화명나방의 유살등 유살상황을 조사하고 이 해충의 유살수는 통일계 벼 품종이 도입된 1972년 이후 급격히 감소하였으며 그 감소율은 봄나방에서 크다고 하고 그 이유는 이앙기의 조기화와 이앙기간의 단축으로 봄나방의 유충기인 전년도 벼의 조기 경화와 성장의 균질화로 부화 직후의 유충(8월)의 식입이 어려워진 때문이라고 하여 벼의 경종법의 변화에 따르는 곤충에의 선택압을 논한바 있다. 그리고 윤과 현(1989)은 이 해충의 발생량 감소가 여름나방에서 보다 휴면유충에서 우화한 봄나방에서 컸으며 봄나방의 50% 유살일까지의 유효적산온도는 수원산이 319.2℃로 남부지방산보다 10~70일도 정도 적었으며 그의 그간의 변동이 수원에서 가장 적고 이리에서 가장 크며 남부지상산은 그 중간정도라고 하여 지역개체군에 대한 선택작용의 차이를 암시한 바 있다.

이와 같은 예들은 자연선택작용은 여러 가지 환경적 신호에 대한 감수성에 영향을 미치며 여러 가지 환경적 신호에 대한 반응은 서로 독립적인 선택을 받고 있음을 뜻한다고 하겠다. 그리고 휴면유전자의 다면효과는 휴면유전자가 휴면유기뿐 아니라 발육기간이나 임성과 같은 내적 증식율에 영향을 미칠 수도 있어 휴면이 실험실내의 위와 같은 조건하에서는 생존과 아무런 가치가 없음에도 불구하고 위와 같은 결과를 낳았을 것이라고 생각된다.

온대지방에서 방울벌레류는 대부분이 휴면난으로 월동한다. 그런데 아열대에서 열대지방에 걸쳐 분포하는 좀방울벌레

(*Pteronemobius taprobanensis*)와 알락방울벌레(*P. fascipes*)는 난기간이 상당히 긴 것이 있어 *P. fascipes*의 경우 난기간이 긴 알의 비율이 약 10%에 달하는 수가 있다. 이와 같이 난기간이 긴 계통에 대하여 선발을 15세대 계속한 결과 휴면난 비율을 약 70%까지 높일 수 있었다(Masaki 1978). 이와 같은 열대나 아열대 지방 곤충류의 인위적인 휴면계통 선발시험은 진화면에서 중요한 의미를 갖고 있다.

Masaki(1982)는 방울벌레류의 1화성과 2화성의 생활사는 각각의 종이 갖는 특이한 광주기 반응 때문으로 지역개체군에 따라 반응에 차가 있어 넓은 지역에 분포하게 되었을 것이라고 하고 1화형에서 2화형이 분화하였을까 또는 그 반대 방향으로 분화하였을까를 다음과 같은 추론을 바탕으로 아마도 2화형이 분포의 확대에 따라 1화형이 되었을 가능성이 크다고 하였다.

앞서 설명한 바와 같이 귀뚜라미류는 같은 종 개체군에서 그의 약충기간은 남방개체군에서 북방개체군에 비하여 길며 그에 따라 몸이 크다. 1화성인 왕귀뚜라미(*Teleogryllus emma*)는 일본 전역에 분포하며 그의 분포 남단에서는 북단의 약 3배에 가까운 유효적산온도량을 이용할 수 있어 이론적으로는 3화형의 생활사가 가능하다.

생활사를 1화형에서 2화형으로 전환하려면 지금까지 남하함에 따라 약충기를 연장하는 방향으로 작용하였던 선택작용에 역행하는 변이를 일으켜 약충기를 단축하고 일장반응을 단일형에서 중간형으로 전환하는 동시에 알의 휴면진행과정을 결정하는 장일형 일장반응으로 전환하여야 할 것이다(방울벌레의 경우 약충기의 일장반응은 북방계는 단일형이나 남방계는 중간형이다). 그리고 이와 같은 전환은 동시에 일어나야 2화형의 생활사 조절이 가능할 것인데 일화의 남방한계와 2화의 북방한계는 접근하여 있어 기후조건은 큰 차이가 없는 고로 이런 전환은 생활사 진행 과정에 유전적 변이가 일어나지 않는 한 쉬운 일이 아니다.

한편 남쪽의 2화 개체군이 북상할 때는 2화 지역이 북단에서 분포는 일단 정지할 것이며 이때 북측한계 개체군의 약충기는 자연선택에 의하여 그 종의 가능한 변이의 한계까지 짧아질 것이다. 그러나 두 세대의 생활사를 끝내는 데는 부족하나 한 세대의 생활사를 끝내는 데에는 충분한 계절의 길이는 있겠다. 따라서 세대마다 휴면한다면 2화 지역의 한계를 넘어 북쪽으로 분포를 확대할 가능성은 있다고 하겠다. 이것은 알의 휴면을 외인성인 것에서 내인성으로 바꾸거나 내인성 휴면까지는 아닐지라도 장일하에서도 휴면할 수 있는 특성이 발달하면 가능성은 커진다. 그리고 또 약충기 발육을 느리게 하여 약충기가 길어지면 일장반응을 중간형에서 단일형에 가까운 것으로 변화시켜 그 목적을 달성할 수 있겠다. 즉 발육기간이 길어지면 단일의 영향을 받아 휴면난을 낳을 수 있는 가능성이 커져 1화성의 생활사가 성립하겠다.

이와 같이 상대적으로 가능성이 높은 것은 2화형에서 추운지방으로의 적응을 통하여 1화형이 생긴 것이라고 할 수 있다.

위에서 설명한 바와 같이 인위적 선택결과는 휴면진화와 관련 중요한 의미를 갖고 있다. 물론 곤충류의 계절적 특성에는 선택작용과 관련된 여러 가지 유전적 요인이 포함되어 있으나 이런 유전적 특성에도 특수성이 내포되어 있어 휴면성을 완전히 제거하기는 힘들다. 이와 같은 것은 곤충류에서의 휴면현상이 진화과정에서 여러 차례에 걸쳐 평행적으로 일어나기도 하고 수렴적으로도 이런 낮음을 뜻하는 것이기도 하다. 앞선 예에서 본 바와 같이 불변의 계절적 조건하에서도 휴면의 유전적, 생리적 특성과 그의 계절적 적응현황은 유지된다. 이것은 적절한 조건하에서는 비휴면 계통에서 휴면과 관련된 생리적 현상이 특별히 새로운 진화(발전) 없이도 휴면계통을 얻을 수 있는 가능성을 뜻하는 것으로 앞으로 자연계의 휴면계통과 거의 휴면하지 않는 계통에서 인위적 선발로 얻은 계통간의 휴면생리의 비교와 연구가 중요함을 시사하고 있다. 또 계절적 특성은 선택작용에 대한 반응에서 서로가 관련되어 있는 경우가 있는가 하면 어떤 경우에는 서로 독립적인 반응을 보이는 것도 있다. 휴면의 진화와 관련 앞으로 기억문제, 신경내분비계 관련문제, 계시문제, 기타 등이 휴면의 어떤 특성들과 어떤 관련이 있는가를 밝히는 것이 중요하다고 하겠다.

2. 침입종의 계절적 적응

침입곤충류의 다양한 계절적 적응에 관한 연구는 새로 침입한 해충류나 해충의 천적류 도입과 관련하여 많은 연구가 이루어져 왔다. 그림 4-13은 일본 토착종인 벼해충 이화명나방(*Chilo suppresalis*)과 유럽에서 미국으로 침입한 과수류 해충인 코드링나방(*Cydia pomonella*) 지역개체군의 임계일장이다.

코드링나방이 미국 New England에서 처음 발견된 것은 1750년으로 현재 북위 32°에서 44°에 걸쳐 분포하고 있다. 이 해충의 휴면유기임계광주기는 일본에서의 이화명나방과 마찬가지로 북부지방의 개체군에서 길어지고 있으며 그것은 원산지인 유럽의 같은 위도 범위의 양상과 비슷하다. 그런데 토착종인 이화명나방에 비하여 침입종인 코드링나방에서 변이가 커서 토착종과 침입종에서

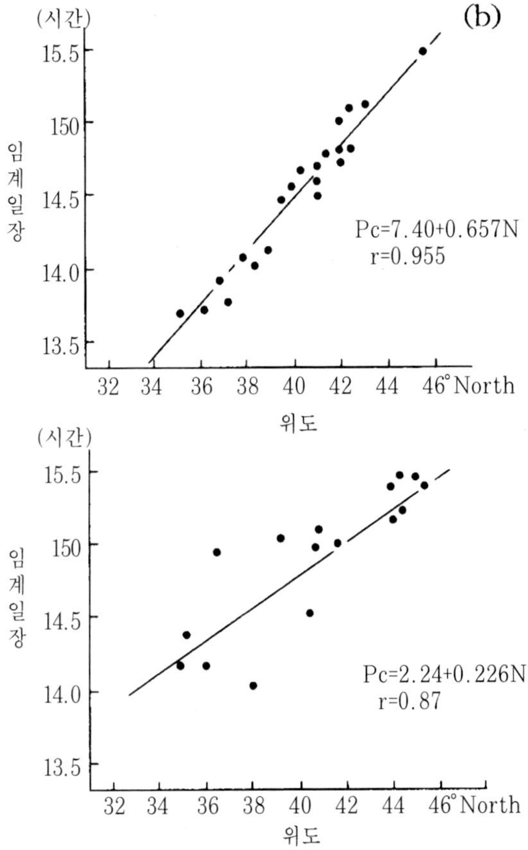

그림 4-13. 두 종 해충 지역종의 임계일장
A: 이화명나방(Kishimoto 1974), B:코드링나방(Riedl과 Croft 1978)

의 일반적 특성을 시사하고 있다. 물론 이것은 이 해충은 이화명나방과는 달리 여러 가지 과수류를 숙주로 하고 있어서 숙주와도 관련이 있는 듯하다. 이 해충은 숙주에 대한 산란선호성이나 생장의 차이, 기타로 남부 California에서는 여러 가지 과일을 가해하며 살구나 조생종 호도를 많이 가해하나 만생종 호도와 같은 것에는 피해가 적은 것으로 보아 늦게 발생하는 것에 있어서는 진화에 제약이 있는 듯하다.

미국으로부터 유럽에 침입한 콜로라도감자잎벌레(*Leptinotarsa decemlineata*)의 경우도 1921년 침입한 55년 후인 1976년에는 거의 유럽 대륙 전체에 분포하게 되었는데 이 해충의 임계일장은 북부개체군이 약 1$\frac{1}{2}$시간 정도 남부의 것에 비하여 긴데(de Wilde와 Hsiao 1981) 이런 차이는 원산지인 북미 지역종에서의 차이보다 적다. 즉 Utah주 Logan 개체군의 임계일장은 약 15시간이며 Arizona주의 Benso 개체군은 13시간 정도이고 Texas주의 Roma-Los Saenz 개체군은 일장의 영향을 거의 받지 않는다. 그런데 유럽개체군과 북미개체군의 비교에 먹이의 종류와 질적 문제가 포함되어 있어 복잡하다(de Wilde 등 1969). 즉 유럽 개체군은 대부분이 감자를 먹이로 하는데 미국의 개체군은 감자 외에 다른 가지과 야생식물을 먹이로 하고 있어 이런 야생식물에 대한 적응문제가 이런 차이와 관련이 있는 듯하다. 먹이의 종류나 그의 생물학적 현상이 계절성 진화에 영향을 미친 예는 *Papilio zelicaon*에서 볼 수 있다. 이 나비는 토착종 미나리류를 먹이로 하고 있는 미국 로키산맥 서부지역에서는 1화성이다. 그런데 과거 100~150년간에 걸쳐 새로운 먹이 식물들이 도입되어 정착하였다. 이들은 지금까지의 토착 미나리류보다는 장기간에 걸쳐 먹이를 제공하게 되면서 이런 도입종에 적응하게 된 것은 지역에 따라서 연간 수 세대를 거치는 것도 생겼다(Sims 1980). 이 종은 인위적 선발시험으로 1화성 개체군이 다화성으로 변할 수 있는 잠재력이 있음도 알려져 이 지역의 1화성은 먹이 조건에 대한 적응현상 때문임을 알 수 있다. 따라서 이 경우는 1800년대 초의 새로운 숙주식물 도입이 먹이의 제약을 해소시켜 새 숙주상에서의 다화성 개체군의 진화를 가져온 것으로 생각된다.

옥수수의 뿌리를 가해하는 *Diabrotica virgifera* 잎벌레의 휴면진화는 특이한 점이 있다. 이 해충은 열대 또는 아열대 중미가 원산인데 옥수수의 재배가 보급되면서 북미의 온대지방에 분포하게 된 것으로 생각된다. 이 해충은 알로 휴면하며 열대지방에서도 1화성이다. 생리생태학적 특성이나 유전적 특성을 보면 알 휴면은 전체 분포지역을 통하여 하나의 기작의 지배를 받고 있는 것으로 보인다. 이 종이 북부지방으로 분포를 확대하면서 휴면심도는 약화되는데 이것은 온대지방에서는 겨울철의 저온이 미숙한 배자발육단계로 월동하는 것을 막아주기 때문에 온대지방에서는 깊은 휴면은 필요 없겠다. 그런데 열대지방에서는 겨울철의 온도가 알맞은 발육을 억제할 만큼 저온이 유지되지 못하기 때문에 유충은 먹이가 될 식물이 출연할 때를 맞춰 알에서 부화해야하는 고로 긴 휴면을 유지하는 방향으로 자연선택이 작용한 것으로 보인다. 이 경우는 화성의 변화 없이 휴면의 심도 조절로 넓은 지역의 기후 조건에 적응한 것이라고 하겠다.

침입종의 분포확대에 따르는 적응현상은 여러 가지 특성을 가진 생태형을 발달시킨다. 유럽조명나방(*Ostrinia nubilalis*)은 아마도 20세기 초에 유럽에서 북미로 침입한 것으로 보이며 현재에는 북미 대륙의 동부와 중부의 거의 모든 지역에 분포하고 있다. 이 해충은 주로 일장의 영향을 받아 유충태로 후면한다. 이 해충의 노숙유충은 임계일장(실제로 밤의 길이가 낮의 길이보다 길어지는 때) 이하가 되면 휴면에 들어가며 휴면 상태는 일장조건에 의하여 12월까지 유지되고 그 후의 용화는 온도가 약 10℃ 이상이 될 때가지 저온으로 저지된다. 성충이 우화하여 산란을 하면 일장과 온도가 다시 휴면을 유도할 때까지의 여름 세대의 발육은 온도와 먹이조건과 같은 다른 조건에 의하여 좌우된다.

현재 이 해충은 어떤 지역에서는 년1회 발생하나 곳에 따라서는 2~4회 발생하는 지역도 있다. Beck과 Apple(1961)은 자세한 연구를 통하여 이와 같은 변이는 그 지역의 이화학적 조건 때문만이 아니고 지역적 기후조건에 적응한 이 해충의 여러 가지 생활사적 특성 때문임을 밝히고 있다. 그들에 따르면 북위 45°(Wisconsin)에서부터 36°50 '(Missouri)에 걸친 지역개체군은 휴면유기광주기와 온도에 대한 반응에 차이가 있고 비휴면 유충의 생장속도에도 차이가 있다고 한다. 그 후 Kim 등(1967)은 그들에서의 형태적 차이도 보고하였다.

중앙 서부지방에서 보면 북부개체군은 1화성이고 중간지역에서는 2화성이며 남부지방에서는 년간 3~4세대 발생하는 등 위도에 따르는 여러 가지 특성을 볼 수 있겠다. 그런데 미국의 동북부와 캐나다 동부에서는 보다 복잡한 변이를 볼 수 있다. 즉 캐나다의 Ontario 지방에서는 1화성 개체군과 2화성 개체군이 생활사에 명백한 차이를 가진 채 인접한 채로(때로는 25마일도 떨어지지 않음) 분포하고 있다. 그리고 Massachusetts나 Quebec 지역에서는 일반적인 지역적 경향과는 정반대의 경향이 존재하기도 한다. 또 New York주의 북부나 서부 그리고 Ontario 지역에서는 1화성 개체군과 다화성 개체군이 같은 곳에 공존하거나 인접하여 분포하기도 하며 각 형의 상대적 밀도는 해나 지역에 따라 크게 달라지기도 한다.

이와 같은 새로운 지역에 침입한 개체들의 휴면특성이나 생존율의 차이와 그의 변이는 개체군에 대한 지역 기상조건의 개체군 내용에 미친 영향을 반영한 것으로 진화문제와 관련 ① 침입종 개체군간의 이와 같은 계절적 차이와 관련된 유전적 문제 ② 같은 지역 또는 인접한 지역의 개체군간의 유전적 변이성의 유지와 선택작용의 관계 그리고 ③ 화성의 차이와 생식적 격리나 종분화와의 관계 등 중요한 문제를 제기하게 된다.

이와 같은 문제들의 해결을 위해서는 이 해충의 원산지인 유럽과 침입지인 북미에서의 지역개체군간의 유전적 차이의 분석이 도움이 되겠다. 북미에 분포하는 이 해충에서 지역개체군에 따라 서로 다른 두 종의 성페로몬(Sex pheromone, 性페로몬: 성 유인물질)의 존재가 알려지고 있으며 유럽의 개체군도 지역개체군에 따라 같은 성페로몬에 반응한다. 따라서 북미의 지역개체군은 그 기원이 모두가 같은 것이 아니고 몇 차례에 걸쳐 유럽의 서로 다른 개체군의 침입으로 생각할 수 있다.

페로몬에 차이가 있다는 것은 생식적 격리가 상당히 높다는 것을 의미하는 것으로 지역에 따라서는 동소성 개체들 간에 어느 정도의 생식적 격리를 유지하는데 도움이 되고 있을 수도 있겠다. 실제로 캐나다 Ontario 남부에는 페로몬에 대한 반응에 명백한 차이가 있는 1화성 개체군과 2화성 개체군이 공존하고 있다(McLeod 등 1979).

Tsukada(1996)는 일본에서 서로 약 80km 정도 밖에 떨어져 있지 않는 Kyoto와 Nara의 한 신사경내에서 *Stephanitis takeyai* 방패벌레와 그의 난 기생봉 *Anagrus takeyanus* 총채벌의 상호관계를 조사하였다. 이 방패벌레는 철쭉과 녹나무과를 비롯한 여러 가지 식물을 기주로 하나 가장 많이 이용하는 것은 철쭉과의 마취목(*Pieris japonica*)과 *P. elliptica*이다. Kyoto 조사구에는 이 두 종 철쭉이 풍부하나 Nara 조사지는 사슴이 8세기 이래 지금까지 보호되어 왔음으로 사슴의 밀도가 높아 사슴이 이용하지 않는 마취목만이 있다. 사슴의 식생에 미치는 영향에 관하여는 미국 Grand Canyon 근처의 Kaibab 고원에서 사슴을 보호할 목적으로 1907년부터 1923년까지 그의 포식자를 대대적으로 제거한 결과 사슴밀도가 1907년에는 약 4000이던 것이 1925년에는 10만 정도로 증가하면서 그의 식초류가 극심한 피해를 입어 2년간에 사슴밀도가 약 40%가 감소하였다는 예에서도 짐작할 수 있겠다. 물론 사슴의 밀도감소 원인에는 이런 원인 외에도 주변 환경의 변화도 있었다. 이와 같이 식생이 다른 두 조사지에서의 이 곤충의 연간 밀도 변동 상황은 그림 4-14과 같았다.

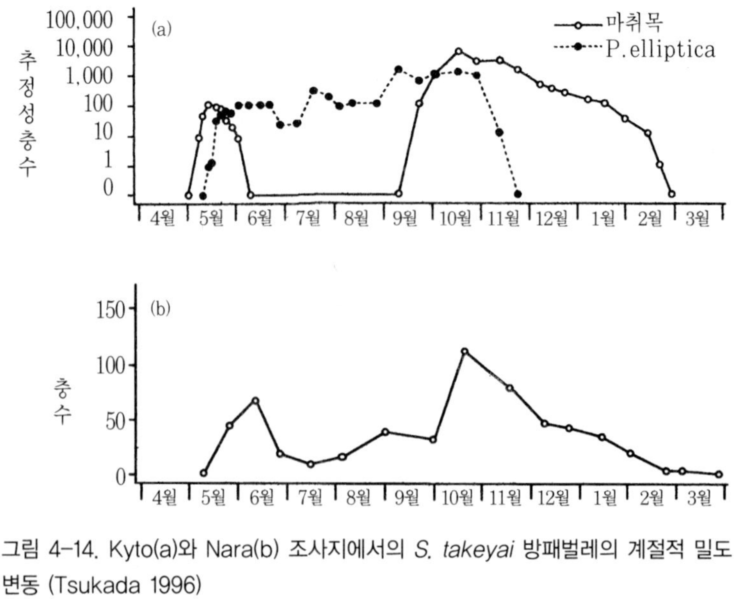

그림 4-14. Kyto(a)와 Nara(b) 조사지에서의 *S. takeyai* 방패벌레의 계절적 밀도 변동 (Tsukada 1996)

조사방법이 달라 직접적인 비교에는 문제가 있으나 두 조사지에서의 계절적 밀도변동의 대체적 경향은 파악할 수 있겠다. Kyoto 조사지에서의 밀도변동을 보면 상록수인 마취목에서 우화한 성충은 곧 낙엽수인 *P. elliptica*로 이동하여 제1, 제2세대를 경과하고 제2세대 성충은 *P. elliptica*가 낙엽을 시작하는 9월경 다시 마취목으로 이동하여 12월경 여기에 산란한다. 따라서 6월 하순경부터 9월 초까지의 마취목에서의 밀도는 극히 낮다.

Nara 조사지에는 사슴의 영향으로 *P. elliptica*가 없어 마취목에서만 증식하며(b) 그 밀도는 낮으나 변동경향은 Kyoto 조사지의 그것과 비슷하다. 다만 *P. elliptica*가 존재하는 Kyoto 조사지에서는 여름철의 밀도가 대단히 높은데 반하여 이 식물이 없는 Nara 조사지에서는 여름철의 밀도가 극히 낮아 기주인 마취목의 이 시기의 악화된 영양조건을 반영하고 있다. 따라서 이 곤충이 경우 기주를 전환하는 것이 상록의 기주만을 이용하는 것보다 적응적이나 적당한 2차 기주가 없을 때는 상록수만으로도 개체군은 유지됨을 알 수 있다.

한편 이 곤충의 밀도억제요인으로 알 기생봉인 *Anagrus takeyanus* 총채벌이 있다. 월동난에 기생한 이 기생봉은 방패벌레가 숙주를 전환하는 Kyoto 지역에서는 그에 따라 이동하거나 아니면 다음해까지 휴면하거나 하여야 하겠다. 월동난 기생봉의 우화상황을 조사한바 Nara 조사지에서는 이 방패벌레의 월동세대가 산란하는 시기인 6월 중순에는 거의 모든 기생봉이 우화하나 Kyoto 조사지의 그것은 이 시기에 우화하는 것은 극히 적고 이 방패벌레가 마취목으로 다시 돌아와 산란하는 12월 말경에 대부분이 우화하였다. 이것은 방패벌레의 숙주전환이 없는 Nara 조사지에서는 6월에 우화한 기생봉은 여름철 숙주를 이용하여 계속 증식을 하는 반면

Kyoto 조사지의 기생봉은 여름철에는 하면하는 1화성 생활사를 갖고 있음을 뜻하는 것으로 이와 같은 관계는 휴면에서 깨어나는 시기에 관한 실험으로도 확인되었다. 즉 Nara 조사지의 난기생봉은 동면만을 하는 다화성 생활사를 갖고 있는 반면 Kyoto 조사지의 그것은 동면에 이어 하면하는 일화성 생활사를 갖고 있었다. 이와 같이 사슴의 인위적 보호는 식생에 대한 영향을 통하여 식식성 곤충 그리고 그의 윗 단계 식물연쇄단계인 기생봉 등의 생활사에 큰 영향을 미치는 경우도 있다.

이상에서 보는 바와 같이 새로 침입한 종에 관한 연구들은 인위적 선택의 결과를 대부분 뒷받침하고 있다. 휴면과 관련된 계절적 특성은 자연선택작용을 반영하고 있는 경우가 많으나 완전히 비휴면 개체군에서 휴면이 새로이 발전하였다는 예는 없다. 이것은 열대종이 먹이식물의 도입으로 온대지방까지 그의 분포를 확대할 수 있었던 예에서도 짐작할 수 있겠다. 즉 원래 열대 원산지의 개체군이 갖고 있던 휴면성이 온대지방의 계절적 특성에 적응한 생활사 발달의 기초가 되었다고 하겠다.

3. 계절성의 비교생물학

비교생물학적 연구는 진화문제와 관련 형태학, 유전학, 생화학, 생리학, 행동학 그리고 생태학적 측면에서 많은 공헌을 해왔다. 따라서 곤충류의 휴면현상의 진화문제와 관련하여서도 비교생물학적 연구는 그의 본질을 이해하는데 대단히 중요한 것이라고 하겠다.

계절성은 파충류, 조류, 포유류, 갑각류, 곤충류 그리고 거미류 등 다양한 동물군에서 알려져 있으며 그들의 계절성과 관련된 생리생태학적 특성에는 공통점이 많다. 이런 분류군간의 공통점은 각 동물군에서 환경조건과의 상호관계를 통한 수렴적 적응현상으로 유전문제와는 별개의 문제이다.

분류학적인 속이나 과 또는 목 수준에서의 비교생물학적인 연구결과에서도 진화의 수렴현상이나 평행현상은 아주 흔한 일이다. 따라서 비교생물학적 연구결과의 해석에 있어서는 나타난 유사성과 차이에 대한 진화학적 이의를 정확히 파악하는 것이 무엇보다도 중요하다고 하겠다.

지금까지의 비교생물학적 연구결과를 보면 곤충류의 속이나 과 또는 목내에서는 휴면발육단계가 비교적 통일되어 있는 것이 많다. 이것은 휴면발육단계의 변화에 따르는 호르몬과 그 밖의 생리작용의 변화가 진화단계에서 중요하였음을 뜻하는 것이다. 물론 각 분류군은 생활양식에 특이성이 있는 고로 이런 생활양식에 따르는 생태학적 문제가 특정발육단계에서 휴면하게 하였을 수도 있겠다. 이것은 분류군에 따라 휴면발달에 보다 유리한 발육단계가 있을 수 있기 때문이다. 이렇게 보면 분류학적으로 가까운 종에 있어서도 휴면이 특정발육단계에서 일어난다 하여도 공통된 조상에서 출발하였다고 꼭 단언할 수는 없는 일이라 하겠다. 예를 들면 일본에서 휴면발육단계가 같은 귀뚜라미류는 열대의 휴면을 않는 것과 보다 관계가 깊다(Masaki 1983). 이 경우 만약 이들 귀뚜라미가 열대 기원이라고 가정한다면 그들은 열대에서 온대로의 분포확대과정에서 서로가 독립적으로 휴면성을 갖게 된 것으로 생각할 수 있겠다. 실제로 *Pteronemobius taprobanensis*와 *P. fascipes* 귀뚜라미는 일본에서는 알로 휴면하는데 이들의 열대 개체군의 알은 휴면 않는다.

한편 Corbet(1963)는 잠자리류의 온대지방에의 적응과 관련 3

개의 생태군을 분류한 바 있다. 즉 1화성 여름종과 1세대에 2년을 요하는 종으로 성충이 여름에 늦게 출현하면서 우화기간이 비교적 고르지 않은 것 그리고 일찍 거의 일시에 성충이 우화하는 종들이 그것이다. Corbet는 북부지방 잠자리류의 생활사는 열대지방의 것들과는 다른 환경조건에 놓여있기 때문에 생긴 것이라고 생각하였다. 열대의 잠자리류는 성충의 수명이 길어 여기저기에 산재하는 물웅덩이 사이를 이동하는데 유리하고 유충기간은 짧아 마르기 쉬운 물웅덩이도 이용할 수 있는 특성을 갖고 있다. 반면에 온대지방의 잠자리는 유충기의 제한적 자원문제보다도 계절적 환경변화가 생활사에서 보다 중요한 요인이 된다. 따라서 온대의 잠자리 성충은 따뜻한 계절에만 출현하고 저온에 대한 저항성이 큰 발육단계로 추운계절을 지내게 된다. 휴면은 알에서 일어나고 생활사는 1화성이 된다. 이런 생활사는 성충이 여름철에 출현하는 청실잠자리(*Lestes sponsa*)에서 볼 수 있는데 수명이 길어 우화시기의 동시성은 그리 중요하지 않다. 북쪽에서는 온도 조건의 제약을 받아 한 해에 생활사를 완성하지 못하게 되겠는데 이런 경우 최종령충에 내한성이 필요하여졌다(이 시기에 겨울을 맞을 가능성이 크다). 그 후 이런 특성은 어린 유충기까지에도 생기게 되었다. 그리하여 결국에는 알로 휴면을 하는 2년 한 세대의 여름종까지도 탄생하게 된다.

봄에 성충이 비교적 일시에 출현하는 종들은 유충기 전체가 내한성을 갖고 있고 성충이 저온에서도 활동할 수 있어 이른 봄에 활동한다. 이런 종에서는 최종령 유충에서 휴면하여 성충은 짧은 시기에 집중적으로 우화한다.

이와 같은 잠자리류의 계절성에 있어서의 남북종의 특성을

Corbet는 다음과 같이 정리하였다. 잠자리류는 열대에서 북쪽으로 가면서 ① 유충기는 길어지나 성충기는 짧아진다. ② 저온에 대한 저항성이 증가하는데 처음에는 최종령 유충에서 발달하고 이것은 어린 유충으로까지 이어지고 결국에는 생식발육단계까지 이런 특성이 발달한다. 그리고 ③ 각 세대마다 알로 휴면하던 것이 최종령 유충이 휴면하게 된다고 하였다. 그러나 그의 연구는 서로 독립적으로 발전한 잠자리 분류계통들의 계절성의 진화를 다룬 것이 아니어서 이런 군들 간의 유사성이 수렴적일수도 있고 평행적일수도 있겠다. 이런 문제는 계절성의 진화에 있어서의 발육단계나 휴면조절기구를 밝히려면 특정 진화군내의 분류군을 대상으로 한 상세한 연구가 필요할 것이다.

딱정벌레과의 곤충은 열대지방 호숫가나 습지와 같은 연중 변동이 없는 곳이나 주기적인 침수와 건조가 있는 열대 강변 그리고 온도나 습도가 크게 변하는 온대나 극지방 등 다양한 환경에서 서식한다. 따라서 그들은 휴면의 진화문제 연구에 좋은 대상이 되겠다. 그들의 유충기는 온도나 습도조건에 대하여 가장 영향을 받기 쉬운 시기인 고로 그들의 계절성은 유충이 알맞은 계절조건에서 생활할 수 있도록 되어 있는 것이 보통이다. Paarmann(1979)은 많은 문헌을 참고로 이 곤충류의 계절성 진화는 대체로 두 가지 경로가 있는 듯 하다고 결론을 내리고 있다. 계절적 변화가 거의 없는 열대 서식처에 알맞은 계절성을 출발점으로 첫 번째 계통은 습하면서 주기적으로 침수되는 열대서식처에 대한 적응에서부터 아열대의 주기적인 침수가 있기도 하고 없기도 한 항상 습한 서식처에 대한 적응까지 여러 가지를 거친 진화과정으로 이것은 온대까지 이어진다.

두 번째 계통은 첫 번째 것과 같이 출발점은 계절적으로 안정된 열대 서식처이다. 그러나 여기서는 열대와 아열대에서의 주기적인 건기에 대한 계절성의 적응과 딱정벌레가 열대에서 온대나 아북극 나아가서는 극지방으로 분포를 확대하면서 갖게 되는 반응의 다양한 변화를 포함한다.

Paarmann은 이런 두 가지 계통과 관련된 예들을 제시하고 있다. 종수는 적으나 열대의 호반이나 습지대와 같은 안정된 계절적 조건을 가진 곳의 종들은 연중 중단 없이 계속 발육을 하나 열대에서도 주기적인 건기가 있거나 주기적인 침수를 받는 곳에서는 제한된 기간만 생식을 하는 종으로 대체되는데 이때 생식 시기는 온도 또는 온도주기의 영향을 받는 생식적 휴면에 의하여 결정된다. 이 경우 불리한 습도조건의 도래에 앞서 일어나는 온도의 변화가 불리한 조건이 도래하기 전에 생식의 휴지를 유도하는 고로 예고성인 계절적 신호를 수용하여 반응하는 고로 명백히 휴면현상과 관련이 있는 것이라고 하겠다.

온대지방에 서식하는 딱정벌레류의 계절성 특성을 보면 극히 다양하다. 온대지방에서의 이 곤충류의 월동태는 유충인 경우도 있고 성충인 경우도 있으며 생활사에는 종에 따라 동면이나 하면하는 것 그리고 휴면이 없는 것 등 다양하다. 여기서 특히 중요한 것은 계절적 변화가 없는 열대지방의 비휴면성 딱정벌레가 보다 원시적인 조건을 갖고 있다는 증거는 없다는 것이다. 앞서 설명한 바와 같이 비휴면성인 계통은 휴면성인 것에서 쉽게 선발할 수 있어 열대지방 종들의 휴면 없는 생활사는 계절적 변화가 없는 환경에 대한 적응으로 쉽게 발달할 수 있겠다. 다른 곤충류에서도 그렇지만 열대지방에서의 딱정벌레류의 계절성 생활사에 대한 충분한 이해를 위하여는 서로 충분히 독립적인 분류계통들을 대상으로 한 상세한 비교학적인 연구가 필요하겠다.

긴노린재과에 속하는 *Oncopeltus fasciatus* 긴노린재는 이 속 곤충 중 유일하게 온대지방까지 그의 분포를 확대한 종이다. 이 종의 열대지방 개체군은 가을의 단일조건으로 성충이 휴면하며 가을에 따뜻한 남부지방으로 이동한다. 이 종의 지리적 분포나 휴면특성으로 보아 이 종의 휴면이 열대 개체군에서 유래된 것으로 북부 온대지방으로 분포를 확대하게 되면서 휴면특성이 변화한 것으로 생각된다. 이 곤충은 물만 있으면 굶은 상태에서 약 30일간 생존할 수 있으며 이때의 대사율은 휴면곤충류의 특성과 마찬가지로 대단히 낮고 유약호르몬(변태와 관련이 있다)의 생산이 중지되는 것이 밝혀지고 있다. 따라서 휴면은 광주기의 계시와 대사 작용에 영향을 미치는 호르몬이 밀접하게 연관되어 있음을 알 수 있으며 이와 같은 관계를 통하여 생식이 광주기 조건과 연관되고 그에 따라 이동까지도 광주기의 영향을 받는 것으로 생각된다.

Tauber와 Tauber(1982)에 따르면 북미의 *Chrysopa carnea* 풀잠자리 복합종에는 계절성이나 생리생태 또는 유전적 특성에 차이가 있는 4개의 생활사형이 있다고 한다. 즉 장일하에서 생식하는 다화성인 *carnea*형, 1화성인 *downesi*형, 생식에 단일-장일조건을 필요로 하는 *Alaska*형 그리고 생식작용이 광주기와 먹이조건의 영향을 받는 다화성인 *mohave*형이 그것이며 지중해 연안 유럽에는 휴면이 없는 또 다른 형이 있다고 한다.

먹이 조건이 휴면에 크게 영향을 미치는 *mohave*형 생활사는 북미 서부의 교란이 비교적 적은 서식처에 분포가 제한되어 있는데 이런 지역의 특성은 먹이조건이 해에 따라 상당한 변이를 보이는 것이다. *mohave*형 생활사를 가진 풀잠자리의 유충과 성충의 형태적 특성이나 계절성의 특성을 보면 이 형은 *carnea*형에서 유래한 것으로 보인다(Tauber와 Tauber 1973). 따라서 이 형에서 먹이를 계절적 신호로 이용하는 특성은 *C. carnea* 복합종에서 기원된 것이라고 하겠다. *mohave* 계통 개체군은 형태적인 특성이나 계절적 특성에 있어서 이 복합종의 기본적 특성인 생식에 장일조건을 필요로 하는 특성이 유지되고 있으나 여기에 먹이조건이 또 하나의 하면조건이 된다. 미국 동부의 *carnea*형 개체군의 성충은 계절적 먹이조건의 영향을 받지 않는다. 교잡시험결과 먹이조건에 대한 반응은 한 개 이상의 유전자좌의 열성유전자들의 지배를 받으며 그 특성은 다른 계절적 특성과는 독립적인 유전을 하는 것으로 생각되고 있다.

한편 1화성으로 생식을 위하여 단일-장일조건을 요구하는 *downesi*의 생활사도 그의 분포나 형태적 특성으로 보아 다화성인 carnea형 생활사를 기원으로 하고 있는 것으로 보인다(Tauber와 Tauber 1977). 기본적인 *downesi*형 생활사를 가진 개체군의 분포는 주로 북미 북부에 분포가 제한되어 있고 서식처내의 식생군도 특징이 있다. 즉 *C. carnea* 풀잠자리는 낙엽수, 침엽수 그리고 초본식물 등 여러 가지 식생군을 서식처로 하고 있으나 *C. downesi* 개체군은 상록침엽림만을 서식처로 한다. *C. downesi*의 개체군은 광주기에 대한 반응에 있어서 *C. carnea*의 그것과 여러 가지 점에서 유사하며 특히 *carnea* 개체군의 휴면유지에 미치는 광주기의 영향이나 광주기에 대한 감수성 발육단계 같은 일장에 대한 반응에서 유사한 점이 많다. 따라서 *downesi* 개체군의 계절성 반응은 *carnea* 개체군에서 기원된 것이라고 하겠다. 결국 이 두 계통에서의 차이는 생식휴면에 미치는 단일-장일조건의 영향의 차이라고 하겠으며 *downesi*형에서는 그의 영향을 받아 하면하며 이것은 다음해 봄으로 이어지나 *carnea*형에서는 영향을 받지 않아 여름철 휴면을 않고 계속 증식하게 된다. 북미 동부지방에서는 *downesi*형과 *carnea*형 생활사를 가진 개체군이 생식시기의 경리를 통하여 서로 생식적 격리를 이룩하고 있다. 교잡시험과 여교배 실험결과 1화성인 *downesi* 생활사형은 돌연변이와 두 개의 열성 유전자의 선택작용으로 생식에 단일-장일성을 갖게 된 것이 밝혀졌다(Tauber 등 1986).

이상에서 보는 바와 같이 인위적 선발에 대한 반응이나 침입종의 적응과정 그리고 비교생물학적 연구 등은 곤충류의 계절성 진화의 이해에 많은 도움이 되어왔다. 그러나 대부분의 연구가 계절성의 생태학적 문제나 유전적 문제에 관한 것이어서 생리학적 문제나 보다 근본적인 계통학적 측면은 빠져있는 것이 사실이다.

곤충의 계절성은 수 세대의 짧은 기간 동안에 인위적 선발로 그 특성을 변화시킬 수 있다. 지금까지의 인위적 선발 연구는 대부분이 휴면계통에서 비휴면계통의 선발에 관한 것으로 휴면율, 휴면기간, 임계일장 그리고 온도나 개체군 밀도에 대한 반응 등이 그 대상이 되어 왔다. 반대 방향의 선발시험도 있기는 하나 별로 많지 않다. 인위적 선발로 계절성의 일부를 변화시킬 수는 있으나 수 세대의 선발 후에는 특성이 안정되어 그 이상의 선발효과는 별로 없고 휴면성을 완전히 제거한 경우는 별로 없다. 그리고 비휴면이 주축이 되어 있는 계통에서도 휴면의 유전성은 변이가 유지되고 있어 휴면성이 비약적으로 발전하지 않고도 휴면계통은 유지될 수 있는 것으로 생각된다.

새로 침입하거나 분포면적의 확대로 새로운 지역에 분포하게 된 종들이 계절적 적응현상에 관한 연구는 계절성 진화의 이해에 많은 도움을 주어 왔다. 이런 침입종들에서의 계절적 적응 변화는 모두가 원래 그 종이 갖고 있던 생물학적 특성으로 비휴면 계통에서 비약적으로 발전한 것은 없다.

비교생물학적인 연구는 생활사나 휴면에 있어서의 지리적 특성이나 생태학적 특성을 비교함으로써 진화방향이나 범위를 결정하는 중요한 생태학적 요인을 분석하는데 도움이 되어 왔다. 이런 연구는 계통학적 관계가 잘 알려진 유연성이 큰 종들을 대상으로 그의 생태나 생리에 관한 깊은 연구가 필요하겠으나 지금까지 모든 곤충에 대하여 이런 것이 알려진 것은 별로 없다. 그러나 계절적 적응현상에 관한 비교생물학적인 연구는 곤충류 계절성의 진화를 이해하는데 대단히 중요한 것임을 몇 가지 연구는 시사하고 있다.

제 6 장 생활사 진화와 계절성

생활사 특성에 미치는 계절적 선택작용에 관한 개체군 동태학적 연구는 그것이 지역적인 것이며 정상적(Static, 靜常的)인 면이 있기는 하나 생활사의 진화방향을 이해하는데 많은 도움이 된다. 최근 유전자와 다양한 지역적 환경조건간의 상호관계에 관한 연구가 활발하게 이루어지고 있어 생활사에 관한 연구는 여러 가지 이질적인 자연환경조건에서 장기간에 걸친 선택작용에 대한 곤충류의 반응을 총체적으로 이해하는데 많은 도움을 주고 있다.

계절적 조건은 해에 따라 그리고 같은 해에도 지역에 따라 크고 작은 차이가 있으며 이런 특성은 오랜 시간과 넓은 지역에 걸쳐 곤충류의 적응도에 복잡 미묘한 영향을 미쳐 왔다.

생활사 전략이론은 대체로 최적이론 즉 번식노력(Reproductive effort, 繁殖努力)과 다른 생활사 특성들의 최대적응도를 통한 극대화이론을 바탕으로 하고 있다. 여기서 중요한 것은 선택작용은 하나하나의 특성에 작용하는 것이나 하나의 특성에 미친 영향은 다른 것과 직, 간접적으로 관계가 있어 결국은 생물이 갖는 모든 특성과 관련이 있다는 것이다. 따라서 진화에 관한 이론에는 생리생태학적 연구가 중요하며 그것은 총체적이면서도 실질적인 것이어야 한다.

1. 생활사 특성간의 관계

휴면은 일종의 생리학적 현상이다. 따라서 여기에는 발육이나 생식 또는 생존 등의 면에서 득실관계가 있다고 하겠다. 휴면현상에는 에너지 면에서는 소비적 측면과 보존적 측면이 있으며 어떤 특성의 출현시기와 그와 관련된 다른 생활사특성간에는 밀접한 관계가 있어 그의 진화나 발현에는 득실문제가 있겠다.

생활사특성간의 관계에는 한 특성의 희생이 다른 특성에는 도움이 되는 대상적 관계와 한 특성과 다른 특성이 협력적인 관계가 있는 경우가 있겠다.

1) 대상적 관계 (계절적 적응의 부담)

휴면현상은 불리한 계절조건이 다가오기 전에 이에 대비하게 하고 그 조건에서의 저항성을 강화하는 한편 유리한 계절에 생활사의 시기나 세대를 조절하는 생물학적으로 유리한 점을 갖고 있다.

그러나 휴면에는 발육이나 생식이 연기되는 일반적인 부담 외에도 휴면 전후의 생활사특성간에 한 특성의 발달을 위하여 다른 특성을 일부 희생하는 주고받기(Trade-off)가 있는 곤충류가 알려지고 있다. 예를 들면 *Lapidomera clivicollis* 잎벌레의 유충은 단일조건과 장일조건 모두에서 용화하나 그 크기는 단일조건에서 훨씬 작아진다(Palmer 1983). 이것은 먹이조건이 불리하여지는 늦은 여름에는 휴면전 유충이 에너지를 적게 이용하게 된다는 장점을 갖고 있겠다. 그러나 몸의 크기가 작아지는 것은 휴면후 우화하는 성충의 생식력 감소라는 부담을 동반할 수 있음을 뜻한다.

진딧물류는 양성생식으로 월동 휴면난을 낳는데 단위생식에서 양성생식으로의 전환은 많은 대가를 치른다. 양성생식 암컷은 단위생식 암컷에 비하면 생식력이 적어 산란수는 몇 개 안된다. 그러나 겨울철 알은 생존율이 높고 개체군간의 유전자 교환을 통한 종내 변이성 유지에 도움이 된다. 그리고 이와 같은 현상을 통하여 진딧물류는 단위생식 시기를 가을의 낙엽시기의 광주기와 온도조건에 맞춰 최종세대를 끝내고 있다.

스웨덴의 *Pararge aegeria* 그늘나비에는 1화성인 개체군과 2화성인 개체군이 있다. 2화성 개체군들은 하면하지 않아 제2세대가 생겨 이것이 월동하여 다음해 봄에 증식한다. 그러나 1화성 개체들은 하면을 한 채로 긴 겨울을 경과하여 다음해 봄에 증식한다. 2화성 개체들의 제2세대 유충은 겨울이 되기 전에 충분히 자라야 하는데 실제로 제2세대 유충은 1화성 개체들의 월동유충보다 크기가 작고 그의 성충도 크기가 작고 경쟁력도 떨어지는 듯하다. 따라서 이 경우는 생존력과 생식력간의 득실관계에 대상현상이 있다고 하겠다.

휴면의 영향이 성에 따라 다른 경우가 있다. 예를 들면 *Sarcophaga bullata* 쉬파리의 경우 비휴면 개체들은 약 40개의 알을 낳으나 실험실내에서 100일간 휴면한 개체는 약 18개를 낳으며 자연조건하에서 휴면한 것은 약 10개 정도를 산란하였다고 한다(Denlinger 1981). 그런데 수컷에서는 장기간 휴면하여도 생식력에 영향을 받지 않는다고 한다. 따라서 이 곤충의 경우 월동에 유리한 휴면은 산란수 감소라는 부담을 수반한다고 하겠다. 그런데 콜로라도감자잎벌레(*Leptinotarsa disemlineata*)의 경우에는 월동 후에 생식력 감소는 없는 듯하며(de Wilde와 Hsiao 1981) *Tetrix indulata* 모메뚜기의 경우에는 월동 후의 암컷은 월동하지 않은 것보다 생식력이 컸다(Paras 1976). 아마도 이런 현상은 휴면 후의 성충이 산란 전에 섭식하는 먹이의 양이 많은 것과 관계가 있는 것으로 생각된다.

Denlinger(1979)는 열대지방의 쉬파리류 후면 번데기의 대사율에 관한 연구를 통하여 온대지방 쉬파리류의 긴 휴면의 진화는 열대지방 쉬파리의 번데기 휴면에서 진화한 것일 것이라고 하였다. 온대지방 쉬파리류는 긴 휴면기간 동안 저장된 에너지에서 많은 것을 공급받으며 장차 성충이 되었을 때 난자 생산에 쓸 저장물질이 휴면기간 중에 이 에너지로 전환된다. 열대지방의 쉬파리류는 용기간 동안 많은 저장물질을 갖고 있어 우화한 성충이 담백질 먹이를 섭취하지 않고도 많은 난자를 성숙시킬 수 있는데 온대지방의 쉬파리류는(번데기 시기의 에너지 소비로) 이런 비섭식생식성이 완전히 없거나 단백질 먹이의 섭식 없이는 극소수의 난자만이 성숙하는 것으로 보아 쉬파리류에서 온대지방의 조건에 적응하는데 필요한 긴 휴면은 비섭식생식을 희생하고 발달한 특성으로 생각된다(Denlinger 1979).

온대지방의 모기류 중 성충으로 휴면하는 종들에서도 비슷한 현상을 볼 수 있다. 이런 모기류에서 무섭식생식현상은 계절적으로 일어나는데 무섭식생식형은 휴면이 없어 겨울에는 적당한 곳에서는 계속 증식하나 대개는 죽는다. 섭식생식형 모기류의 암컷은 휴면한다. 휴면과 마찬가지로 무섭식생식성도 유전요인과 환경요인의 영향을 받는다. 이와 같은 암컷 모기류에 있어서의 휴면과 생식양식과의 관계에도 주고받는 대상관계가 있을 수 있겠다.

휴면과 생식력간의 자원 이용상의 주고받는 대상성 진화과정은 위의 쉬파리류나 성충으로 휴면하는 모기류에서 흔히 볼 수 있으나 곤충류에 보편적인 것은 아니다. 모기류 중에는 유충으로 휴면하는 것들이 있는데 그들의 무섭식생식은 섭식생식형을 기원으로 하고 있는 듯하나 그 내용은 휴면과의 문제보다는 생식력 자체의 문제로 생각된다. 그러나 이런 경우에도 휴면은 생식에 중요한 영향을 미치는 수가 있다. 예를 들면 *Wyeomyia smithii* 모기의 경우 무섭식생식형에서는 거의 모든 저장물질을 성충의 활동에는 쓰지 않고 생식에 이용한다. 난자형성에 이용되는 물질은 휴면하는 4령 유충기에 대부분이 저장된다. 따라서 이 모기의 무섭식생식문제는 4령기의 기간이나 그 때의 먹이 그리고 초산연령과 생식력 등 여러 가지가 관련되어 있다.

앞서 분산다형성에서 설명한 바와 같이 분산다형성 곤충류에 있어서 분산성과 다른 생활사 특성간에도 주고받는 대상현상을 볼 수 있다. 즉 비이동형은 이동형에 비하면 생식력이 크고 초산연령이 빠른 것이 보통이다. 비이동형이 이동형에 비하여 생식면에서 유리한 것은 여러 가지 곤충류에서 보고되고 있다. 이것은 비이동형에서는 날개나 비상에 이용될 에너지를 생존이나 생식에 돌려쓸 수 있기 때문이다.

Dingle(1981)은 3개 지역의 *Oncopeltus fasciatus* 긴노린재의 휴면성 이동과 그 밖의 생활사 특성을 조사하였다. 북부 온대지방(Iowa) 개체군은 단일조건하에서 생식이 늦어지고 이동성이 강해졌으나 남부 Puerto Rico 개체군은 휴면하지 않고 대대적인 이동도 않으며 곧 생식을 하는 경향이 컸다. 그런데 Florida 개체군은 이 두 지역 개체군과는 달리 연간이나 서식처간에 환경조건의 변이가 큰 환경조건에서 서식하고 있다. 따라서 이 지역개체군은 생식과 휴면성이동 간에는 주고받는 대상현상이 잘 발달하고 있다. 휴면이 일어나지 않는 장일조건에서도 Florida 개체군은 Iowa와 Puerto Rico 개체군에 비하면 성충의 초산년령이 약 2배나 길었고 상당히 높은 비율의 성충이 휴면하였다. 그리고 성충의 생존율과 관계가 있으나 생식력도 약하여 난괴수나 총산란수가 적었다. 이런 사실들은 각 지역개체군의 생활사 특성에 대한 자연선택작용은 계절적 특성이나 그 밖의 행동특성들과 뒤엉킨 복잡한 관계가 개재되어 있음을 시사하는 것이다.

2) 협력적 관계

이상에서 본 바와 같이 계절적 특성과 다른 생활사 특성은 서로 밀접한 관계를 갖고 있으며 휴면은 유리한 면을 갖고 있으나 그것은 다른 생활사 특성의 직간접적 불이익의 대가이다. 한편 이와는 달리 휴면의 여러 가지 계절적 적응이 생식이나 생장 잠재력을 증진시키는 경우도 있다. 따라서 계절적 적응현상이 갖는 장점과 단점 그리고 그들의 다른 생활사 특성들과의 연합으로 생활사는 여러 가지 길항적인 내용과 더불어 상호협력적인 내용도 갖고 있다. 여러 가지 계절적 특성들은 계절성의 제한을 받기는 하나 서로 간에 조화를 이루게 되며 그에 따라 지역적으로 적응된 생활사가 발전을 할 수 있게 서로 협력하기도 하고 길항적으로 기능하게도 된다.

Masaki(1978)는 화성과 월동생육단계가 위도에 따라 차이가 있는 2종 방울벌레를 대상으로 계절적 특성과 생활사 특성간의 관계를 조사하였다. 지역개체군 간에는 휴면유기일장, 월동충태, 휴면강도, 광주기에 대한 유충의 생장반응 그리고 성충의 크기 등에서 명백한 차이가 있었다. 난태 월동형과 유충태 월동형 간의 교잡종은 자연 상태에서 살아남을 가능성이 없다. 그러나 1화형과 2화형간의 교잡종은 알로 월동하며 중간적 조건에 잘 적응되어 있는 것으로 보였다. 즉 1화성 종들은 우화시기가 단일조건의 영향을 받으며 2화성 종들은 유충발육이 중간적인 반응을 보여 각각에 알맞은 발육기간의 조절이 가능하였다. 실제로 1화형과 2화형은 중간지대에서 공존하고 있었다.

계절성의 특성과 생활사 특성간의 상호조절관계는 *Chrysopa carnea* 풀잠자리 복합종에 대한 연구에서도 알려지고 있다(Tauber와 Tauber 1982). 여기에는 휴면유기와 그의 심도와 광주기와의 관계나 휴면 후 초산에 미치는 온도의 영향, 여러 가지 온도의 우화에 미치는 영향, 산란전기간 동안의 먹이 그리고 비휴면충의 산란에 미치는 광주기와 먹이 조건의 영향 등이 관련되어 있다.

Chrysopa carnea 개체군은 각각의 지역 서식처의 무생물적, 생물적 조건에 적응한 여러 가지 생활사상의 특성을 갖고 있다. 어

떤 하나의 특성 예를 들면 광주기의 영향을 받는 1화성에 대한 선택작용은 생장율, 생식력 그리고 산란 양식 등과 같은 다른 여러 가지 특성에도 큰 영향을 미치게 마련이다. 고로 Alaska 개체군의 경우 이 지역의 저온 때문에 이 지역 개체군에서는 이런 조건에 대한 적응이 생활사에서는 두드러진 특성이 되겠다. 반면에 California주의 Strawberry Canyon 같은 지역에서는 먹이조건에 시기적 변동이 심하여 이 지역의 *C. carnea* 개체군은 먹이조건에 적응한 생활사 특성이 중요하여 이 지역 개체군의 생활사 특성은 여러 가지로 변동하는 먹이의 밀도변동에 동조된 다상성을 갖는 것이 도움이 되고 예측 불허의 환경조건에서의 확실성 학보가 전략상 중요하겠다.

미국에서 동소종인 *Chrysopa carnea*와 *C. downsi* 풀잠자리의 생활사 특성은 여러 가지 선택작용이 그들의 생활사 특성에 영향을 미친 듯하다. *C. downsi* 풀잠자리의 생활사에는 보다 흔하고 우세한 *C. carnea* 풀잠자리와의 교잡을 막기 위한 특성이 많고 *C. carnea* 풀잠자리의 생활사 특성에는 *C. downsi*의 영향보다는 지역적 기후조건에 대한 적응적 특성이 보다 중요한 의의가 있는 것이 많다. *C. carnea* 복합종의 생활사 특성의 지역적 변이에는 복잡한 유전적 특성이 포함되어 있다. 즉 *C. downsi*의 1화성과 같은 특성은 두 개의 체염색체 유전자좌에 존재하는 열성인자들이 포함된 Mendel유전을 하나 California주 Strawberry Canyon 개체군의 먹이와 관련된 하면에는 몇 개의 우성과 열성 유전자가 관여되어 있는 복잡한 유전양식을 갖고 있다. 그리고 *C. carnea*의 휴면유기임계광주기의 지역적 변이는 상가적 영향을 가진 동의유전자(Multiple gene, 同義遺傳子)의 영향을 받고 있다.

서로 연관된 특성들을 가진 형질들 간에 유전적 상관이 있는 경우가 몇 가지 연구에서 알려지고 있으나 유전적으로 서로 무관한 경우도 알려져 있다. 지금까지 연구된 결과를 보면 모두에서 자연선택작용이 지역개체군내의 상호 연관된 특성의 적응성 확보에 주도적 역할을 하는 것으로 보인다.

2. 계절적 특성의 변이 유지

생활사 특성은 여러 가지 독립된 유전자들의 복합작용에 의하여 결정되는 경우가 많다. 예를 들면 휴면전 발육율, 휴면기간, 임계광주기, 그 밖의 특성들은 인위적 선발작용으로 쉽게 변형시킬 수 있으며 높은 세대간 재현성을 갖고 있다. 이런 특성은 이론적으로 생각할 때 진화는 방향성을 갖고 있는 고로 중요한 생활사 특성들은 고정되는 방향으로 갈 것인데 그럼에도 불구하고 큰 변이성이 유지된다는 것은 모순으로 생각된다. 따라서 진화생물학에서는 생활사와 관련 그 변이의 특성과 자연조건하에서 이와 같은 변이성이 어떻게 유지되고 있는가의 문제에 관심을 갖게 된다. 더욱이 이런 특성들의 유전적 변이폭은 앞으로의 진화양상에 영향을 미칠 것인데 생활사 특성의 높은 유전율은 생활사가 자연선택작용을 받아 상당히 변할 수 있음을 뜻하는 것으로 이런 변이성이야말로 진화의 원천이라고 할 수 있겠다. 따라서 생활사 특성의 변이 문제나 변이성의 유지 기구는 Mendel유전이나 양적유전 그리고 생태유전문제 등을 아우른 포괄적인 진화이론 발전에 대단히 중요한 문제라고 하겠다.

여기서는 이와 같은 유전적 변이성이 어떻게 유지되며 이런 과정과 계절성간에는 어떤 관계가 있는가를 살펴보려 한다.

1) 위험분산 예측할 수 없는 계절성 변동에 대한 걸치기 전략

앞서 분상 다상성에서 설명한 바와 같이 곤충류는 불리한 환경을 피하여 분산하며 그것은 서식처의 불안정성과 깊은 관계가 있다. 그러나 곤충류 중에는 개체군내의 일부 개체가 1년 이상 긴 세월을 휴면하여 불리한 조건에서 살아남는 것도 있다. 이렇게 하여 이들은 위험성을 분산시켜 살아남을 수 있겠다. 긴 휴면기간을 갖는다는 것은 정상적인 해에는 대단히 불리한 일이나 불리한 조건이 활동적인 개체들에 치명적인 해에는 휴면개체들만이 살아남게 될 것인 고로 환경이 유리하여졌을 때 새로 침입하는 개체들과 같은 이치로 그 지역의 출발 개체군이 되겠다.

혹파리의 일종인 *Hasegawia sasacola*는 대나무 눈에 혹을 만드는 해충인데 대나무의 눈은 해에 따라 변동이 심하며 대나무는 약 50년을 주기로 개화하며 개화 후에는 고사하는 고로 이 해충은 대나무가 개화한 다음에는 오랫동안 먹이가 없는 상태에서 지내야 하는 고로 장기간 휴면하는 일부 개체들은 이 종의 유지에 중요한 의의가 있겠다(Sunose 1978). 이 해충의 휴면기간은 긴 것은 4년까지이며 1년 충영의 휴면율은 100~0%이고 2년 충영의 그것은 43.2~0%라고 한다(Sunose 1978).

*Neodiprion swainei*의 경우 번데기가 기생봉의 공격을 받는 것이 휴면과 관계가 있다고 한다. 캐나다의 Quebec 지방에서 조사한 것을 보면 약 4% 정도가 긴 휴면을 하는데 이런 긴 휴면을 하는 번데기는 기생봉의 공격을 받는 일이 없다고 한다. 긴 휴면을 하는 고치는 그렇지 않은 것보다 깊은 낙엽층하에 있어 기생봉이 발견하지 못하기 때문일 수도 있겠다(Price와 Tripp 1972).

장거리 이동으로 유명한 미국이 *Oncopeltus fasciatus* 긴노린재의 경우 그의 휴면유기와 날개의 크기를 포함한 여러 가지 생활사 특성은 그들의 유전에 여러 가지 유전자가 복합적으로 작용하고 있음이 알려져 있다(Dingle 등 1982). 양친 세대 개체들의 여러 가지 복합적 변이 때문에 그들의 자식 세대 개체군에는 중간성 특성들이 나타나며 각각의 특성에 작용하는 선택작용이 다르기 때문에 특성이 고정되는 것이 방해받고 있다. 이와 같은 결과는 특정 적응성 반응에 대한 한 방향으로의 변함없는 선택작용이 없거나(해에 따라 선택작용이 다르다) 또는 어떤 종이 지리적 분포지역 전체에 걸친 여러 가지 환경조건과 아울러야 할 경우에 생길 수 있겠다.

미국 Florida주 일부지역의 이 곤충은 언제나 그런 것은 아니나 해에 따라서는 연중 생식이 가능하다. 이들 개체군에서의 이와 같은 생식상의 특성은 불리한 환경에서의 생존문제와 유리한 환경에서의 정상적 생식이 모두 가능하여 위험을 분산시켜 일종의 양다리 걸치기 전략이라고 할 수 있겠는데 여기에는 가중적인 유전적 변이 문제가 포함되어 있다. 이와 같은 다형성 생활사를 지배하는 유전적 변이는 예측할 수 없는 환경조건 때문에 생기는 계절적으로 서로 다른 선택작용이 작용하고 그 지역으로 이동해 오는 여러 지역 개체군간의 상호교잡 때문에 유지되는 것이다.

Wyeomyia smithii 모기의 개체군에는 연간 1회 발생하는 것에서부터 3회 발생하는 것까지 있는데 휴면은 광주기와 먹이조건 그리고 개체군의 유전적 특성에 의하여 결정된다. 연 1회 발생하는 것은 하지 직후에 휴면에 들어가며 연 3회 발생하는 것은 휴면성이 낮고 발육이 빠르다. 이들의 중간형은 조건에 따라 2~3회 발생한다. 이와 같은 야외에서의 생활사 특성은 위험성을 분산시키

는 것으로 일종의 양다리 걸치기 생활사 전략이라고 생각된다.

야외채집 개체들을 실내에서 조사한바 한 마리의 암컷이 낳은 자손들에도 여러 가지가 있었다. 그러나 휴면하기 쉬운 개체들의 비율은 휴면유전자를 많이 가진 개체들이 휴면에 들어가 버리기 때문에 시간이 경과하면서 감소하였다. 이와 같은 유전적 변이의 유지를 위해서는 양성생식에 의한 유전자의 분리와 재결합이 필요하다 하겠다. 따라서 유전적 변이의 유지를 위해서는 휴면에 대한 진동성 선발작용이 있어야 할 듯하다.

2) 유전 계통의 다양화

위의 예들은 상호교잡이 가능한 개체군내에서 진동성 선택작용으로 위험성이 분산되고 휴면이 다양화 하는 경우였으나 어떤 곤충들은 정도의 차이는 있으나 생식적으로 격리된 다양한 계통을 통하여 변이가 유지되고 있는 것도 있다. 이런 예는 계절적으로 변화하는 자원의 출현과 생활사가 시간적으로 일치하는 것이 생존에 중요한 숙주특이성을 가진 여러 가지 곤충들의 교미 체제에서 그 예를 볼 수 있다. 이들 곤충류의 계절적 활동은 숙주식물의 계절성과 밀접한 관계가 있으나 숙주의 출현은 환경조건의 불확실성 때문에 예측이 어려운 것이 보통이다. 따라서 곤충은 계절적으로 변하는 자원에 활동시기를 일치시켜야 할 문제점을 안고 있으며 곤충류는 각각 다른 방법으로 그 목적을 성취하고 있다.

Drepanosiphum platanoides 알락진딧물은 가을철에 플라타너스의 수피에 알을 낳는다. 알은 봄에 새잎이 피는 시기에 맞추어 부화하며 새잎을 먹고 자란 성충은 몸무게가 무겁고 생식력도 오래된 잎을 먹은 것보다 크다. 그리고 그 자손은 생육이 빠르고 몸

무게도 크다. 새잎이 피는 시기를 벗어난 시기에 부화한 것들은 사망률도 높다. 그런데 플라타너스의 잎은 일시에 피지 않는 고로 진딧물은 먹이와의 시간적 일치성 문제를 안고 있다. 이 진딧물은 이 문제를 부화기간을 길게 하는 것으로 대응하고 있는 듯하다. 대부분의 알은 잎이 피는 시기에 맞추어 부화하나 부화하는 기간이 길어 잎이 가장 일찍 피는 나무와 가장 늦게 피는 나무 모두를 이용할 수 있게 하고 있다. 만약 일찍 부화한 것이 일찍 잎이 피는 나무에 있었다면 생육도 빨라 이 나무에서 유리한 먹이를 장기간 이용할 수 있어 많은 자손을 낳을 것이다. 그러나 잎이 늦게 피는 나무에서 일찍 부화한 진딧물은 먹이 부족으로 많은 것이 죽을 것이다. 한편 잎이 늦게 피는 나무에서 늦게 부화한 진딧물은 일찍 부화한 것들은 죽어버리기 때문에 보다 많은 먹이를 이용할 수 있어 크게 증식할 것이다. 즉 잎이 늦게 피는 나무의 진딧물은 몸이 커지고 증식력도 커지겠다. 이렇게 생각한다면 이 진딧물의 계절성 변이가 크다는 것은 불확실한 환경조건하에서의 진동성 선택작용의 결과라고 생각된다.

진딧물류는 대단히 복잡한 생활사를 갖고 있다. 봄에 간모에서 출발한 진딧물은 여름동안 단위생식을 한 동안 계속하는데 이들은 세대에 따라 형태적으로나 생리적으로 차이가 있고 각 충태는 환경조건에 대한 반응에 차이가 있다. 먹이조건의 계절적 차이는 표현형이나 다음 세대의 생물학적 특성에 깊은 관계가 있다. 가을이 되면 양성충이 출현하여 교미하고 교미한 암컷은 휴면하는 월동난을 낳는다.

세대내의 개체들 간이나 세대간 개체들 간에는 증식력에 상당한 차이가 있다. 봄철의 개체들은 최대의 난소소관수를 갖고 있으며 증식력이 가장 크다. 그 이후 세대에서의 난소소관수는 유전적으로 정해져있다. 이와 관련 이어지는 세대들 간에는 생식력, 생식속도 그리고 생존율들 간에 주고받는 대상현상이 있는 듯하다. 즉 앞으로 다가올 환경조건을 인지하고 생식력을 계절적 변화에 맞추어 유전적으로 조절하고 있다. 이런 조절을 통하여 살아남은 것들이 가을철의 양성세대를 낳아 살아남을 수 있겠다. 따라서 선택작용은 짧은 기간 동안이지만 전체 클론(Clone)에 작용하여 계통간의 변이는 양성생식을 통하여 시간적으로나 공간적으로 다른 선택압에 의하여 유지되는 것으로 생각된다.

이상에서 본 바와 같이 생활사에 관한 생리생태학적 연구나 그의 유전학적 관계는 생활사의 진화이론에 중요한 의미를 갖고 있으며 계절성 특성과 생활사 특성간의 정량적 분석은 생활사 특성의 유전적 변이의 한계에 관한 지식과 더불어 그의 이해에 불가분의 관계가 있다.

생활사 특성들은 여러 가지로 상호관계가 있다. 어떤 경우에는 어떤 하나의 특성이 다른 특성의 희생을 바탕으로 발전하고 있다. 예를 들면 휴면현상은 생식력의 희생을 대가로 발달한다. 계절적 특성과 생활사 특성간의 대상현상은 휴면성 휴지와 이동간의 관계에서 뿐만 아니라 무섭식 생식현상에서도 확실하다. 그러나 계절성 특성이 다른 주요 생활사 특성과는 독립적으로 발달하는 경우도 있어 휴면 후 많은 양을 섭식하는 것에서 그 예를 볼 수 있다. 또 생활사 특성은 제약은 있으나 적응적인 생활사의 발달을 서로 돕는 방향으로 발전하기도 한다. 넓은 지역에 분포하는 종의 생활사를 보면 그의 여러 가지 생활사 특성은 흔히 독립적이나 자연선택작용은 그 지역에 적응한 생활사를 발달시키는 방향으로 공진화하고 있는 수가 있다. 이와 같은 협력적 관계는 어떤 경우에는 몇몇 특성의 간단한 양적인 순응현상인 수도 있고 어떤 경우에는 현저한 계절적, 형태적 그리고 다른 생활사적 특성이 포함되어 있는 수도 있다.

생활사 특성에는 휴면유기임계광주기, 휴면기간, 휴면전 발육율 등과 같이 여러 가지 복합적인 유전적 변이가 있는데 그의 변이성을 유지하는 것과 관련된 것은 밝혀진 바가 별로 없다. 계절적으로 불안정한 환경하에서 여러 가지로 변화하는 진동성 안정화 선택작용이 위험분산형 진화에 도움이 되는 것으로 알려진 예가 있는데 이것은 어떤 한 개체군내에서의 발육과정이나 생식과정에서의 양자택일적인 면이 있기 때문이라고 생각된다. 물론 지리적으로 다양한 분포를 하고 있는 개체군 간에는 유전자 유입이 중요할 수도 있겠으며 또 생식적으로 격리되어 있는지 여부와는 관계없이 어떤 개체군 변이는 그의 아개체군(Subpolulation)간에 널리 퍼져 있는 수도 있겠다.

제 7 장 계절성과 종분화

계절성은 지금까지 설명한 바와 같이 곤충의 생활사 진화에 지대한 영향을 미치고 있다. 그 영향은 생활사의 지리적 특성에서 보는 바와 같이 구배를 가진 방향성 선택작용을 하기도 하고 생활사에 나타나는 다형성에서 알 수 있듯이 진동성인 선택작용일 수도 있다. 또 어떤 경우에는 세대마다 최적치가 두 개 이상 있어 분단성 선택작용(Disruptive selection, 分斷性 選擇作用)이 일어나 이런 다양화가 종분화의 원인이 되기도 한다. 종분화 과정에는 이소성 종분화(Allopatric speciation, 異所性 種分化), 측소성 종분화(Parapatric speciation, 側所性 種分化) 그리고 동소성 종분화(Sympatric speciation, 同所性 種分化) 등이 있으며 각각의 범주에서의 계절성이 종분화에 미치는 영향을 설명하면 다음과 같다.

1. 이소성 종분화

이것은 지리적 종분화라고도 하며 개체군이 분포범위를 확대한 후 그 일부가 지리적으로 분단되어 서로 유전자 교류가 단절되어 종분화가 일어나는 것을 말하며 개체군이 각각의 환경조건에 대한 적응을 통하여 일어나는 종분화이다. 이것은 종의 분화가 자연선택의 직접적 원인이 아니고 여러 가지 환경조건에 대한 개체군의 적응현상을 거쳐 2차적으로 종분화가 일어나게 된 것이다. 이소성 개체군이 각각의 서식처에서 계절성의 환경조건에 적응하여 서로 간의 교잡종을 만들었을 때 잡종의 주요 특성이 적응성을 크게 상실하였을 때 종분화가 일어났다고 할 수 있겠다. 물론 지리적으로 떨어져 있는 개체군의 생물학적 특성이 달라지는 것은 계절성 때문만은 아니고 다른 요인도 있겠으나 계절성의 영향은 광범위한 것이어서 이소성 개체군의특성분화나 종형성에 큰 영향을 미치겠다. 이소성 종분화에는 비교적 큰 복합적 유전변이를 가진 다인자적인 생활사 특성의 진화가 포함된 것으로 알려져 있다(Mayr 1963). 이것은 다인자성인 휴면유기나 휴면기간에 관련된 임계광주기와 같은 계절적 특성의 변화가 종분화 과정에 포함되어 있음을 뜻하는 것이다.

이소성 종분화의 속도는 ⓐ 적응현상에 미치는 자연선택작용의 크기(즉 지역에 따르는 기후조건의 차이) ⓑ 개체군내의 개체들간 유전적 변이 실상 그리고 ⓒ 특성들 간의 상호관계 등의 영향을 받겠다. 계절적 특성을 포함 생활사 특성들간의 상호작용이나 생활사 특성의 표현형 조절이 자연선택작용의 영향을 감소시킬 수 있는 가능성은 있겠다.

Netherland에 분포하는 배추나 순무의 뿌리를 가해하는 *Ceuthorrhynchus pleurostigma* 좁쌀바구미에는 춘형과 추형이 있다. 춘형은 유럽 북부가 원산으로 봄 작물을 가해하나 추형은 유럽 남부가 원산으로 추측되는데 가을철과 겨울철의 작물에 산란한다. 추형이 북부 유럽에 침입하였으나 두 생태형은 동소화하기 전의 계절성을 그대로 유지하고 있어 대부분이 생식적으로 격리되어 있다(Ankersmit 1964). 이것은 서로 다른 지역 조건에 대한 적응으로 생식적 격리가 이러난 것이라고 하겠다.

한편 이소적인 두 개체군이 2차적으로 같이 서식하게 될 때 생식적 격리장벽 발달이 큰 선택압을 받는 경우가 있겠다. 만약 잡종의 적응성이 아주 낮으면 자연선택작용이 계절성에 따르는 생식격리나 기타의 교미 전 생식격리 기능의 주요 특성을 비교적 빠른 시일 내에 유도할 것이다(Mayr 1963). 이차적으로 같이 서식하게 되었을 때 발달한 계절적인 비동시성은 자연선택작용의 강도나 개체군의 유전적 변이의 종류나 그의 크기에 따라 비교적 짧은 기간 동안에 생활사의 질적 변화까지도 일으키겠다. 그리고 이소성 개체군의 2차적 동소화가 형질대체를 초래하는 수도 있는데 이때는 이소성 개체군의 동소화가 개체군간의 이시성으로 경쟁이 감소하는 일도 있겠고 빈도의존성 또는 밀도의존적성 선택작용이 형질분화를 촉진하고 그로 인하여 생긴 차이를 유지하는데도 도움이 될 수 있겠다(Mani 1981). 이런 예들은 이소성 개체군들은 생식적 격리 이외에도 여러 가지 조건에 적응하는 경우가 있음을 시사하는 것이다.

한편 이소성 종분화의 진화실상은 불가능한 것은 아니나 다음 항의 측소성 종분화와 구별하기가 힘들다. 이소성 종분화는 여러 가지 형태적 특성이나 생리적 특성의 진화가 느린 속도로 일어나는 고로 이 과정에서 계절적 적응과 같은 어떤 한 가지 측면만이 중요하다는 것을 밝히는 것은 쉽지 않다.

2. 측소성 종분화

개체군이 분포를 확대하는 과정에서 인접한 환경조건이 다른 지역으로 분포를 확대하였을 때 두 지역의 개체군이 인접하여 있으면서도 유전자 교류를 하지 못하는 경우를 말한다. 이것은 지리적으로 연속된 분포종에서 생식적 격리가 일어나는 경우이다. 계절적인 환경조건은 생활사나 기타의 생물학적 특성에 지대한 영향을 미치는 고로 분포지역을 통한 계절적 환경조건의 지리적 변이는 측소성 종분화에 무엇보다 중요한 요인의 하나가 될 수 있겠다. 따라서 이것을 기후적 종분화라고 하는 학자도 있다.

측소성 종분화의 경우 생식적 격리는 지역적인 환경에 대한 일종의 미세 진화성 적응현상(보통 교미 전 격리)의 부산물일 수도 있고 자연선택작용의 직접적인 결과(보통 교미 후 격리)일 수도 있겠다. 따라서 측소성 종분화에는 변화가 비교적 느린 양적인 다인자성 계절적 특성과 변화가 비교적 빠른 계절성의 정성적 변화 모두가 포함되어 있겠다. 측소적 환경하에서의 분화속도는 ⓐ 자연선택작용의 크기(지역간 기후조건의 차이나 계절적 특성이 다른 개체군간 교잡종의 상대적 적응도 포함) ⓑ 이동성 즉 지역간 유전자 교류율 그리고 ⓒ 유전적 변이의 특성과 특징간 상호관계 등이 관계가 있겠다. 계절적 특성들 간의 서로 도움이 되는 상호작용관계는 생식격리에 대한 선택작용을 감소시켜 종분화 대신 지리적인 다형성을 발달시킬 수 있겠다. 밀도의존적 선택작용은 생식격리에 대한 선택작용을 증가시킬 것이다.

종분화 문제와 관련 측소성 종분화는 아마도 가장 흔한 것으로 생각된다. 앞으로 지리적 변이나 협력적 관계에 있는 특성들의 유전문제에 관한 연구가 특히 중요하겠다. 여기에는 ⓐ 인접한 개체군과 멀리 떨어져 있는 개체군의 지역적인 적응현상이나 계절적 특성의 유전적 변이 ⓑ 협력적·계절 특성들간의 유전적 연관성 ⓒ 연속적으로 변하는 계절적 특성이나 생활사의 특성간의 관계 그리고 ⓓ 자연조건하에서의 잡종의 적응성 문제 등에 관한 연구 등이 포함되겠다.

3. 동소성 종분화

같은 분포권을 가진 두 개체군에서의 종분화를 동소적 종분화라고 한다. 동소성 종분화 과정에서는 분화와 생식적 격리 기구의 진화가 이소성 종분화나 측소성 종분화에서 보다는 뚜렷한 것이 특징이다. 즉 생식적 격리가 환경조건에 대한 적응현상의 부산물이라기보다는 자연선택이나 자웅선택의 직접적 결과라는 것이다.

동소성 종분화의 제1단계는 비교적 간단한 유전적 차이에 대한 분단적 선택작용에 의한 안정된 두 생태적 지위나 다형성의 확립이고 다음 단계는 동소적 이형간의 생식격리인데 이것은 동소적인 이형간의 교미 전 생식격리체제의 발달을 포함한다. 이론적으로는 이 두 단계에 계절성은 모두 관여할 수 있겠으나 실제로는 제2단계에서만 그의 역할이 크다.

동소성 종분화의 첫째 단계 즉 생태적 지위의 분화는 숙주와이 관계에서의 분화와 서식처의 변경이 관련되어 있다. 생태적 지위나 서식처의 시간적 분활이 동소성 종분화의 첫 단계라고 주장하는 학자도 있으나 이것은 이시적 종분화(Allochronic speciation, 異時的 種分化)로 따로 취급하는 것이 보통이다.

동소성 종분화에 있어서의 두 번째 단계 진화에 대한 계절적 특성 분화의 의미는 명백하다. 기주 특이성을 가진 과실파리류나 나방류, 뿔매미류, 풀잠자리류 그리고 서식처 특이성을 가진 풀잠자리류에서 교미활동시기의 계절적 불일치는 생식격리면에서 중요하다. 그리고 이것은 빨간집모기(*Culex pipiens*)의 무섭식생식군과 섭식생식군간의 생식격리에도 부분적으로는 관련이 있다. 기주특이성을 가진 과실파리류나 코드링나방 그리고 뿔매미류 등에서는 휴면특성의 비교적 적은 차이점도 숙주식물이 생장상태가 시기적으로 알맞은 여러 가지 숙주 품종을 택할 수 있게 하겠다. 이런 특성은 휴면유기임계광주기나 휴면기간과 같은 단인자성 휴면특성에 대한 선택작용의 결과라고 생각된다. 그러나 *Chrysopa carnea*와 *C. downesi*는 동소성이나 전자는 다화성으로 봄과 여름의 장일조건하에서 계속 증식하나 후자는 1화성으로 단일-장일조건 하에서만 증식하여 두 종간의 생활사 특성의 차이로 생식격리가 확립되어 있다. 동소적으로 발달한 계절적 격리의 진화는 2차적으로 동소화 하였을 때 기본적으로 이소성의 그것과 비슷하여 두 경우 모두에서 계절적 격리는 서로 다른 숙주나 서식처에 대한 계절적 적응과 협조적으로 진행된다. 그리고 두 경우 모두는 변화한 것들 간의 생식격리에 대한 직접적인 자연선택작용과 분화한 여러 개체군 간의 경쟁감소를 위한 선택이 포함되어 있겠다.

4. 이시성 종분화

생식 시기나 양식의 차이로 지리적 격리 없이도 종분화가 일어날 때 이시성 종분화(Allochronic speciation, 異時的 種分化)라고 한다. 이것에 대하여는 학자들 간에 상당한 의견 차이가 있으나 이것은 동소적 종분화 중 자원이나 서식처의 이용시간의 차이가 원인이 된 종분화라고 생각할 수 있겠다. 따라서 이시적 종분화에는 동소성 종분화 중 활동시기의 변화가 숙주나 서식처의 변화 때문에 2차적으로 생겼을 경우를 제외하고 동소성 종분화 과정의 첫째 단계로 활동시기가 분화한 경우만을 말하는 것이다.

이와 같은 엄밀한 의미에서의 이시성 종분화의 예는 별로 많지 않으며 북미의 귀뚜라미류와 잎벌레류에서 그 예를 찾을 수 있을 듯하나 여기서도 문제가 없는 것은 아니다. 이들 귀뚜라미류는 비슷한 종들이 동소적으로 분포하나 그들의 계절적 활동은 명백히 차이가 있다. 원래 이들에서의 종분화는 계절적 특성(예; 월동 충태, 생식시기)의 변화가 원인이었던 것으로 보인다. 그러나 이시성 종분화 모델에서 주장하는 계통학적 관계는 Allozyme의 연구로는 뒷받침되지 못하고 있다. 일본에서도 귀뚜라미류의 지역종들에서 비슷한 관계가 알려지고 있다.

잎벌류의 이시성 종분화에 관하여는 발삼전나무에 적응한 개체군의 여러 가지 계절적 생태형에서 가능성이 제기되었으나 계통간의 생식격리의 정도에 관한 확실한 자료는 없다. 앞으로 이시성 종들의 계절성과 관련된 비교적 단순한 유전적 차이가 밝혀지고 그들 이시성 종이 공통적 조상이라는 유전학적 증거의 구명이 이 문제의 해결에 많은 도움을 줄 것으로 생각된다.

계절성은 선택작용의 방향이나 그의 안정화에 중요할 뿐 아니라 계절의 변동에 따르는 분단성 선택작용에도 계절은 중요한 의미가 있다.

이소성 종분화 과정 중 계절적 변동은 개체군이 여러 가지 환경 조건에 적응하는 동안 변한 특성 중의 하나이다. 그러나 그의 영향은 지속적이며 광범위한 것이어서 계절성은 이소성 종분화의 과정에 여러 가지 중요한 영향을 미치고 있다. 이소성 종분화는 계절적 특성을 포함 생활사 특성들의 상호작용관계나 양적 특성의 변화를 통하여 일어난다. 이 과정은 속도는 느리나 이소성 개체군이 다시 접촉할 때는 촉진되게 되어 생식적 격리를 위한 자연선택에 대한 반응은 급속히 촉진될 것이다.

측소성 종분화는 연속적인 지리적 분포를 따라 개체군내 개체들의 연속적 변이와 개체군에서의 생식적 격리를 동반하는데 가장 흔한 종분화 방식인 듯하다. 계절성의 지리적 Cline의 예는 대단히 많아 이런 종분화 양식의 중요성을 짐작하게 한다. 이것은 적응현상의 초기나 지리적으로 연속되어 있는 개체군간의 생식적 격리의 진화에 중요한 역할을 한다. 측소적으로 분화를 일으킨 개체군들에서는 접촉은 유지되고 있어 생식적 격리가 시작되면 그의 진행은 빠를 것으로 생각된다. 동소성 종분화는 안정된 두 개의 생태학적 지위의 진화와 생식적 격리의 두 개의 단계를 생각할 수 있으나 서로 다른 숙주 또는 서식처에 적응한 개체군 간의 생태학적 지위의 분화가 생식적 격리를 유지하는데에는 보다 중요한 듯하다.

맺 는 말

인간을 포함한 생물들은 적응현상을 통하여 여러 가지 환경조건하에서 생활하고 있다. 그런데 *Homo sapiens*(사람)라는 생물만이 상하의 열대에서부터 혹한의 한대까지 분포하고 있다. "곤충류"도 인간 못지않은 넓은 분포역을 갖고 있다. 그러나 이것은 한 종이 아니라 곤충강이라는 분류군의 분포역이고 한 종으로 인간과 같은 분포역을 갖는 생물은 없다.

인간은 추우면 옷을 더 끼여 입고 나아가서는 난방을 하여 추위에 대응하고 더우면 옷을 얇게 입고 선풍기를 돌리고 에어컨을 틀어 활동에 알맞은 온도를 유지한다. 그러나 곤충류는 추우면 생리적으로 내한성이 강한 상태로 들어가거나 그 영향을 덜 받는 곳으로 몸을 피하며 유리한 조건을 따라 때로는 수 1,000km를 이동하고 광주기의 변동과 같은 자연의 시간을 감지하여 불리한 조건에 대비하고 유리한 조건에 활동과 생식의 시기를 맞춘다. 다시 말하면 인간은 자기활동에 유리한 조건을 만들기 위하여 다른 수단 즉 기술을 이용하는데 이 때 계절이나 기후조건에 의한 자연선택은 별로 개의치 않고 있다. 따라서 인간의 생활을 지배하는 것은 자연 그 자체가 아니고 자연과는 별 관계가 없는 복잡한 사회조건으로 마치 인간은 자기가 자기 운명을 결정하는 것과 같은 착각 속에서 생활하고 있는 것이 아닌가 생각된다.

Erik P. Eckholm(1976)은 "잃어가고 있는 삶의 터전"(Loosing ground)에서 멀리는 바빌로니아 시대에서부터 현재까지의 문명의 발달이라는 화려한 역사가 우리에게 남긴 엄청난 짐이 어떤 것들인가를 기술하면서 Steinbeck의 유명한 소설 "분노의 포도"의 배경이 된 1930년 전후의 미국에서의 무리한 개간이 원인이 되었던 황진 문제나 1964년 소련의 니기다 후르시쵸프의 실각 원인의 하나가 된 카자흐스탄 지역의 개간, 미국 서남부의 관개수로 설치에 따른 토중염분의 축적, 기타 여러 가지 구체적 예들을 방대한 자료를 검토하여 기술하고 있다. 한편 이집트의 아스완 댐은 하류지역의 홍수를 막고 관개에 큰 도움이 된 것은 사실이나 동시에 주혈흡충류의 음행을 증대시키고 상류로부터 공급되던 비옥한 토양의 유입을 막았고 미세한 표토 입자의 풍식을 증가시키기도 하였다.

최근 환경문제가 심각하다는 소리가 높다. 세계 인구는 17세기에는 5억 정도이던 것이 2000년에만 거의 70억이 되었으며 그간의 인구증가율은 과거의 1/2의 년수로 2배씩 증가하였다고 한다. 기술 그 자체에 한계가 없다고 하더라도 지구의 자원은 한계가 있는 고로 이런 급격한 인구증가를 생각할 때 그의 고갈은 불을 보듯 명백한 일이다.

한편 곤충은 인간과는 달리 자연과의 일체성을 추구하는 진화를 해왔다. 그러나 곤충류는 기실 큰 희생을 치르면서 현재에 이르고 있다. 즉 곤충류는 지금까지의 진화과정에서 수많은 종들이 새로 생기었으나 한편으로는 그에 못지않은 많은 종이 사라지기도 하였다. 이것은 적응이란 한계가 있어 환경조건이 어느 한계를 넘으면 생존할 수 없기 때문이다. 즉 적응 그 자체가 적응의 한계가 되는 것이다. 예를 들면 벼의 해충인 이화명나방은 우리나라에서는 보통 2화성이나 함북 일부에서는 1화성이며 더욱 북쪽에는 분포하지 않는다. 또 일본에서 왕귀뚜라미는 북단은 Hokkaido(북위 40° 정도)에서부터 남단은 Kushu 남쪽 Yaku섬(북위 약 30°)까지 분포하며 알로 월동하고 약충으로 여름을 지나 가을에 성충이 되는 생활사를 갖고 있는데 이 곤충이 생활사를 보면 남쪽으로 가면서 유충기간이 길고 알의 휴면심도가 깊다. 생육기간이 길기 때문에 남쪽 것이 북쪽 것보다 몸이 큰 데 이것은 항온동물은 북쪽의 것이 남쪽 것보다 몸이 크다는 Bergmann의 법칙과는 상반되는데 이것은 곤충류는 변온동물이며 생육기간이 긴 것(남쪽에서)과 몸의 크기는 밀접한 관계가 있다는 점을 고려하지 않고는 이해할 수 없는 일이다. 이런 생활사 특성 때문에 알이 부화하여 유충이 월동하게 되는 위험을 피한다. 한편 남쪽으로 가면서 휴면이 깊어지는데 이에 대한 선택작용은 기후조건 자체가 휴면이 갖는 적응성의 의미를 상실하게 하기도 하겠다.

적응이란 복잡한 내용을 갖고 있는 것이어서 어떤 환경에서는 유리하나 환경조건이 변하면 비적응적인 것이 될 수도 있는 것이다. 이런 이유 때문에 한 종의 존재는 공간적으로나 시간적으로 제약을 받게 된다. 그런데 인간은 이런 모순점은 무시한 채 "적응"의 한계를 끝없이 넓혀가고 있다.

한편 곤충은 어떤 환경이 그의 적응의 한계를 넘으면 새로운 종이 분화할 수 있어 이것이 현재와 같은 다양한 종을 갖게 된 이유로 생각된다. 종이란 생물의 존재양식으로 모든 종은 아마도 각각 고유의 적응양식을 바탕으로 그곳에 분포하게 된 것이다. 따라서 곤충류는 적응의 한계를 새로운 종의 분화로 해결한 듯하다. 그리고 곤충의 생활사를 보면 보다 나은 생존이라는 공통점은 갖고 있으나 그들이 이런 목표를 성취하는 길은 제 각각이다. 무화과와 무화과좀벌이나 육카와 육카곡나방의 예에서 보는 바와 같이 결과(목적)은 같으나 그를 달성하는데 관여된 생활사 구성요소의 특성에는 차이가 있다. 따라서 생활사를 구성하고 있는 각각의 특성이 중요한 것이 아니고 종으로써의 존재는 생활사 구성분 전체가 문제가 되고 있음을 알 수 있다. 이것은 휴면이나 발육 뿐 아니라 먹이나 천적 그리고 서식처의 조건 등 생존과 관련된 생활사 조건들이 복잡하데 얽혀 있는 것이다.

적응양식이 같은 개체들 사이에는 교잡이 가능하여 유전자 교류가 있으나 자연선택으로 생긴 적응양식이 다른 개체들과는 교잡이 불가능하게 되면 유전자 교류가 불가능하여 결국 다른 종이 생기게 된다.

생명이 탄생한 이래 지구상에는 수많은 종들이 이런 과정에 따라 새로 태어나기도 하고 또 사라지기도 하였다. 생물은 그 과정을 거치는 동안 자연선택을 받아 적응하면서 살아왔다. 이것은 살아남은 생물은 자연의 비호를 받은 것들이라는 뜻이다. 그런데 곤충류가 자연의 비호를 받는 수단(?)은 한 가지가 아니고 자기 나름대로의 처지에 따라 달리하고 있다. 이것은 한 분류군 따라서 하나의 조상에서 분화하였다고 생각되는 진딧물류의 복잡한 생활사에서 보듯이 각 종의 생활사는 그들의 서식환경이나 서식양식상의 특성을 모르고는 이해하기가 어렵다.

100만종이라는 엄청나게 많은 종 그리고 다양한 생물학적 특성 중의 하나인 생활사 그것도 한정된 종의 생활사를 통하여 우리의 삶을 살핀다는 것은 무모한 일임에는 틀림없겠으며 더욱이 빈약한 지식과 깊지 못한 생각밖에 갖지 못한 사람으로써는 하룻강아지 범 무서운 줄 모르는 어리석음임은 두 말이 필요 없을 것이다. 그러나 아무리 적고 단편적인 보잘 것 없는 것일 지라도 자연계에서는 하나의 현상으로 존재하고 있는 것만은 사실이며 그것은 보다 큰 것 또는 많은 것으로 이어질 수 있는 일부임에는 틀림없는 일이다. 따라서 자연계에서 이런 것들을 찾고 그들이 극히 복잡하고 다양한 상호관계의 일면을 바라보면서 단편적이고 목전의 문제에 집착한 나머지 전체적이고 먼 앞날의 것에는 관심이 없는 듯한(?) 그 현실을 바라보면서 우리의 처지를 생각해 보았다. 결국은 하나의 넋두리가 되어 버렸지만.....

관심 있는 독자에게 권하는 참고서

Beck. S. D. 1980, Insect photoperiodism (2nd. ed.). Academic press N.Y., U.S.A. 387pp.

Bowler, P. J. 1984, Evolution : The history of an idea. Univ. of California press, Berkeley, U.S.A. 412pp.

Daly, H. V., J. T. Doyen, P. R. Ehrilich, 1978, Introduction to insect biology and diversity. McGraw-Hill, N.Y., U.S.A. 564pp.

Danilevsky, A. S. 1965, Photoperiodism and seasonal development of insects. (English translation). Oliver and Boyed, London, U.K. 238pp.

Danks, H. V. (ed) 1994, Insect life-cycle polymorphism : Theory, evolution and ecological consequences for seasonality and diapause control. Kleuwer Academy Publication, London, U.K. 378pp.

Darwin, C. 1859, The origin of species, By means of natural selection. Edited with an introduction by J. W. Burrow, Penguin Books, U.S.A., 1985, 477pp.

Denno, R. F. and Perfect (ed), 1994, Planthoppers : Their ecology and management. Chapman & Hall, N.Y., U.S.A.

Dingle, H. (ed), 1978, Evolution of insect migration and diapause. Springer-Verlage, N.Y., U.S.A. 279pp.

Endlr, J. A. 1986, Natural selection in the wild. Monographs in population biology, Princeton Univ. press, N.J., U.S.A. 236pp.

Engelmann, F. 1970, Physiology of insect reproduction. Pergamon press. Oxford, U.S.A. 307pp

F. F. T. C. 1977, The rice brown planthopper. F. F. T. C., Taipei Taiwan, 256pp.

Futuyma, D. J. 1979, Evolutionary ecology. Sinauer Associates

Inc. Sunderland, U.S.A. 565pp.

Gilbert, F. (ed) 1990, Insect life cycles. Genetics and co-ordination. Springer-verlage, N.Y., U.S.A. 258pp.

Hodkinson, I. D. and M. K. Hughes 1982, Insect herbivory. Chapman Hall, N.Y., U.S.A. 77pp.

Huffaker, C. R. and R. L. Robb (ed) 1984, Ecological entomology. John Wiley & Sond, N.Y., U.S.A. 844pp.

IRRI. 1979, Brown planthopper : Threat to rice production in Asia. IRRI. Los Banos-Philippins, 369pp

May, R. M. (ed) 1976, Theoretical ecology. Principles and application. W. B. Saunders Co. Philadelphia, U.S.A. 317pp.

Mayr, E. 2004, What makes biology unique?. Consideration on the autonomy of a scientific discipline. Canbridge Univ. press, U.S.A. 232pp.

Minks, A. K. and Harewijn (ed) 1987, Aphids. Their biology, natural enimies and contorl. Vol. A. Elsevier, Amsterdam, 450pp.

Pianka, E. R. 1978, Evolution ecology (2nd ed.). Harper & Row, N.Y., U.S.A. 397pp.

Roft, D. A. 1992, The evolution of life histories. Theory and analysis. Chapman & Hall, N.Y., U.S.A. 535pp.

Saarinen, F. S. A. (ed) 1980, Conceptual issues in ecology. D. Reidel Pub. Comp. Dordreiht, London, U.K. 374pp.

Saunders, D. S. 2002, Insect clocks. 3rd. Ed., Amsterdam, Netherland

Stearms, S. C. 1992, The evolution of life histories. N.Y., U.S.A. 249pp.

Strong, D. R. Jr., J. H. Lawton, S. R. Southwood 1984, Insects on plants. Community patherns and mechanisms. Blackwell Sci. Pub. London, U.K. 313pp.

Strong, D. R. Jr., D. Simberloff, L. G. Abele, A. B. Thistle 1984,

Ecological communities. Conceptual issues and the evidence. Princeton Univ. press, Princeton, U.S.A. 613pp.

Tauber, M. J., C. A. Tauber, S. Masaki 1986, Seasonal adaptations of insects. Oxford Univ. press, N.Y., U.S.A. 411pp.

Thompson, J. N. 1982, Interaction and coevolution. John Wiley & Sons, N.Y., U.S.A. 179pp.

Williams, G. C. 1966, Adaption and natural selection. Princeton Univ. press, N.J., U.S.A. 307pp.

玄在善 2007, 식물과 곤충의 공존전략. 아카데미 서적, 서울, 298pp.

石井象次郎 編 1981, 昆蟲學 最近の 進步. 東大出版會, 東京, 日本, 599pp.

久野英二 編 1996, 昆蟲個體群 生態學의 展開. 京都大學術出版會, 日本, 455pp.

正木進仁 1982, 昆蟲の 生活史と 進化. 中央公論社, 東京, 日本 208pp.

中條進三 編 1987, 生活史と 行動. 冬樹社, 東京, 日本, 249pp.

中條進三 編 1988, 進化と 生活史戰略. 冬樹社, 東京, 日本,254pp.

中條進三 編 1989, 個體群動態と 害蟲防除. 冬樹社, 東京, 日本, 250pp.

저자소개

현 재 선

1926 평북에서 출생
1947 서울대 농대 졸업
1968 서울대 농학박사
1956 ~ 1991 서울대 농대교수
현재 서울대 명예교수

저서

1991 응용곤충학 논총(공저)
1993 개정일반생태학, 집현사
2007 식물과 곤충의 공존전략, 아카데미서적
2008 종합적 해충관리학개론, 월드사이언스

곤충의 진화와 생활사 전략

초판 1쇄 인쇄일 2009년 6월 20일
초판 1쇄 발행일 2009년 6월 25일

저　자　현재선 지음
편집자　주 성 필
발행자　주 희 완
발행처　아카데미서적

서울특별시 영등포구 당산동 6가 343-2
Tel 516-3131　Fax 542-9254
E-mail: aca97@paran.com
Homepage: http://www.academybook.co.kr

* 파본은 교환해 드립니다.

값 18,000원

ISBN 978-89-7616-466-0 (93480)